中國家風

張建云 主编

何佐田书

教子篇

山东友谊出版社

爱他，就教育他

张建云

斗转星移，沧海桑田。中国社会，太多的时过境迁和改换门楣之事在发生，但只有一点从未改变：父母望子成龙、望女成凤的心愿。

当下，太多中国家长竭尽全力地为孩子"补课"、报班，做梦都希望孩子能考个好成绩，上个好学校，有个好出路，过个好日子。

但，一个孩子是否有了好成绩，上了好学校，就能有好出路和好日子呢？

未必。

除了好成绩和好学校，能有好出路和好日子的前提还有好身体、好品质、好心态、好志向、好习惯。缺失了这些，孩子就会如同一辆只有速度没有方向的汽车，无人驾驶，不会识别道路，而且还没有刹车。结局我不敢想，想必您也不敢想。

优秀的孩子，一般都有优秀的家长；落后的孩子，一般都有心不在焉或正在使用不当教育方法的父母。

讲个故事。

东晋名将陶侃，在青年时期做了监管鱼梁的小吏，便近水楼台先得月，派人送了一罐腌鱼给母亲。而他母亲却把原罐封好交给送来的人再带回去，同时附了一封信责备陶侃："你做官吏，拿公家的东西来送给我，这不但对我毫无裨益，反而会增加我的忧虑。"

陶侃此举就是"贪污"的雏形。可，这"贪污"从他母亲这里被严令遏止了！

孟母三迁、岳母刺字、欧阳修的母亲"画荻教子"……现在的母亲只有向这些伟大的母亲学习，才可教育出大气、争气的儿郎。

母亲推动摇篮的手，可以创造伟大、上进和高尚，也可以创造卑微、堕落与低俗。母亲做不好，却想让孩子好，最后的结局基本都会是一厢情愿的空欢喜。

想必大家都知道孔融让梨的故事，孔融小小年纪，便懂得谦让的道理，这当然值得表扬。只是，如果孩子没有孔融那般的道德自觉，做母亲的又当如何？

一位成功人士这样说：

小时候，妈妈拿来几个苹果，我和两个哥哥都争着要大的。妈妈却把那个最大、最红的苹果举在手中，对我们说，很好，孩子们，你们都说了真心话，这个苹果最大、最红，也最好吃，谁都想得到它。可这个大苹果只有一个，让我们来做个比赛吧，我把门前的草坪分成三块，你们每人一块，负责把它修剪好，谁干得最快、最好，谁就有资格得到这个苹果！结果，我通过自己的努力，赢得了那个最大、最红的苹果。我非常感谢妈妈，她让我明白了一个最简单也最重要的道理：想要得到最好的，就必须努力争第一。

这位母亲可谓用心良苦。您要问了，难道做母亲的应该容忍孩子们不讲谦让，为了利益争来争去的行为吗？

规则必须遵守，谦让需要真心。要求再高一些，如果孩子能把用劳动争来的苹果再让给他人，那么，这种争取就会变得更磊落，这种谦顺也会变得更真挚。

再说父亲。

大多数父亲主导着其家庭的生活习惯。父亲读书，孩子也读书；父亲运动，孩子也运动；父亲喜欢旅游，孩子也喜欢旅游；父亲宽宏大量，孩子也心胸坦荡……

中国人最早的"榜样力量"是"父慈子孝"。什么意思？

父亲先慈爱，儿女才孝敬。当你大喊大叫，说你家孩子不孝顺时，无异于是在批评自己做得不够好。

父亲的德行、习惯、格局与志向，就是家风的标志，是给孩子的最好礼物，传承下去，就是珍贵的遗产、立家的法宝。

我们都知道"一日为师，终身为父"，但做父亲的更要懂"一日为父，终身为师"。管教孩子、爱护孩子，是父亲一生的责任。

父亲与母亲，谁也别说"太忙，没时间管孩子"。你现在不管孩子，将来会有人替你狠狠地管的！

目　录

001　孩子的教育 / 蒋子龙

004　从一句俗语说起 / 谭成健

007　自立项千金 / 孙春平

009　与女儿的教育对话 / 李治邦

012　女儿太傻 / 吕舒怀

015　不仅仅是怀念 / 王嘉龙

018　多年父子成兄弟 / 刘书棋

021　给留美女儿的一封信 / 杨晓升

025　成人仪式举行之际，写给女儿的信 / 马克燕

029　让教育和文化归位 / 郭文斌

034　远在甘南舟曲大山里扎根的儿子 / 宁新路

039　家务劳动协议书 / 张映勤

044　家风教子十三篇 / 齐善鸿

051　我选择做一个狠心的妈 / 王玉梅

054　读书是我家的生活方式 / 李蔚兰

057　左面是北 / 女　真

060 写给高考前的女儿 / 周　航

064 60 分老爸 / 于立极

068 我陪你长大，你陪我变老 / 屈云飞

071 习　惯 / 岳占东

074 致儿子 / 罗伟章

077 女儿的两件宝物 / 霍　君

080 没有"差等生"，只有"差等家长" / 王秀云

084 感动与鼓励的日子 / 韩小英

087 和儿子一起成长 / 赵　殷

090 生命的长成

　　　　　——写在儿子步入社会之际 / 蒲黎生

093 有一种母爱叫放手 / 黄灵香

096 放　手 / 金　卉

100 和孩子一起成长 / 李子胜

104 红灯绿灯 / 岩　波

107 孩子也是父母的老师 / 张子影

110 书香润时光 / 毛守仁

112 生活中的无用之美 / 顾晓蕊

115 年　味 / 张尘舞

118 规矩，家风之本 / 段海晓

121 传家：不必说，做就好 / 张　璇

124　惯儿不孝，肥田生瘪稻 / 纳兰泽芸

128　育儿检讨 / 王朝群

131　阅　读

　　　　——我和女儿的秘密花园 / 刘月朗

134　牵　手 / 薛晓燕

137　请，保持勇气和好奇心 / 清　寒

140　给青春期的女儿 / 王　韵

143　家风犹如良田 / 彦　妮

146　父母的爱是有私的 / 徐广慧

150　心域无疆 / 东　牟

153　隐身父亲 / 武　伟

156　宁　静 / 王智强

159　怀念父亲并示儿 / 孙建昆

163　欲教子，先正身 / 赵北辰

167　对话我的"00后" / 张小土

172　请放下手机，恭送姥爷 / 李桂杰

175　莫为利己失公德 / 廖苇芳

178　内不欺己，外不欺人 / 王海珍

181　我的家风 / 张玉芳

185　儿子两次挨打 / 张赛琴

189　礼　物 / 佟俊梅

192　陪伴之后的"仰望"/陈之秀

195　陪伴读书/何　郁

197　最好的爱是陪伴/李三清

199　孩子需尊重/水纤纤

202　永不言弃/常海军

205　传　承/黄　珂

208　勤俭与面子/陈　纸

210　昆明街头那场雨/周淑艳

213　今天该怎样做父母?/刘晓珍

216　像个孩子似的/李耀岗

219　爱他,就激发他/邹元辉

222　写给儿子:与责任和感恩同行/冀卫军

225　写给我热爱读书的孩子/李　娟

229　与儿子书:走到大学的门槛前/沈毅玲

232　用心陪伴,习得"幸福方程式"/胡　旭

235　彩虹桥/徐　波

239　不以规矩,难成方圆/曹国柱

242　一切都是最好的安排

　　　　　——写给即将参加高考的孩子/杨梅莹

246　你将在我的视线里越走越远/郭　香

249　爱和尊重是两码事/周晓娇

252 妈妈的黄瓜头儿 / 王也丹

256 读书与喝茶 / 董海霞

259 你能"教"给孩子什么? / 祝小祝

262 女儿是梦想的天使 / 李 勋

266 孩子们 / 郭昭亮

269 一则抗战家训 / 一 见

271 与人为善,一路吉祥 / 肖 娟

274 慈母是先生 / 赵 威

277 成为更好的自己 / 董向慧

280 诚以待人,宽以对事 / 朝 颜

283 你的孩子顶嘴了吗? / 吴长占

286 赏识,不护短 / 李永清

290 榜 样 / 胡晓菲

293 咱的幸福 / 陈立凤

296 母子映照 / 杨 梅

299 孝出国门 / 李 戈

302 以爱的名义 / 杨凤喜

305 一味地呵斥,只会将孩子推向远方 / 谢友义

307 我们与生俱来的亲密关系 / 迟静辉

310 放 手 / 梅 驿

313 你家孩子带"钥匙"了吗? / 张建祺

316 多识于鸟兽草木之名 / 刘汉斌

319 爱，是最好的家教 / 颜小烟

322 致儿书：父亲将我种成一棵树 / 四丫头

325 生命的暖意 / 彭文瑾

328 致女儿二十：一个母亲的唠叨 / 刘绍英

331 在航线上飞行 / 王凤英

336 致十六岁的儿子 / 章　泥

339 生命不可漠视 / 包　苞

342 我的祖父陶行知 / 陶　铮

347 一日为父，终身为师：写给两个孩子的信 / 张建云

孙子的教育

蒋子龙

　　社会转型，裂变之期，生活复杂，人更复杂，想法千奇百怪，做法形形色色，但有一点却出奇一致，无论处于社会哪个层面的人都在"拼孩子"。说什么"决不能输在起跑线上"！殊不知"拼孩子"只是表面现象，不过为转嫁父母自身的压力而已。真正逃不脱、躲不过的是"拼父母"。因为对于子女的教育，与其说学校重要，不如说父母更重要。

　　这就不能不令人想起千百年来中国传统的父母之道。《礼记·大传》有云："其夫属乎父道者，妻皆母道也。"

　　近几年来，行"父道"者奇招迭出，有著名的"狼爸""鹰爸"……对子女读书上学管教极严，违规必惩，动辄打骂，或凶如虎狼，或像驯鹰一样驯孩子……据称效果都不错，孩子们很有出息，但这样的父道本人不敢苟同。

　　相对而言，当下的"母道"却较弱。前不久媒体公开报道，南方一刘氏，被上高中的儿子用榔头砸死，事后儿子轻松地说，从此再也不用写作业，不用读书了。有教育学家评论道，这位母亲的失误在于：她只督促儿子读书，自己却没有跟着儿子一起读书，引得儿子逆反。

　　婴贝儿集团董事长刘长燕，只有初中学历，但学历不等于学习力，学习力比学历更重要，是阅读让她这个没有高学历的人拥有了超强的能力。她曾在微信里发过一幅照片：她和丈夫一起读《群书治要》，儿子读《尚书》，女儿在读《孝经》。真是一幅让人感慨的图景，这种现象在现在的中国家庭里的确是少见的。

《广雅》曰："母，牧也。言育养子也。"育养重于生产，母亲应是天生的伟大教育家。英国著名的妇女问题研究权威霭理士曾谈到怎样担负起做母亲的责任："这种母道的任务，若是做得好，也等于一个必须维持上许多年的职业。而其所需要的惨淡经营，全神贯注，也许还在一般专业之上。"

当母亲也要"敬业"。套用波伏娃的名句：女人不是生了孩子就是母亲，而是后来将孩子培养成人才称得上是母亲。

之所以说现在的母道较弱，一是既为人母很多人竟不读书；二是即使读书，阅读范围也太过狭窄和肤浅，只顾及自己的兴趣，不关心孩子成长所需要的阅读。"妇女节"权威调查显示："不管是职业女性还是家庭主妇，在对阅读内容的诸多选题中，被调查者选择最多的是生活/时尚（71.3%），其次是休闲/娱乐（58.9%）……亲子/教育类图书只占27.6%。"被调查的妇女年龄范围为30岁至50岁，通常而言，正处于做母亲责任最重的阶段。一个人的阅读习惯，大多是从青少年时期开始培养的，青少年时期的阅读，常常是饥不择食，狼吞虎咽，母亲的指导尤其重要。到成年以后，他自会有选择地阅读，细嚼慢咽，辨别力增强，体味也更深，不需要别人指导了。

世界上读书最多的是犹太人，这跟他们为世人所推崇的母道不无关系。犹太妇女当了母亲后有一件必须做的事情，或者说仪式：孩子到了该读书认字的年龄，将《圣经》滴上蜂蜜，让孩子去亲吻，有的干脆将蜂蜜涂在书上，使孩子对书的第一感觉是甜的、香的。

有个经典概念——"人是社会关系的总和"。人生的成败往往取决于各种各样的关系，人跟人的关系、人跟社会环境的关系、人跟物的关系、人跟自然的关系、人身体跟自己灵魂的关系等等。但还有一个非常重要的关系：人跟书的关系！一本书就像一根绳子，只有当它跟捆着的东西发生关系时，它才有意义。

跟书有了一种亲密的关系，兴趣就有了，会养成读书的习惯。阅读的兴趣决定品位，品位决定读什么书，读什么书决定境界，境界决定有什么样的人生。一个人的精神发育史，应该就是一个人的阅读史。

一个民族的精神状态，在很大程度上也取决于全民阅读的水平。社会文化水平是向上提升，还是向下沉沦，也要看全民的阅读能植根多深。一个国家哪些人在看书，都在看哪些书，同样也决定了这个国家的未来。

这正是近年来全社会开始重视读书的原因。北京似乎是想做出首都的表率，刚修改了"五好家庭"的标准：第一条，藏书量在300册以上；第二条，订阅报刊不少于1份……不读书的家庭，精神世界多多少少会有残缺，唯有家中的书香，可使精神健朗。翻翻历史可以发现，那时再有钱的人家，他房中挂的座右铭也大多是"诗书传家"。可见中国是一个有深厚阅读传统的国家，我们不应该输给古人。

作者简介

蒋子龙，著名作家，中国作家协会名誉副主席。

从一句俗语说起

谭成健

天津流行这样一句俗语："鼻涕往下流。"听起来挺粗俗，却有它的特指。

听到这句话是在这样一个场合。一个女人听另一个女人数落、咒骂公婆，感到有点不中听，便劝道："一个家庭要爱幼，也要尊老，看你对你的宝贝疙瘩多好，对老人也得尊敬呀！"那女人不以为然，眉毛一扬，反驳道："两码事！'鼻涕往下流'，孩子是自己身上掉下来的肉，就得疼，老的嘛，凭吗？谁看见鼻涕往上流的？"

社会上不少家庭中存在这个女人描述的情形。生活中，对自己的孩子，舍得吃，舍得花，捧在手心怕摔了，含在嘴里怕化了，言听计从，百般娇惯。被过度溺爱的孩子，从小懒惰、任性、霸道，长大后也多没有教养。而在这样的家庭生活的老人，特别是那些财产较少的老人，被忽略、被歧视、被冷落、被虐待，得不到应有的照顾与尊重，晚年染上了许多的悲剧色彩。

尊老爱幼是一种美德，是建设美满家庭、和谐社会的必备条件。尊老与爱幼是一体的，它们血肉相连、密不可分，不能失之偏颇。

爱幼是人类种族繁衍、兴旺的保障。出自本能，在任何情况下，父母都将温暖、安全与欢乐无私地赋予幼子，心甘情愿地为自己的后代贡献一切、牺牲一切。而尊老敬老是人类最贵重的情感，被称为美德之首、立行之本。中华民族尤为注重孝道，将敬孝长辈当作天经地义的事情。

某些家庭重爱幼、轻尊老或者只爱幼、不尊老，这种不均衡、不对称，成了一个不可忽视的社会问题。在一些公共场所，我们能不经意地听到一些人关于家庭成员的对话，说到自己的孩子，"宝贝儿""小心肝儿""眼珠子"，单在称谓上就充满无限的爱怜；而说到自家的老人，口吻上则失去了温度，词汇也挂上了冰霜，有的话甚至不堪入耳。

殊不知，这些关系摆不正，爱幼而不尊老的父母们，已经身处于一个危险的位置。岁月流逝，光阴似箭。不知不觉中，皱纹爬上了你的额头，霜雪染白了你的鬓发，在你为儿女操碎了心、喜滋滋地看到他们男婚女嫁而又有了孩子时，一个新的冷酷的循环便在你身上开始了。你很快就会体验到儿女对你的态度与你当初对父母的态度如出一辙！这时候，你会惊愕，你会寒心，你会抱怨自己儿女的不孝，但又有何用呢？

我们也看到许多幸福家庭，几代同堂，笑声朗朗，其乐融融。这种家风的形成依赖一代一代的传承，需要强调的是，老一辈对下一代的教育，靠的不是说教，而是率先垂范与身体力行。你天天喋喋不休地对儿女讲孝顺之重要，不如真真切切做一个孝顺人。这是潜移默化的教育，比你说一百句、一千句都有效。

简单极了，你希望子女将来怎样对待你，你现在就怎样对待你的父母。对长辈的孝敬，是一种真挚的行为，是血肉情感的自然流露，用不着刻意作秀。孩子在模仿中长大，撒在孩子心中的种子，总要萌发，种豆得豆，种瓜得瓜。

不尊重长辈得到的最直接的惩罚，是得不到自己后代的尊重，这是一种难言的切肤之痛。与此同时，他们也很难得到社会的尊重。强大的社会舆论，像一把闪亮的"尚方宝剑"，时刻压得他们抬不起头来。不孝的人是世界上最可恶的人。在这方面，先人留下的许多古训，市井流传的许多俗语，值得我们记取，诸如"要求子顺，先孝爹娘""孝顺还生孝顺子，忤逆还生忤逆儿"等等，而引起今天话题的那句俗语，属荒谬之托词，为人所不齿，实可休矣！

作者简介

　　谭成健，男，1946年生于山东烟台牟平，毕业于天津师范大学中文系。曾任天津市作家协会副秘书长，《天津文学》杂志社社长、主编，系中国作家协会会员、中国报告文学学会会员。发表小说、散文、纪实文学作品数百万字，出版长篇纪实文学《大寨》《走向海外承包商》《青春无悔》，长篇小说《无眠时代》、《影佛》（合著）等。

自立顶千金

孙春平

前些天，我去北京看女儿。星期天，一家人外出赏花，我和女儿先走出家门，看到门口放着垃圾袋，便要随手提出去，女儿拦阻说："那是东东的任务，您别动。"一家人出了楼门，女儿站到垃圾筒前，不动。随后跟出来的东东突然转身往后跑，说："等等我，我忘了拿垃圾。"过后，我私下对女儿说："东东才四岁，当父母的也别对孩子太苛刻了。"女儿笑说："东东已有了弟弟，他有责任树立榜样。我记得我小时候，老爸可不是这样要求我的，您是不是年纪大了，对隔辈人的心肠就格外软了呢？"

不错，对独生女儿的管教，年轻时的我也曾颇为严厉。女儿四五岁时，妻子有时在厨房忙，喊缺了盐或酱油，我便将钱交到女儿手上，让她下楼去小卖部买。孩子小，其实我也不放心，便悄悄尾随，那一路东躲西藏的，比我自己跑一趟还累。女儿八九岁时，作业里开始有作文了。一次，她将写好的作文拿给我看，我不满意，二话不说便撕了。女儿哭起来，妻子也下山猛虎一般来声讨。女儿问我哪儿不好，我说自己琢磨。妻子说："别人家的孩子来找你，你倒有耐心，讲得唾沫星子满天飞，还亲自拿笔帮着改，对自己的闺女为什么这样？"我说："就因为她是我的女儿，才不能让她心里有'拐棍'！"从那以后，女儿再不主动将她写的东西拿给我看，包括她中学时就在刊物上发表的作品，包括她的博士论文，也包括她的一本又一本厚厚的学术专著。有一次，她跟我讨论起对孩子的教育问题，还主动提起我撕她作文的事，说："老爸的教育理念是对的，心里有'拐棍'的孩子长不大。"女儿还问我，"老爸的这种理念是怎么生成的？"这一问，自然就让我想起了我的父亲。

我父亲生长在一个极普通的农民家庭。我爷爷认为男孩子能认识几个字，会算算庄稼院里的小账就够了，所以只供他读了三年书。父亲后来的求学生涯完全是自己拼出来的。他先是放牛，将村里所有人家的牛集中起来，用替人放牛挣来的佣金交学费。在县城里读中学时，他白天上课，夜晚便去木匠铺当账房先生，他就这样一边求学一边打工，一直读到了当时的奉天铁道学院并顺利毕业，后来，他成了铁路企业的管理专家和领导者。

1970年深秋的一天，父亲突然去了我插队的"青年点"。那时，我下乡已两年。吃过晚饭，父亲问我夜里干什么，我说场院上有"夜战"，父亲说："那我跟你一块儿干点农活好不好？"那晚，父亲和众多的社员坐在小山一般的玉米堆上，剥苞米直至夜深，说说笑笑好不快活。第二天一早，父亲告别，说："我看得出来，社员们和你关系不错，都挺喜欢你，这我就放心了，好好干吧，脚下的路都是一步步走出来的。"老爸在场院劳动的那一晚，生产队长和大队书记都去了公社开会，过后问我，说："怎么也不让我们见一面？"我只好用"爸爸工作忙"搪塞。

时下，人们不时讨论家风。每个家庭都有自己的家风，家风对年轻一代的影响，以至对整个社会风气的影响，无疑是至关重要的。一个优良的家风树立、形成起来不容易，一代一代传承下去则更难。正因其难，我们这一代已进入暮年之人才更应感到责任的重大！

作者简介

孙春平，男，满族，1950年生，中国作家协会会员，一级作家。当过"知青"、铁路局工人、锦州市文学艺术界联合会主席、辽宁省作家协会驻会副主席。著有长中短篇小说多部（篇），作品曾获全国少数民族文学创作"骏马奖"等多种奖项。

与女儿的教育对话

李治邦

  女儿三十七岁了，在电视台做编导。应该说，她的成长道路是比较顺畅的。在高中选文理科的时候，我早就安排好了女儿的选择，那就是要帮她选择她喜欢的职业和人生。我是作家，她从小就喜欢文学，当然是选文科了。上大学时，我为她找准了天津师范大学的新闻专业。那时，这个专业还不像现在这么火。她高考的成绩是535分，完全可以报考分数要求更高的专业。我对她说："你选择虚荣就不去新闻专业，选择人生就去新闻专业。"女儿高兴地对我说："我当然选择我喜欢的专业了。"大学毕业时，她主动报考汤吉夫教授的当代文学的研究生。在考试的前夕她突然病了，在医院做手术。手术刚结束她就在病房复习，但很可惜，考英语的时候发挥不好，毕竟她身上的伤口还没痊愈。我和她商量："先工作吧！"她点点头，很不情愿。一年后，她辞去了电视台优越的工作，考取了中国传媒大学的研究生。其实我是很不愿意的，对她辞去了电视台的工作很是心疼。可女儿说："你不是说让我做喜欢的事情吗？"

  没办法，作为爸爸说话就得算话。

  我没打过女儿，甚至没有跟她红过脸。我信奉的教育孩子的原则就是尊重，把她当成我的好朋友。

  在她成为我的好朋友之后，于不知不觉中教育她。

  女儿上小学时，我到海南出差。懂事的女儿叮嘱我，一定要给她带回来一件当地的礼物。到海南后，我在三亚四处选找，终于买了个用椰子壳做的娃娃。娃娃很可爱，圆圆的脸，大大的眼睛，眉宇间透着顽皮。我回家后，女儿扑到我的怀里，第一个动作就是迫不及待地打开我的旅行包。她看见椰子娃娃后，高兴地亲吻，并把娃娃小心地放在了自己的枕头旁边，与它共眠。有一天，同事看见这个椰子娃娃后，十分喜欢。未经女儿同意，我就把椰子娃娃转送给了同事。没想到惹了大祸，女儿放学后发现椰子娃娃突然不见了，对着我号啕大哭，任凭我怎么劝也无济于事。无奈，我舍着脸皮找同事把娃娃重新要回来，才算安抚了女儿。

从此，只要我出差，女儿就不厌其烦地嘱咐我给她带礼物。我哪回忘了，她就会对我大发脾气。伴随着我不断地出差，女儿转眼已从小学生变成新闻专业的大学生。仅仅几年的光景，她的礼物箱子就被我送的礼物装得满满的了。里面五花八门，琳琅满目，无所不涉。有云南的木雕大象，有青岛的玩具洋楼，有重庆鬼城的五指骷髅，有江西景德镇的瓷器小猫，有广西南宁的八娃荷包，有内蒙古的仿金制酒盅，有四川的藏族短刀，有陕西眉县的装饰画，有湖北武汉的玻璃牡丹碗，有辽宁大连的海贝美人鱼……

我侄女从加拿大回来探亲，拿出一套精美的加币和美元，作为礼物送给女儿。女儿顿时有了兴趣，她买来有关钱币的书籍翻阅，觉得其中蕴含着不少学问。于是我又增添了任务，替她收集各国的钱币。好在朋友经常有出国的，我就像女儿嘱咐我一样拜托朋友。经过两年的不懈努力，女儿已经存有了十几个国家的钱币。其中有难得寻到的伊拉克和伊朗的钱币，上面的文字很不好认。女儿磨我，让我找朋友问个明白。我很感动，我知道女儿不是因为稀罕，而是想要掌握知识。我只得再次请求朋友，询问那文字的意思是什么。朋友也不解其意。我又请教行家，才弄明白钱币上的意思并告诉女儿。女儿拿笔认真地一一记下。还有，土耳其的钱币是朋友冒着地震的危险为我寻来的。我讲给女儿听时，她的脸上充满感激。

有一天，阳光灿烂，女儿把我请到她的房间。我愕然了，她把箱子里的礼物满满地摆在床上、桌上、地上，简直像一个展览会。每件礼物，都勾起了我很多美好的回忆。我发现每件礼物都有女儿的文字注解，比如什么地方出品啦，什么风格和特色啦等等。女儿充满温情地对我说："感谢爸爸这么多年来送给我的每件礼物，我能掂量出来，里面有爸爸对我的感情，也有我对祖国的热爱。每件礼物都使我增长了知识，给了我想象的空间，也让我觉得生活是这样有意义。"听到这些，我的喉咙发紧，半天没说出话。

在教育女儿的同时，女儿也在教育着我。女儿现在成熟了，我总跟她讲述过去的事情。她说："我小时候的事情，你怎么还记得这样清楚？"之后，女儿又很有感触地说："我怀念和你们住在一起时的快乐时光，现在我自己住了，听不到你们的声音，会很孤独的。"

教育也是有感情的，也是能有所回报的。

作者简介

李治邦，籍贯河北，生于天津。著名作家，中国作家协会会员。曾任天津市群众艺术馆馆长，研究馆员。现任天津市非物质文化遗产保护中心主任。1977年开始发表作品，出版著作多部，部分被改编成影视剧。

女儿太傻

吕舒怀

家风是遗传的。

小时候父母是双职工，我被寄养在一位老人家中，我管她叫"奶奶"。在我心目中她属于世上最善良的女人。她曾经教导我的一句老言古语"知足常乐，能忍自安"，几乎影响了我的一生。不过，这句话同时也使我性格怯懦，说好听点儿算老实巴交，再说好听点儿能沾得上"善良"二字的边吧。

我常年工作忙碌，对女儿疏于教育，顶多是对她产生过一些影响。女儿初长成时，我经常告诫她要与人为善，学会谦虚忍让，多想别人的好处，宽容别人的缺点。绕来绕去，还是我"奶奶"那套道理的变种。女儿果然照做了，真是有其父必有其女。

一旦进入社会，融进现实生活，这套道理就难免会偶尔碰壁。

记得女儿上大学时带个女同学回家，说要在我家住上两天。我问女儿发生了什么事，女儿悄悄告诉我，宿舍丢了钱，她自己也丢了东西。同宿舍女生都怀疑是来我家的那个女生偷的，大家因此歧视她、排挤她。学校报了警，她只好在我家暂避几日，等警察还原真相。

我不免担心，如果那女同学真是小偷，女儿不就成了窝藏者吗？女儿斩钉截铁地说："绝对不可能！我了解她，你们不要把人家想得太坏。"事情的结局令女儿大失所望，经过警察侦查，那女同学确实拿了同学的钱，还有女儿的东西，虽然并不多。

我和老婆背后常议论：女儿太傻。曾有一女同学借女儿的录音机不还，我催促女儿要。女儿说："她家条件差，先借她用着呗。"后来毕业了，那同学仍无归还的意思。女儿无动于衷，我急了，跑趟学校要了回来。女儿知道后，对我大发雷霆："你干吗呀！本来我俩关系好好的，这回连朋友都做不成了。"

女儿的确傻。大学毕业之后，她赴韩国继续求学，为挣生活费，利用业余时间到一家餐馆打工。和她一起打工的同事大概是看出了女儿的弱点，经常将脏活儿累活儿留给她干。我气愤不已，趁晚上同女儿视频聊天的工夫，多次劝她据理力争，女儿却不以为然，说道："我不怕多干活，省得闲着没事想家呢。"我们这头愤愤不平，她那头悠然自得。急不得，气不得，无可奈何。

女儿的傻是出于天性还是我遗传的结果，我讲不清楚。尽管女儿在生活中时不时地碰壁、吃亏，遭受小挫折，但她还是傻乎乎地坦然处之。欣慰的是女儿并不因此而抱怨和感觉委屈，她依然故我地与人为善，并且从中获得了快乐。女儿先后在几个单位工作过，她一如既往地用这种方式待人处事，结果人际关系一直挺好，口碑不错，闺蜜朋友也多，她的朋友圈子充满真诚和愉悦。

看到女儿健康成长，当父亲的自然高兴。闲聊时，我故意"嘲讽"女儿智商低。她反唇相讥道："为什么我 IQ（智商）低，那还不是你们教育的'成果'？但我的 EQ（情商）和 LQ（爱商）不低呀！有这两项足够了。"

女儿的话不无道理：按"傻"的标准走一条正确的人生轨迹，应该是我家不算太差的家风。

家风在于传承，孩子的德行或传承于中华民族的优良传统，或得益于家族的代代训诫，或影响自家长日常的言传身教。家长通常也是孩子的启蒙老师和榜样，你的谆谆教诲，他会铭记在心，你的言行举止，他也会在无形中效仿。可谓"种瓜得瓜，种豆得豆"。

好的家风是家庭的魂儿，是家族的根儿，需要弘扬和延续。拥有一种好家风，会使得家庭和睦幸福，使得社会安定和谐。社会安定和谐，民族就团结，国家就强盛。好的家风来之不易，理应珍惜弘扬，代代相传，永远延续下去。

作者简介

　　吕舒怀，中国作家协会会员，天津作家协会文学院作家，《天津文学》原副主编。曾出版《碎片上的女人》等四部长篇小说、《纯真年代——吕舒怀作品集》等两部小说集，在各地报刊发表中短篇小说百余篇，合计三百余万字，部分被改编成影视作品。

不仅仅是怀念

王嘉龙

端午节的时候，女儿女婿带着孩子回来团聚。我对女儿说："你爷爷奶奶对我们的言传身教都过去几十年了，我还记得清清楚楚，可我对你却总好像没做过什么。"

女儿说："怎么没做过？头一条就是您老哥几个对我爷爷奶奶的孝敬与怀念，再一条就是您老哥几个的相亲相扶亲密无间，我们晚辈可是都看在眼里记在心上了。"

到今年的农历八月十四，父亲去世就整整二十年，母亲去世也要满十五年了。二十年或者十五年，寒来暑往，雨雪风霜，一段不短的岁月。这不短的岁月并没有消磨掉我们对父母的思念，相反，随着年岁的增长，对父母的思念愈来愈频，愈来愈烈，愈来愈深。

父亲去世后，我们哥几个整理他的衣物。父亲一生简朴，没穿过什么像样的衣服。我拿了父亲一件灰黑色的旧涤纶裤子和一件洗得有些泛黄了的短袖汗衫做纪念。这些年来，我时常把父亲的衣裤拿出来穿一穿。父亲比我长得粗壮一些，他的裤子我穿起来显得有些肥大。时常有人见了觉得奇怪，说："你怎么穿了这么一条裤子？又肥大又不时兴！"我每次都解释说："肥大点舒服。"其实是因为每次穿上这衣裤我就感觉又和父亲走到了一起，坐到了一起，近近的，亲亲的。

随着我走进花甲之年，父亲的衣裤已经很合我的体形。或者说，我的体形和父亲的体形越来越像了。外人不再用好奇的眼光打量我的衣裤，只有我的妻子和女儿知道其中来由。

母亲去世后，我把父母五十几岁时在北京王府井中国照相馆拍的合影放大了装在一个镜框里，端正地安放在我的书桌上。我每天清早都悉心地把镜框擦拭一遍，擦拭的时候，就是我跟父母说话的时候，我在这个时候向二老请安，问候他们早晨好，或者向他们汇报我这一天要干件什么大事。遇喜则报喜，遇忧则请二老保佑。

每逢过大年，我都把二老的合照郑重地摆放到客厅的暖气罩台上。那是正对着房门的地方，是平日里摆放字画的地方，是客厅里最醒目的地方。每年除夕至正月十五元宵节，我或者妻子都要在父母的合照前敬上一碟饺子、两杯酒以及些许坚果。我知道这只是一种形式，但在这佳节思亲之际，我对父母浓烈的思念需要借助这种形式来表达，来释放。

父母去世后合葬在内蒙古大兴安岭牙克石的南山上，而我和妻子、女儿则远在他乡。我们不能经常到父母的坟前去祭拜，每逢一些需要祭奠的日子，我都心下戚戚。搬迁到北京后，我寻找发现八宝山人民公墓的园子里有可供人们祭奠烧纸的炉子，大喜过望。从此每逢清明、春节以及农历七月十五，我和妻子都到那里去给二老烧纸。当然，这又是一种寄托哀思的形式，而我年复一年必要履行这样的形式。我把这形式当作庄重的仪式来对待。不这样做，我的一颗心便似无处安放。

早在20世纪70年代，我的祖父就去世了，他就被安葬在牙克石的南山上。之后是我的祖母。父亲是祖父母的独生子。河北老家已无至亲，祖父母被安葬在牙克石是当时的唯一选择。此后，我们哥几个顺利成长，各自的事业也都小有成就。1997年农历八月十四的傍晚，一个黑暗即将来临的时刻，父亲因为突发心梗在医院里去世了，那时他才60岁多一点点。父亲的安息之地理所当然是他父母的坟旁。2002年农历十月十二，母亲也追随父亲而去。随着工作的调动和子女的安置，我们哥几个的家也都相继搬离了牙克石。而牙克石南山；四位老人的两座坟旁，就成了我们哥几个情牵魂绕，时时为之萦怀的地方。

现在的科技发达，通讯便捷顺畅。我们哥五个虽不在一地，却能时常在电话里相聚，天南海北地聊。说得最多的当然是我们的父母，是我们和父母在一起时的那些趣闻逸事，也常常说起父母的家教，说起我们的家风。你一言我一语，彼时的苦难与快乐就如回放的电影，真切地映现在我们的眼前。

亲情是一条不息的河流，每个人、每代人都往里面注水，永世不会干涸。父母如此，我们哥五个如此，女儿与女婿亦如此。六岁的外孙女然然在一旁似乎听明白了我们的对话，抢着说："听我给你们背诵《弟子规》——'父母呼，应勿缓；父母命，行勿懒……'"

作者简介

　　王嘉龙，男，少将，任职于武警指挥学院，著有散文集《林中散记》。

多年父子成兄弟

刘书棋

"多年父子成兄弟"，这是汪曾祺先生一篇文章的标题。当初看过那篇文章后，感慨颇多，多年后仍能记起来，足见其对我的影响之深。

6月18日上午，在外地出差的儿子发来一条短信"胖子，节日快乐"。儿子工作很忙，还能记住一个名不见经传的父亲节，我的心里暖暖的。我回复短信"感谢你，让我成为父亲"。

不记得从什么时候开始，儿子理直气壮地管我叫"胖子"，我听着也不反感，自然而然地就答应了。这么多年就这样一直延续下来。如果他很严肃地叫"爸爸"，我就有些警觉，肯定又"囊中羞涩"了，我得"慷慨解囊"了。有人看不惯，说："你们家里没有规矩，没大没小。"我倒觉得挺好，儿子拿我当朋友，有些心里话也愿意和我说。

我儿子是1985年出生的独子，去幼儿园、小学上下学的时光都是在我自行车的横梁上度过的。

我小时候家境不好，总是羡慕别人，好吃的、好穿的、好玩的，对于我来说都是一种奢望，于是，只能眼巴巴地看着别家的孩子享受。后来，我曾想过，等我有了孩子，哪怕自己再苦，也要让孩子得到满足。

孩子小的时候，不好好吃饭，我就给他讲我小时候挨饿的情景，他竟然理直气壮地问我："你们怎么会没饭吃呢？那你们为什么不买鸡蛋吃？"面对这"严肃"的问题，我内心酸楚，竟无言以对。

但是，对孩子的教育，我始终抓得很紧。由于职业的关系，我家中有几柜子的书。儿子从小就喜欢看书，一看就是大半天。我经常把书中的故事讲给他听。我要求他不说谎，做错了事要承认错误，要团结其他的小朋友，要尊重老人，等等。

孩子在这种"溺爱"中渐渐地长大了。

儿子上了高中以后，作为家长的我感到了一种压力。以往每年高考后，都能看到左邻右舍、亲戚朋友的孩子，兴高采烈地拿到录取通知书，欢天喜地地去上大学。当然，也能看到有的孩子没有考好，承受不住压力而出事的。我的心中充满了忐忑。我同儿子说："你姑姑家的孩子考上了天津大学，你哥哥家的孩子考上了外国语学院，你怎么办？"他竟然嘻嘻哈哈地告诉我："车到山前必有路。"

全家把精力都放在他身上，把他像大熊猫一样呵护着，他却像没事人一样。他喜欢篮球，屋里全是 NBA 球星和球队的海报，从乔丹到麦迪，从公牛到湖人。我的篮球知识都是他给普及的。他该打球还打球，该追星还追星。为此老师还多次找到我和妻子，像训她的学生一样，把我们训了一回又一回，要求我们对他严加管束。

他每天做作业到很晚，我们做家长的当然心疼，有时还劝他早点休息。后来我发现他在作业本下面放了一本小说，"他竟然偷偷地看闲书，太可气了。"妻子这样说。

后来，我们不让他在那屋写作业了，给他换了一个房间，但还是总能在他的书包里发现"闲书"。

高考临近，不能再给他施压了，也不抱什么希望了。那段时间，他倒紧张起来了，经常学习到晚上一两点。反倒是我开始给他做工作："别紧张，好好复习，只要你尽力了，考不上大学也没关系。能上大学的毕竟是少数，能做一个有文化、有教养的普通人，也挺好的。"

经过一番冲刺，喜好文学的儿子竟然考上了理工大学。拿到录取通知书那天，儿子把通知书第一个拿给爷爷看。他爷爷，我的父亲——一个老黄埔军人，临终前终于看到，他最小的孙子考上了大学，他落下了眼泪。

四年大学生活结束，儿子毕业后，到一个国有企业工作，从车间最基本的工作干起。他现在已成为单位技术研发部的负责人，带领着一群年轻人把工作干得有声有色，经常是今天坐飞机到海南，明天乘高铁到南京，忙得不亦乐乎。

今年，儿媳生了一个女儿，刚满六个月，活泼可爱。看着她那双大眼睛，我在心中说："儿子，你将来怎样教育你的女儿呢？"

作者简介

刘书棋，曾任《小说月报》副主编、编审，现任天津市期刊工作者协会秘书长。曾编辑期刊《小说月报》及各类图书六十余种，所编辑的期刊、图书曾获得第一、二、三届国家期刊奖，第二届中国政府出版奖，多届天津市优秀期刊奖及天津市优秀图书奖。

给留美女儿的一封信

杨晓升

亲爱的女儿：

谢谢你给我写了一封长信，比较全面地谈了你到美国后学习、生活等各方面的情况以及你的寒假打算。正如你所言，用信件沟通，确实能更全面理性地表达我们的想法。回想起来，自你出生、长大以来，确实是你妈妈陪伴你的时候更多些，我因相对较忙，未能更多地腾出时间陪伴你一起玩耍，并以寓教于乐的方式对你进行潜移默化的引导与影响，偶尔的交流也是短暂且不全面的，有时还急于求成，缺少应有的耐心，细想起来挺对不起你。所以，我非常赞同你提议的用通信的方式加强交流与沟通。

总体上看，我对你的品格和待人处世能力以及人生观、世界观，基本是肯定和放心的。与许多同龄人相比，你心态健康、阳光，是非分明，性格温和，与人为善，乐于助人，做事认真，不人云亦云，有一定的进取心和责任心，具备独立判断和思考问题的能力……

一个正常的普通人所应具备的素质与品格，你基本都具备了。但假如以做一个更优秀的人的标准来衡量，我觉得我们思考问题的层面应该更高些，纬度也要更多些。

首先是在立志成才方面，作为你的父亲，我自然希望你有更加远大的理想和目标，不断挑战自我超越自我，更优秀，更出色。但这恐怕不是仅仅靠完成学业、将来找份工作就能实现的，你要通过学业和兴趣的自我选择与培养，提早制定未来的发展目标和发展方向，最大限度地发挥自己的兴趣与才能，才有可能取得一个优异的成绩。我始终认为，对你来说，将来找个饭碗并不难，难的是能否挖掘你的潜能，让你的人生更丰富，更精彩。人生苦短，是活得出彩并赢得社会尊重，还是碌碌无为虚度一生，关键还是取决于自己。一般说来，目标越高，对自身的要求越严，付出的努力越多，最终收获也就越多。苏联作家奥斯特洛夫斯基的著名小说《钢铁是怎样炼成的》中有一句名言："人最宝贵的是生命，生命每个人只有一次。人的一生应当这样度过：当回忆往事的时候，他不会因为虚度年华而悔恨，也不会因为碌碌无为而羞愧；在临死的时候，他能够说：'我的整个生命和全部精力，都已经献给了世界上最壮丽的事业——为人类的解放而斗争。'"虽然这句名言，在今天看来有一定的局限性，比如如今的我们当然不会将"为人类的解放而斗争"作为个人的奋斗目标，但这句名言，充分表达了作者对生命意义的探索和追求，至今也还一直激励着我。

我始终认为，人活着必须有自己明确的人生追求，必须尽可能为自己、家庭和社会多做些事情，并在这种追求中不断充实自己、完善自己并获得成绩与快乐。虽然我至今尚未取得自己预想中应有的更大业绩，但感觉自己一直奋斗在路上，感觉自己一直在带着使命感活着。可以说，自我感觉目前的工作和生命状态还不错，充实，愉快，并不断小有成果，我边工作边写作，因为工作太忙，更多写作成果的取得可能会在我退休之后。照此计划发展，我相信自己的未来会更美好，也会更有业绩。

当然，不同人的经历和所处的社会环境是不一样的，我从小在困难和相对清贫的家庭中长大，所以，我可能会更加珍惜今天来之不易的生活，也一直在带着使命感活着、奋斗着。你也知道，物质上我从来没有更多的追求和要求，因为相对于物质追求而言，精神追求能带给人更多的快乐。在我看来，衣食住行能基本满足就够了，不愁吃不愁穿不愁住足矣，我更看重的是个人兴趣和价值的发挥与体现，以及精神上的愉悦与充实。我说这些，并非要你全盘承认并照搬我的人生模式，我只不过想为你提供一种人生参照。总的想法是，在未来的人生道路上，你比我和你妈妈具备更加优越的条件，所以你有理由设置更高的目标与追求，无论最终目标能否达成，努力与奋斗理应伴随终身。"人生无悔"有理由成为你最基本的奋斗目标吧？

如果上述的人生理论你能够基本认可，那么目前作为学生的你，当然应该将更多的时间和精力放在学习上。在我看来，本科及研究生阶段，听课和写作业仅仅是每一个学生学业中的一个组成部分，而非全部，不要将自己知识、能力和才干的积累提高全寄希望于学校和老师的给予，而应该更多地靠自己大量的阅读与实践去获取。

特别希望你能充分利用假期去阅读一些平时没有时间阅读的课外书籍，人与人之间的差别其实往往就在时间的安排和利用上。想当年学生时代，每到假期，我想得更多的是如何利用假期的时间，多找些课外书来看，尽可能扩大自己的视野，尽可能加强自己的知识储备。我大学是学生物的，如今却能够从事自己所喜爱的与文学相关的工作，就是得益于当初的那种阅读。

一个人想要与众不同，比别人活得更出色一点，就必须比别人更加耐得住寂寞，比别人付出更多的努力。当然，我并不是反对旅游，如果有合适的伙伴，在保证安全的前提下，我也赞同并支持你在美国留学期间争取更多的机会去看看外面的世界，因为旅游是增长知识和阅历的另一种方式。

说了这么多，无非是因为你是我和你妈妈今生唯一的孩子，此生我们将所有的爱和希望都寄托在了你一个人身上。我们当然也愿意尽可能为你提供好的学习和生活条件。当初我不希望你出国留学，除了经济上的考量，更主要的原因还是舍不得你远离我们。后来你坚持要出国，我二话没说就同意了，这也完全是出于对你的爱，希望你未来能有更好的发展。

衷心祝愿你生活愉快、学习进步！

你的爸爸

2015年9月20日

作者简介

　　杨晓升，著名作家，北京文学月刊社社长兼执行主编。中国作家协会会员，中国报告文学学会副会长，曾出版著作多部。

成人仪式举行之际，写给女儿的信

马克燕

亲爱的女儿：

今天有你一直盼望的十八岁成人仪式。你曾如此艳羡你北大附中、101中学的好朋友在成人仪式上展现出的青春亮丽，你曾如此希望在成人仪式上也能有一个充满个性、充满色彩、充满记忆的青春定格。在你每每谈及这样的话题时，我们真的会被你的情绪所感染，因为人生中可令人永远珍藏的特殊时刻、特殊记忆并不多，而在十八岁这个标志"成人"的生命时间点上，怎样浓彩重墨、怎样张扬个性、怎样纪念庆祝都不为过，因为十八岁就应该激情澎湃，蓄势待发。

站在"成人"的门槛上，爸爸妈妈应该给你写些什么，但这真的不是一件容易的事情。

十八年来，你把我们心中一个个牵挂的"问号"变成了一个个欣慰的"叹号"。因为面对刚刚降生的生命，除了欣喜，我们无法预知未来的你会是怎样的一个人，是否一如我们的期待，是否能够一帆风顺。因为当你离开母体，你就已经是一个独立的生命个体，你会有你的个性、你的趣味、你的思想，有些我们可以影响你、引导你，有些则是不以我们的意志为转移的。感谢这样的成人仪式，让我们有机会把内心深处最真切的感受郑重地告诉你。

我们欣慰的是你有一颗善良的心。你没有我们所担心的当今社会一些独生子女的自私与骄横。在你的心目中，人都是生而平等的，你从来没有对他人表示过轻蔑和歧视，你最不愿意看到人与人之间的敌视与伤害，不管他们富有还是贫困，健康还是残疾，熟悉还是陌生。这点不是你用语言告诉我们的，而是我们通过你平时的为人处世、行为方式感受到的。在日常如朋友般的闲聊中，我们清晰地感知到你总是希望人与人之间真诚相待、友好相处。你特别享受同学之间真诚的友谊，并不断把你的这份享受传递给我们，让我们也认识了你周围那么多可爱的同学。"予人玫瑰，手有余香"，拥有阳光的心态，才能获得阳光的生活。

我们欣慰的是你从小就懂得珍惜。珍惜你用过的每一件物品，珍惜你生活中的每一份友谊。你有一句常挂在嘴边的话就是"舍不得"。当我们建议你丢掉一件已经用得太久、几乎没有价值的小物件时，你总是极不情愿地说："舍不得，我已经对它有感情了。"对于你的纠结，尽管我们表面上常常抱着不以为然的态度，但从内心深处却有一份感动。就在几天前，你告诉我们，你内心又开始纠结了。一方面你为高考的日渐临近感到高兴，因为高考完了，你就可以彻底地放松一下了；另一方面，你又不希望高考的到来，因为这就意味着你要和现在的老师、同学分开，你舍不得离开现在的集体。我们深信，这种舍不得，一定是因为你在记忆中储存了许多的美好，而一个善于发现美好、珍惜美好的人注定是远离功利、珍惜情感的人。

我们欣慰的是你有着健康的心理和达观的心态。在你成长的过程中，我们始终把你的身心健康置于最最重要的位置。因为一旦心理出现问题、人格出现偏差，人生将会失去前进的目标和动力。尽管在高考冲刺的学习中，你也有过抱怨，有过焦虑，但是，你总能迅速地调整情绪，按照既定的方向行进。面对看似应该得到，但却一而再、再而三错过的高考加分机会，你以超出我们想象的承受能力接受了这些小小的挫折。你调侃自己是个"倒霉蛋"，我们却在为你深深遗憾的同时生出不少赞赏。因为从人生的长远历程来看，具备战胜挫折的意志远比获得一些加分更有实际意义。人生不如意事十之八九，当你未来走向社会的时候，你曾经经历过的挫折也许就是你那时战胜困难的力量来源。

说到"成人",这真的是一个内涵丰富的概念，与其说它是一个年龄的尺度，不如说它是一个生命的过程。准确地说，十八岁之后应该称之为"成年"。而在成年的时刻举行成人仪式，则意味着你必须有一些在这个年龄刻度上的人生思考了。而作为你的爸爸妈妈，在与你共享成人仪式的同时，心里装着的更多是希望和祝福。

以前的十八年，和大多数独生子女家长一样，我们不可避免更多地给予你生活上的呵护和关照，较少地培养你独自战胜困难的勇气和智慧。在你跨入"成年"的门槛之际，我们必须学会"松手"，让你更加轻松、更加自信、更加充满智慧地去融入社会，开启新的生命历程。

什么是"成人"？我们觉得"成人"最最重要的是能够担当。担当意味着对家庭、对社会的责任；担当意味着在复杂情势下能够不乱方寸的一种沉着与从容；担当意味着拿得起放得下的豁达与包容；担当意味着小处入手大处着眼的人生智慧。

亲爱的女儿，文字永远是抽象的，更多的人生哲理你只能在未来的生活中去慢慢体会。善良、平和、达观，这是你所拥有的极为珍贵的品质，这些品质为你未来的人生道路打下了良好的基础。在未来的日子里，如果你能够进一步炼就坚忍不拔的意志，锻造百折不挠的品格，我们坚信：沿着这样的人生轨迹前行，带着责任、带着激情，你的生活一定会丰富而美好，你的人生也一定会独特而精彩。

深深地祝福你！

深爱你的：爸爸、妈妈

2011年3月30日

作者简介

马克燕，女，现就职于北京电视台。曾在《中国广播影视》《中国广播电视学刊》等重点学术刊物上发表十余篇研究文章，同时在《青年文学》《作品》《海燕》《人民日报》等报刊上发表文学作品多篇。

让教育和文化归位

郭文斌

母亲和妻子同时落水了，先救母亲还是先救妻子？这道题，人们争论了好多年，莫衷一是。有人说先救母亲，因为她是我们的唯一，妻子还可以再找；有人说先救妻子，因为孩子更需要她；有人说……真是两难，觉得这是一道无解题。后来的一天，突然发现，这道题不但有解，而且背后还暗藏着嘱咐，那就是让母亲和妻子都不要落水。这才是出题人的用意所在。在我看来，这是一个关于教育和文化的寓言。

用南辕北辙来形容现行的一些教育方式，似乎并不为过。

教育的第一使命应该是认识生命，让人们知道人有天性、禀性、习性。天性纯善，需要保持；禀性纯恶，需要去掉；习性善恶参半，需要将恶化掉。教育的一切方法论，都应该为此服务。从能量的角度来看，天性向上，禀性、习性向下；从情感的角度来看，天性对应喜悦，禀性、习性对应烦恼；从性命关系的角度来看，天性体现在天命上，天命体现在使命上，使命体现在责任上，责任体现在本分上。本分圆满则责任圆满，责任圆满则使命圆满，使命圆满则天命圆满，天命圆满则天性圆满。天性圆满，教育完成。

教育一定要回到对生命的认识上，回到对人的本性的唤醒上，回到对人的本能的维护上，回到对人的根本性的教育上，回到对孝敬、中和等基本价值的培育上，回到首先培养崇高人格上，回到扎根养根上，回到开发智慧上，回到提高能量自由度上，因为这些都是提高生命维次的关键所在。但是我们遗憾地看到，许多家庭和学校，却在反其道而行之。

超越性思维对应到教育逻辑上，就是古人讲的"道、学、术、技"四个层面。相较而言，"技"是点，"术"是线，"学"是面，"道"是空间。"技"层面的问题，用"术"来解决，易如反掌；"术"层面的问题，用"学"来解决，易如反掌；"学"层面的问题，用"道"来解决，易如反掌。可我们看到的现行的一些教育方式，往往是重视"技""术"有余，重视"道""学"严重不足。如此，怎能培养出栋梁之材？

看过这样一则故事：一天晚上，一位老太太听见有人喊了声"地震了"，便抱着一大袋面粉跑到了院子里。一看，星星还是那个星星，月亮还是那个月亮，房屋还是那个房屋，根本就没地震。她想把面再抱回去，但不想挪也挪不动了。老太太起初是靠什么把这一大袋面粉抱出来的呢？本能。为什么又抱不回去了呢？从本能状态回到技能状态了。技能状态告诉她，能抱得动一大袋面粉的是小伙子。这个分析判断一出来，老太太从本体层面掉到意识层面，本体状态的能量随之丧失了。

现行的一些教育问题就在这里，老师、家长拼命地教给孩子知识和技术，告诉他们抱这一袋面粉的时候，要先扎弓步，再扎马步，要憋住气，等等。孩子若先扎弓步，再扎马步，接着憋上三口气，房子早塌下来了。

所以说，教育的职责应该是维护本能，但现行的一些教育更多的是在破坏孩子的本能，孩子反而不知道该如何生存，甚至连亲近父母的能力都丧失了。有一个省高考状元，与母亲去旅游，途中常常把母亲落在后面很远的地方却不自知，这让母亲心酸不已。显然，这个孩子心中已经没有母亲了。一个心中没有母亲的孩子，考上状元又有什么意义？"世界上最遥远的距离，是妈妈正在看着你，你却看着手机。"这句网络流行语折射出的亲情淡漠，值得我们反思。

教育应该把孩子带向生命的本质状态，让他拥有本质状态的五个特点——喜悦、圆满、永恒、坚定、心想事成，这才是教育应该完成的课题。古人讲"黄金非为宝，安乐最值钱"，要教孩子先"安"，先"乐"，先"明明德"，而不是如何囤积黄金。如果我们在给一个人的养成教育中，不能让他扎下德行的根、喜悦的根、爱的根，那么，他学得越多，痛苦越多，给这个社会带来的负能量有可能也越多。

教育应该培养孩子在最日常的生活中享受最大快乐的能力。《朱子家训》讲："黎明即起，洒扫庭除，要内外整洁；既昏便息，关锁门户，必亲自检点。一粥一饭，当思来处不易；半丝半缕，恒念物力维艰。宜未雨而绸缪，毋临渴而掘井。自奉必须俭约，宴客切勿流连。器具质而洁，瓦缶胜金玉；饮食约而精，园蔬胜珍馐。勿营华屋，勿谋良田……家门和顺，虽饔飧不继，亦有余欢；国课早完，即囊橐无余，自得至乐。读书志在圣贤，非徒科第；为官心存君国，岂计身家？守分安命，顺时听天。为人若此，庶乎近焉。"这一系列，无一例外地都在教子孙在最简单、最日常化、最生活化的现场享受生命。

教育首先应该开发孩子的智慧，而不是堆积知识。知识和智慧是有区别的。举个例子，我要走进一个会场，进了门以后，没开灯，只听外面的朋友描述，进场向右转，走几十步，上三个台阶，向左转，走十几步，再上一个台阶，那就是你的位置。这是知识。智慧是什么呢？进门先把灯打开，其他一切都不需要记了。个人认为，优秀的传统文化正是高级智慧的开发说明书。

教育首先应该建立人的正确价值观。无论是"成功学之父"卡耐基还是"经营之父"稻盛和夫，都告诉人们，才华在人的成功中并不是主要因素。卡耐基认为，成功的主要因素是社会关系。事实上就是中国人讲的"五伦"。稻盛和夫认为，才华和热情在人的成功中各占一百分，他举例讲：假如一个人的才华占九十分，但他的热情只有二十分，二者相乘，一千八百分；假如一个人的才华是五十分，热情却是九十分，二者相乘，四千五百分。但是，"一千八"也好，"四千五"也好，都不是最主要的。小偷很有"才华"，热情也很高，深夜，人们都睡觉了，他还在"加班"，可是他成功了吗？因此，决定一个人成功的最关键因素，既不是才华，也不是热情，而是价值观。才华和热情是中性的，正面价值观主导时，它产生正能量，负面价值观主导时，它产生负能量。由此可知为什么历史上有好多非常有才华的人，最终并不能取得成功。

要让文化归位，就要首先搞清楚什么是文化，什么是真正的文化。真正的文化是什么呢？在我看来，文化是一种把人带向高级生命认同的力量，一种把人从物质倾向带向精神倾向，又从精神倾向带向自然倾向的力量。历史一再证明，要想天下大治，国泰民安，就必须让真正的文化归位，让文化归于顶层设计，归于政府行为，归于百姓生活，成为人们心灵不可或缺的阳光和空气。

可事实是，不少地方把娱乐当文化，把文化产业当文化，使文化严重狭隘化、低俗化、低能化了。这样的认识，让本该用于支持真正文化建设的项目资金大多投向娱乐，造成大量浪费。

真正的文化是核心价值系统，它是一种改造力、引导力、建设力、和谐力：让不孝敬的人变得孝敬，不尊师的人变得尊师，不爱惜资源的人变得爱惜资源，不爱国的人变得爱国，不敬业的人变得敬业，不诚信的人变得诚信，不友善的人变得友善，低趣味的人变得高雅。一句话，让高耗能生命变成高能量生命。它应该是优秀的中华传统文化的当代化，优秀的西方文化的中国化。

《乐记》有言："奸声感人而逆气应之"，"正声感人而顺气应之"。只有正念才能生正气，才能产生正能量。要提高中华民族的整体能量，我认为首先要扶正中华民族的集体意识，强化中华民族的集体无意识。一如礼乐，"在宗庙之中，君臣上下同听之，则莫不和敬；在族长乡里之中，长幼同听之，则莫不和顺；在闺门之内，父子兄弟同听之，则莫不和亲"，关键是要"同听之"，"同"生团结，团结生力量。

优秀的中华民族传统文化还应该成为社会主旋律，只有如此，才能保证这个"同"，否则，就会产生"五"加"二"等于"零"的现象，学校在教，家庭在消解，政府在倡导，社会在消解，结果只能是"零"。这也就是古人讲"礼乐不可斯须去身"的原因，因为"心中斯须不和不乐，而鄙诈之心入之矣；外貌斯须不庄不敬，而易慢之心人之矣"。

"治世之音安以乐，其政和；乱世之音怨以怒，其政乖；亡国之音哀以思，其民困。"艺术如此，文学如此，传媒更是如此，包括官风民意、社会舆论。为此，国家在让传统文化全面进入社会各个层面的同时，还要下大力气净化大阅读环境、视听环境、传播环境，让"安"和"乐"成为传统文化的基本"配乐"。

"大乐与天地同和，大礼与天地同节"，"春作夏长，仁也；秋敛冬藏，义也"，这种与天地的"同感"，既是中华传统文化的精髓，也是中国人的基本思维方式。正是这种同感性，让人们心中有孝、有敬、有惜、有谦、有中、有正、有和、有爱。正是这种同感性，让中华民族生生不息，天长地久。

激活这种同感性，维护这种同感性，应用这种同感性，正是教育和文化的天职。

作者简介

郭文斌，现任宁夏回族自治区作家协会主席、银川市文学艺术界联合会主席、《黄河文学》主编。中国作家协会全委会委员，全国宣传文化系统"四个一批"人才，享受国务院政府特殊津贴，曾被宁夏党委政府授予"塞上英才"称号。著有畅销书《寻找安详》《农历》《醒来》等十余部；有中华书局版精装八卷本《郭文斌精选集》行世。长篇小说《农历》获"第八届茅盾文学奖"提名。短篇小说《吉祥如意》先后获"人民文学奖""小说选刊奖""鲁迅文学奖"。

远在甘南舟曲大山里扎根的儿子

宁新路

他一辈子留给儿孙的仅有三万元积蓄，薪水大多拿去帮助了有困难的人。他两次留下遗嘱说，早年立志做一个无产者，从没有想过购置私产留给后代，让后人把他分到的两套住房交还给了国家。他就是吴波，中华人民共和国的第五任财政部部长。

吴波的传奇故事很多，他与儿子们的故事也很特别。这特别中，透着他一生执着追求做无产者的淡泊与高远。

吴波鼓励四个儿子不在条件优越的北京工作、生活，而是到艰苦的地方安家落户，后来，他的三个儿子都安家落户在了外地。他不准儿孙利用他的权力和影响谋好处，也不准儿孙利用他的社会关系为他们自己办事情。他还交代所有儿孙，不准在他在职期间、退休和去世后，到财政部办私事。他的儿孙从他当部长到他退休、去世至今，没有人进过财政部的门，更没有找财政部的人办过任何事情。吴老当财政部部长一场，他的儿孙都是一般干部和工人、农民，没有一个在上学、求职、升职等事上，沾过他这个"大官"的"光"。

吴本宁是他远在甘南舟曲大山里扎根的长子。

大学毕业，吴本宁同几个伙伴一道主动申请支边，去条件艰苦的甘肃工作。吴本宁放弃北京优越的生活条件，到边远落后地区工作，是一时心血来潮，还是别的什么原因？他实则是受了吴老"淡泊名利"和"志在为国"思想的深刻影响，想了很久才下的决心。吴老没阻拦，对吴本宁说："我支持你的选择，青年人志在四方，这是一个很好的锻炼机会。可你一定要记住，既决定去，就不能中途当逃兵，要在那里安家落户。"吴老给吴本宁"约法三章"："去就得去一辈子，不能做逃兵。再有，到下边不能摆高干子弟的架子，要和群众打成一片。第三，凡是我在甘肃的熟人，你都不能去找……"

吴本宁还是很能吃苦的。他从小在安徽农村过着艰苦的生活，后来回到父母身边念书，吴老却要求儿子们培养独立生活的能力，艰苦朴素，不准搞特殊。吴老为了使吴本宁提高独立生活能力，让他在北京一所中学住读，家里每月只给他20元生活费。吴本宁每月除了伙食费外，还经常要攒下一些钱来添置衣服或鞋袜，生活非常简朴。

他到甘肃后被分配到了甘肃舟曲，一个高原上荒凉贫瘠的地方。

甘肃舟曲，山大沟深，实在太苦了，同去支边的五个男孩，最后只有他一直留在了那里。即使是在困难时期，他在甘南几乎被饿死，他也以坚定的毅力忍耐着，没有回家。后来，他在当地娶妻生子，子孙三代都生活在舟曲，真正做到了父亲对他所期望的"坚持到底"的要求。

几十年扎根在舟曲这样山大沟深的地方，吴本宁不仅忍受了环境的恶劣和生活条件的艰苦，而且还直面危险，数次死里逃生。

那一次，吴本宁差点被山崩吞没。舟曲的山路很窄，一侧是深谷，谷底流淌着奔腾咆哮的岷江支流——白龙江，另一侧紧紧地、曲曲弯弯地依着狰狞突兀的悬崖。

正是收玉米、柿子的黄金九月，走在山路上的吴本宁等几个年轻人并不留神身边的景色，只是大步流星地赶路。忽然，"快跑！快跑！"的喊叫声传来。吴本宁回望身后，一个老乡正边喊边以百米冲刺的速度奔跑。"快跑啊，山崩！"他们也往前跑……一个震天动地的巨大气浪，使吴本宁腾云驾雾般飘出去几十米远。他倒在了白龙江畔的崖边上。他看见身后的悬崖不复存在，山体伴随着隆隆巨响滑向白龙江。他的腿被悬空，身下是汹涌的江水。好险哪，差一点儿就被山崩推到江里了。那是1955年9月，吴本宁刚到舟曲。

1956年12月，在舟曲检察院工作的吴本宁奉命外调。汽车翻越山脊到了山顶，然后是一溜被深雪掩盖着的大下坡，车速自然加快。路太滑，刹不住车了，危险！人们惊叫着，吴本宁也扯开嗓子大喊："跳车！"他仗着年轻，机灵敏捷，一下翻到了车外。只有吴本宁一个人跳出来了，汽车翻入了深谷。雪很深，他在雪中呼唤："师傅——老乡——"汽车不见了踪影……

1959年，是吴本宁来到舟曲的第四个年头。这个做事极其执着的小伙子，已是经验丰富的农村干部。5月的一天，他正在下乡。头一天接到通知，吴本宁必须赶到县里，十点钟向书记汇报下乡抓点工作情况。头一夜刚下过雨。小路又湿又滑。吴本宁在山腰小路上迅速且谨慎地选择落脚点，走到山的转弯处，路面出现一片水洼，只有路当中有一片稍稍干燥的地方，他小心地踏过浅水，迈上那片干土。不料，这块干土竟然下陷，他的两脚也随之沉了下去。吴本宁本能地用双臂横架在四周尚未陷落的黄土之上。向下一望——下面是深不见底的黑洞。这是一个天然陷阱。

他张望静寂的群山，渺无人迹的小路。他挣扎着想从洞中翻出，但身体一动洞就更大了，很快陷落到了肘部。极其危险。他拼命喊"救命！"，但除了他的声音外，广袤的山地寂无声响。他力图想用身上带的保险绳，可他的手得撑住自己，他无法移动沉重的身体。

他想到了身上带的枪。他的嘴终于咬到了枪绳，又用嘴把枪摇摆到了手里，他放了一枪，又放一枪。洞口在枪的震动下又扩大了一圈。他只能用两只手抓住距他越来越远的黄土地……洞口大到四尺之围了，吴本宁只能坚持几分钟。这时，喊声传来。这不是梦幻，是一个藏族妇女匍匐着在向窟窿接近，她准确地扔过来背篓里的一根绳索。如有神助一般，吴本宁抓住了绳头……

1960年，饥饿差点让他长眠舟曲。那时他还是个单身，吴本宁说："一天六两粮，只能吃葛根，喝稀饭，能照见人影的稀饭啊！病了，是拉痢疾。我动不了时，就靠一个小铝盆，喝粥是它，洗脸是它，晚上撒尿也是它……""又挨饿，又拉肚子，谁都以为我活不成了，可我又活了过来。""人家有点东西的，有块手表的，能拿去跟老乡换几个杂面饼子吃，可我什么也没有，真眼馋啊……"

有人说，吴本宁在甘南40多年的经历，比之好莱坞大名鼎鼎的史泰龙、阿诺德所表演的惊险镜头恐怕也并不逊色。而吴本宁却淡然地说，他很幸运，也很幸福。他凭自己的努力，后来当上了舟曲县公安局副局长。

这些苦，这些险，吴老听吴本宁说过，他为儿子能一辈子扎根在穷苦的地区，感到欣慰。虽然如此，吴老对吴本宁要求依旧很严格。有一次回到北京，已经从"小吴"变成"老吴"的吴本宁得到一个信息：父亲的老友，财政部的领导来看望吴老时提出，本宁在甘南干了近40年了，锻炼得也可以了，甘肃省领导都知道吴本宁的事，他们的意思，是不是把他调到兰州……得到这个消息，吴本宁有点动心，兰州的条件当然好，要是能调到兰州，自己给舟曲的乡亲跑跑致富门路倒也方便，还有自己岁数大了看病什么的，大城市总和乡下不一样……不过吴本宁还是摇了摇头。因为38年前他与父亲有个"约法三章"，他不能违反。

随着年龄增长，吴本宁回北京的次数越来越少了。有一次，吴本宁回北京看望父母，吴本宁那时已是70多岁的老人了，大老远从甘肃回来，可吴老却不让车去接他，而是让他自己坐出租车回家。吴本宁只好拎着行李、提着土特产，打出租车回家。对于吴老的苛刻严厉，吴本宁早已习惯，而且理解，没有任何怨言。

其实，从吴本宁自愿报名到甘肃艰苦地方工作，到安家落户，到面对艰苦恶劣的生活环境，到一次次遇险，甚至到生病医疗费报销不了，他都没有动摇过当初的选择，没有忘记父亲在他临去甘肃时交代的，要他一辈子扎根，不要当逃兵的嘱咐。是什么定力，让他在这么多困苦面前没有回头？是父亲的精神的牵引，也许这就是吴家最朴素的家风。吴本宁从条件优越的北京，自愿到艰苦山区工作生活，而且在那里扎根、生活了一辈子，是跟父亲学的，是受了父亲强大精神力量的引领。

父亲晚年，越发怜惜儿子了。过去他离家回去，他父亲一般把他送到客厅，不再远送；年老后，他每次离家回去，他父亲总是把他送到大门外……

作者简介

  宁新路，散文家。《财政文学》主编，中国作家协会会员、中国散文学会副秘书长、中国财政文学会副会长兼秘书长。

家务劳动协议书

张映勤

有一天，11岁的儿子突然郑重其事地对我说："爸爸，我自己挣的钱，我能自己支配吗？"望着孩子那天真幼稚、充满渴望的眼睛，我不知道他心里在打什么小算盘。

"你自己挣钱？怎么个挣法？"

孩子一本正经道："我可以替你们干家务，给你们打工。"

世道真是变了，连小孩子都知道打工挣钱，而且挣到他老子头上来了。我转念一想，只要能让他干点活儿，树立一些劳动的观念，花点钱也无妨，只当是请了个小时工，反正羊毛出在羊身上，肥水没流外人田。

于是，我痛快地答应："没问题，只要干活儿，绝对按劳取酬。可是我问一句，挣了钱，你想干什么？"

儿子脱口而出："我想买玩具，四驱赛车加轨道，零件都配齐了，才二百多块。反正你们不给买，我自己挣钱总行吧？"

看这口气，才二百多块，真是站着说话不腰疼。为了不打消孩子的积极性，我没犹豫："行，只要是你的劳动所得，我绝不干涉。"

"那咱们得立个君子协定，到时候可不许反悔！"为买玩具，孩子碰过不少次壁，有前车之鉴，这一次认起真来了。

"你爹我什么时候说话不算话？你信不过，就依你。可是，君子协定顶什么用，无凭无据，要订就订个书面的协议书，有文字依据才有法律效应。

你起草一个，我审查一遍，通过了，咱签字画押。"

混了小半辈子，无权无职没当过官，好不容易有一次签字生效的机会，咱岂能轻易放过。

孩子痛快地答应着，过了不大一会儿，协议书就写好了。我拿过来一看，上面用铅笔工工整整地写着：

家务劳动协议书

×××自愿承担家务劳动，每天干如下家务，挣得人民币三元整。

1. 铺床叠被五毛。

2. 扫地、擦地五毛。

3. 端饭端菜五毛。

4. 收拾碗筷、整理桌面五毛。

5. 自己洗裤衩、袜子五毛。

6. 收拾房间五毛。

完成以上家务，爸爸付给人民币三元整。劳动所得用于×××购买玩具，家长不得干涉！

以上协议共同遵守，签字后不得反悔。

立约人：×××（甲方）
×××（乙方）

甲方是他的名字，乙方由我签字，监督人是孩子他娘。我看了看，基本内容不差，价码也不高，只补充了两点：一、除不可抗拒的原因（如生病等），如有一天没干家务，除扣发当天所得外，前一天的劳务费一并扣除；二、劳务费不得中途支取，凑足200元后一次性结清。

孩子赚钱心切，没看出破绽，立马同意了。工工整整抄写清楚，打好表格，郑重其事地贴在书橱上。每天干完家务，一项一项用红笔在上边挑个钩儿。

开始的那些日子，孩子心血来潮，精神抖擞，干劲十足。有时候，看孩子他娘在厨房忙活做饭，我忍不住想过去搭把手端端饭菜什么的，孩子看见，赶忙拦住："您别干，坐那看报去，活儿都让你干了这工钱算谁的。"花三块钱雇个廉价小工，这钱花得值，我心里偷着乐。

孩子星期天去奶奶家，晚上我去接，老娘一见我面就劈头盖脸地开始数落："有你们这么教育孩子的吗？今天孩子一进门就扫地，一上午扫了不下五遍地，说是扫一次挣五毛钱，拦都拦不住。不就是想要个玩具吗？这钱我们出了！别拿孩子当童工使唤。"

我赶忙解释："不是那回事，主要是利用这个机会培养一下他的劳动观念，这么大的孩子，也该让他锻炼锻炼干点家务了。"

老娘狠狠地夹我一眼："要管孩子回你们自己家管去，在我这不行。"

没办法，我叫来孩子："以后在奶奶家可以不干活儿，干了也是白干，这里是特区，'一家两制'，咱订的协议在这里无效，听明白了吗？"

孩子急切地说："那你事先没说明白，我今天干了这么多活儿，就算白干了？"

"不知者不怪，今天的工钱照付，下不为例，以后在奶奶家干的不算。"

孩子得寸进尺，不依不饶道："那我星期天不干活儿，扣不扣前一天的工钱？"

"星期天，法定休息日，跟平时不一样，在奶奶家不干活儿也不扣钱。"

孩子这才放心地跟我回家。

时间过去了快一个月，协议书上的红钩在逐渐增多，孩子盘算着每一天的进项，表格上密密麻麻挑了一大片的钩儿，加在一块还不到一百块钱，离他的目标比较遥远。孩子耐不住诱惑，有些坚持不住了，想提前"结账"先买辆四驱车玩着。我说那不行，说好了挣够两百块钱以后一次性结清，中途反悔，视同违约，一分钱没有。

孩子央求道："这钱挣得也太慢了，我先拿钱买赛车，轨道我不要了还不行？"

"不行！"我就怕他半途而废失去了耐性，"咱严格按照协议执行，上面白纸黑字写着：'劳务费不得中途支取，凑足200元后一次性结清。'说话得算话，该怎么办就怎么办，谁叫你签了字呢？"

没办法，眼看要前功尽弃，孩子只能硬着头皮继续干。后面的日子他就不大像开始时那样主动欢实了，偶尔还出现过消极怠工现象。有协议在那管着，也用不着我多费口舌，哪一天偷懒没干活儿，我拿出涂改液，照章办事，涂掉前一天的小红钩："今天少干两项活儿，扣你一斗红高粱，红钩涂掉两个。干不干你看着办吧！"

孩子上前按住我的手："明天，明天补上还不行吗？"

"不行，要干就坚持住，咱严格按照协议办事。"

扣了两次，孩子再也不敢怠工了。眼看挣到了一百五，孩子有些担心，不停地在我耳边扇风："爸爸，可一百五十多块了，再过十来天，到时候可不能反悔呀。"

"瞧你说的，你参我从来说话算话，什么时候失信过？干够二百块钱，咱立马结账。我要是违约，你可以告我。"

两个多月，在这张协议书的约束下，孩子终于拿到了二百块钱工钱，让他高兴的是，这时候的赛车轨道反而降了价，质量性能也更好。我问他的感受，孩子说了两条：一是，挣点钱太不容易了；二是，有钱太好了，自己什么也不干，光支使别人就行了。后一条明显是冲着我说的，我不失时机地教育道："可怎么才能有钱呢，你不干活儿行吗？记住了，劳动创造财富，劳动者最光荣。去，把屋子收拾一下，一会儿来客人。"

"没问题，老爸，马上就干，您给多少钱呢？"孩子仰着脸问我。

我一愣，这孩子现在怎么学会讲价钱了？不待我开口，孩子马上又说："反正干一项五毛钱我是不干了，最少也得一块。"

您瞧，他倒涨价了。本想通过这件事锻炼锻炼他的劳动能力和持之以恒的毅力，没想到事与愿违，好事也有负面影响，孩子学会讲价钱了。看来，帮助孩子养成良好的劳动习惯，光靠物质奖励不行，还得让他明白道理。而这，也许是更重要的。

作者简介

　　张映勤，《天津文学》主编，一级作家。著有《佛道文化通览》《世纪忏悔》《话剧讲稿》《死亡调查》《寺院·宫观·神佛》《中国社会问题透视》等，有小说、散文、随笔、评论、报告文学等数百篇，散见于多家报刊。

家风教子十三篇

齐善鸿

很多成年人都在忙着做自认为最重要的事情，实际上对于我们每一个成年人来说，决定我们未来和此生成就的最重要的一个指标，就是我们把孩子培养成了什么样的人。如果忽视了这一点，让孩子的成长出现了某种问题，仅此一项，就可以让成年人的一切成就变得没有意义。

很多成年人，在自己的工作岗位上奋斗了很多年，可能已经是专家或者高手，但在孩子教育上却是个不称职的人。若是一个成年人处在这种状态之中，他还有什么样的未来呢？

基于此，我将自己几十年的教育心得，尤其是对孩子的教育培养经验梳理成十三法，与师友共享。

家长的共识与默契

对孩子的教育需要全体家庭成员的协调与默契，对孩子成长最大的危害往往就来自于家庭成员之间完全不同的做法，有人溺爱，有人娇惯，有人严厉和粗暴，这一切同时存在时就会让孩子的生命出现迷茫。如果我们明白了这一点，成年人之间就要进行讨论，就要达成一个共识，就不能让我们不同方向上的努力在效果上相互冲减。想一想，夫妻之间、祖辈之间，我们在孩子的教育上就哪些问题达成了共识，并且在自己的行动上在认真地执行呢？

如果这个问题解决不了，就谈不上对孩子的教育，甚至可以说实质上是对孩子的一种伤害。因为成年人自己的愚昧而让孩子在人生中产生不知所措的迷茫，就是一种罪过。

从成年人自我教育开始

孩子的教育从什么时候开始呢？有的人认为是从早教开始，有的人认为应该从胎教开始。实际上，对孩子的教育应该从成年人的自我教育开始，应该在孩子出生之前来完成我们成年人对自己的教育，这是我们对孩子进行教育的最必要的前期储备。若是缺乏了这样一个良好的前期储备，在没有良好自我状态的时候生了孩子，在没有必要的储备的情况下就开始对孩子进行教育，孩子就会成为成年人愚昧无知状态下所进行的一场悲惨实验的"小白鼠"。你们家是在教育孩子，还是在"养老鼠"？

父母教养与家庭的氛围乃先天根底

在具有了良好的前期储备的情况下，我们就可以计划生孩子的事情了。生育孩子需要有一个良好的身体和精神状态，也需要有一个良好的家庭氛围。当我们准备好了这一切的时候就可以考虑生孩子，让孩子在来到这个世界之前就能够沐浴在一种温馨、友善、乐观、美好的和谐氛围中。在孩子出生之前，父母的所作所为都会对孩子产生先天的影响。对此，父母应该有一种清晰的认识，那就是自己的所作所为都会传递给还没有出生的那个小生命。明白了这样一个道理，我们当然就知道我们应该想什么，应该说什么，应该做什么，这一切行为就是给未来的孩子最好的礼物，应该认真持续地做下去。由此可见，孩子出生之前的育儿过程，就是成年人自我优化、自我教育和自我成长的过程，没有这样一个过程就谈不上胎教。父母在这个阶段没有尽到的责任，可能会成为先天的亏欠，也可能会成为孩子后续人生中一些灾难发生的根源。

早期经历是生命最深刻的印记

毫无疑问，最好的教育就是无言的熏陶，也就是给孩子营造一种正能量的环境。在所有的环境因素中，家庭氛围当然是至关重要的。没有良好教养的父母所生的孩子，很难在来到世上之后获得最好的和最优秀的能量，在这种亏欠之下，即使是在学校学习到了很多科学知识，孩子的心性成长也依然会存在问题。除此之外，在成年人带领孩子的过程中，孩子看到的和听到的，都会被他的生命所吸收。所以，孩子的所见所闻，是其最重要的生命印记。聪慧的父母，会用自己修养的提升来为孩子的成长营造一个良好的小环境，同时又会带领孩子去见识那些神圣高尚和美好的事物及景象，而这一切都会印在孩子的生命中。父母以忙碌为由将孩子的教育完全委托给老人、保姆或者学校，就是在其亲生骨肉的成长过程中最不负责任的举动，而这样的行为，很可能会导致他们自己和孩子未来人生中的灾难。

陪伴和引导孩子充满智慧地面对现实

随着孩子年龄的增长，孩子会接触到社会中各种各样的人和物，即便是最美好的环境当中也会有一些不良的东西存在，这并没有什么可怕的。相反，若是一直让孩子待在一个没有任何问题的环境中，孩子的成长反而会出现更大的问题。成年人要懂得这样一个道理：真实的现实，就是促进孩子成长和成熟的最重要的现实营养。当然，年幼的孩子还没有足够的能力来进行分别和判断，这就需要父母的引领。如果父母能够做孩子的朋友，那么他们就能够跟孩子一起来讨论孩子所遇到的各种人和事。如果父母是充满智慧的，那么他们对孩子的引导就是正向的和具有智慧高度的。结合实际对孩子成长的引领是其他任何场所和个人都无法替代的力量，也是每一个生了孩子的父母必须承担的养育孩子的责任。

简单训斥与责罚是对孩子的"叠加伤害"

孩子因为年幼无知而犯错误，不应该受到责罚、训斥和打骂，因为每一个人的认识水平都是在犯错中不断提升的。在这样的时刻，孩子周围的成年人要心平气和地帮助孩子认识问题产生的原因，并教会孩子不再重犯的方法。若是没有这样一个循循善诱的过程，只是简单训斥，被训斥的孩子就只会心生恐惧，而不会因为犯错而得到进步与成长，这样的训斥也就不能算是教育，而应该是对孩子进行的一种"叠加伤害"。

帮助孩子立志与找到偶像

在孩子的成长过程中，除了针对现实生活的分析和引导之外，更重要的是要让孩子能够早立志、立大志。立志就是让孩子早一点懂得未来要做什么样的人，只有做人的目标明确，孩子的成长才会拥有强劲的牵引力。在立志这个问题上，最核心的一个要素就是要让孩子找到历史或现实中自己的偶像（必须是正面的、有高度的），因为在孩子的学习当中最核心的方式就是模仿，只有模仿具体的偶像，这种模仿才会更加有效。如果孩子没有立志，那么孩子就会被现实中琐碎的事情缠绕，这种问题会伴随他很多年，实际上我们成年人就是因为在童年的时候没有立志，所以才会被琐事纠缠。既然这是我们成年人的教训，那么我们就不应该再将这种教训复制在孩子身上，这是每一个成年人对孩子的基本责任。

通过孩子自己的故事进行教育

对孩子的教育是通过一件件具体的事来完成的，所以在孩子因为一些事情高兴或者苦恼时，成年人耐心地跟他一起来分析他自己的这个故事，通过这样一个个的故事让他认识到事物的规律、别人的需求和他自己的误区，并手把手地教会他正确的做法，是教育当中最最基本的过程。如果成年人没有耐心帮助孩子来完成这样一个过程，一个孩子在他的成长中就会只有一系列的事件和遭遇，而没有通过这些事件和遭遇得到的成长，这就是一个被浪费了的童年。一个合格或者优秀的父母，能够让自己的孩子拥有很多美妙的童年故事，这每一个故事都是孩子成长的一个阶梯，也是孩子可以观察自己成长的一个个鲜活案例。

父母的心愿与行为不要相悖

家庭是孩子的第一所学校，父母是孩子的第一任老师，也是长期的甚至终身的老师。你想让孩子成为什么样的人，就要在自己的追求、言谈举止和对事物的处理当中表现出来，这是孩子最鲜活的教材。如果父母没有意识到这一点，就可能会一方面在愿望上期待孩子成为优秀的人，另一方面又在自己的言谈举止上给孩子一些低级行为的示范和影响，这两个相互矛盾的方面汇聚在一起，就会变成生命中的悖论：愿望上希望是好的，但真正给予的却又是不好的。这样的做法又怎么能够让孩子健康成长进而变得优秀呢？

孩子书写自己的故事就能看到自己的成长

随着孩子的不断长大，父母应该引领孩子去分析他自己所经历的各种事情，形成属于他自己的各种各样的故事，这样孩子在成长过程中就会吸收到非常丰富的精神营养，也会看到他自己的每一个具体的进步过程。写日记不能仅仅记载一些事情，也不能仅仅对这些事情发一些简单的感慨，而且还应对他自己亲身经历的事情有一个高级的、正面的、清晰的认识，只有这样的记载才会有利于他的心智成长。

成年人要知道孩子比自己聪明

成年人，拥有比孩子多的经验和知识。虽然经验和知识对于孩子未来的生活来说很重要，但是我们更要清楚地知道孩子都是有灵性的，仅仅用一些世俗的知识和经验来填充孩子的心灵，可能会阻碍孩子的成长。因此，最保险的办法就是成年人首先对自己有限的理性有一个清晰的认识，不要一味努力去培养一个听话的孩子，而是要培养一个会进行自主、正面和高级思考的孩子。看看历史和现实就会知道，只是一味地认为孩子不懂事的父母，是不可能教育出一个优秀的孩子的。只要父母没有教育出一个比他们自己更加优秀的孩子，他们的教育就是失败的，这是衡量一对父母教育效果的一个核心标准。

给孩子的生命安装高级程序

生命只是一个载体，生命的本质在于这个载体上安装了什么样的精神程序。毫无疑问，几千年来无数人用生命换来和检验过的人类文明，是人间最高级的文明智慧程序。若仅限于教育孩子科学知识和生活经验，而不让孩子亲近圣人、伟人和英雄，那么孩子生命中装载的就是普通程序。仅拥有这种普通程序的孩子，想在成年之后变得优秀和卓越就会非常困难。中国人是幸运的，因为我们有世界公认的几千年优秀文明，这些优秀文明就是促使我们每个生命由平凡到不凡、由普通变卓越的精神营养。所以，用圣人、伟人和英雄的智慧来武装孩子的灵魂，既是传承民族文化血脉的需要，也是促进每个孩子健康成长的重要方式。若是没有意识到这一点，只是满足于孩子上学的时候考个高分或者求助于某些神奇的"大脑开发"，那么就可能让孩子的生命走偏。如果出现这种情况，父母对于孩子来说就是罪人。

生命成长的营养必须平衡

你想培养一个什么样的孩子呢？如果说仅仅是要培养一个学识渊博的孩子，那最终可能会培养出一个"残废人"，因为一个人不仅要有渊博的知识，而且还要有健康的心智和体魄。圣人孔子提出一个君子的标准，就是要做到"文质彬彬"，也就是"文"与"质"这两个方面要有一个很好的配比。如果这个配比出现了问题，要么就会因为学习知识多却不知变通而变得迂腐，要么就会因为缺乏相应的知识而变得粗野。当然，任何一个人，想要成就一番伟大的事业，都需要健康的体魄、开放的心胸、坚强的意志、连续不断的学习和自我突破的能力。想要变得优秀，就要终身做学生，把生活当成一种修行，并坚定自己的信仰。

作者简介

齐善鸿，教授、南开大学商学院博士生导师，师从陈炳富教授。出版著作数十部。现任南开大学医院院长、中国老子道学文化研究会副会长、全国高校管理哲学研究会执行会长、中国太极文化国际交流中心理事长、中国孔子基金会特聘专家。

我选择做一个狠心的妈

王玉梅

你在妈肚子里调皮的时候，妈正为革命工作兴奋，7个月5斤2两的你，提前落地，妈没养一天胎，生你，也要赶在下班的时候。

72天剖宫产的产假，妈没多歇一天，在一个大雪堵门的日子，用军大衣裹着你，吃着一路的雪花，和你爸一路搀扶着，送你去了托儿所。托儿所里那天几乎没有孩子，只有阿姨们质疑的目光盯着的满头雪花的我。在托儿所，奶水不够吃的你，一直拒绝吃奶粉却也不哭不闹，喝着米汤、菜粥的你竟然10个月大就会走，一岁便可口齿清晰地与托儿所阿姨打岔，人送外号"小人精儿"，可你的腿却因为跑得太多太快经常跌得惨不忍睹。

你的胆大超乎想象，学龄前就有超强的号召力。你竟然在一个桑拿天儿，组织十几个小朋友到蓟运河岸边玩水，小裤衩、小背心都贴在身上，稀泥抹了一脸。幸亏一个路过的阿姨认得你，给我报了信儿，才斩断了那个故事危险的结尾。那天我们母子抱成一团，我心惊肉跳，你却一脸傻笑。

上小学第一天，你脖子就挎上了钥匙，这在你班里是唯一的。放学，你从不在门口张望，因为只有你放学没有人接。你每天穿过一个个慈爱的迎接和灿烂的微笑，目不斜视地自己回家，然后把门反锁后开始写作业。一天，一位亲戚来送几个螃蟹，他几次敲门你都不开，他隔着门说明来意，让你打开门他把东西放下就走，你其实知道他是谁也执意不开门，且拒绝得彬彬有礼。

大一开学，你就远行了。临行前对妈的依恋，是处处都能感觉到的。你知道我忙，除了让我陪你上街挑选了一个皮箱外，其他的事情都是自己做的。大到羽绒服，小到针线包，你的准备无可挑剔。同时，你还将你平时凌乱的小屋整洁地留给了我。这让我在心里夸了你很多次。并且，在繁忙的空隙里，你为我买了护手霜，甚至还用你柔软的小手，执意为我修了眉毛，拉过我的手给我涂上了透明的指甲油。千里之外的吉林，你要留下来求学，而我要回到家乡开始漫长的思念。分别，就在离那所大学不远的汽车站上。只一会儿，汽车就到了。我多么希望那汽车不要来得那么快，而它偏偏就在我们刚刚站稳的时候来了，于是，我上车，你说再见，早就设想了无数次的分别就在一瞬间发生了。上了车，我忙回头。你招手，并留给我一个甜甜的笑，眼睛里的晶莹被坚决地阻隔住了，我也一样。这样的定格，多么完美。你，真的像我。

一不留神，秋天就悄悄地来了。几片红叶，就在那个早晨随着暖暖的秋风，给我们报了早安。我推开窗，瞧着满眼秋色，忽地就想到了雪，吉林的雪。

吉林，在下雪吗？

那一天，你在电话里的声音那么甜，饱含着兴奋。妈，下雪啦！我似乎没有听清。什么？妈，下雪啦！你又一次喊着。我把电话听筒从右手换到左手，将目光投到窗外，窗外，满眼的秋色并未散去。你说，你们学校操场上的雪从第一场雪过后就再也没有化过。你还说，没有雪，还是吉林，还是东北吗？接着，你说起了吉林街头的雪人儿，好威风，好可爱！你说吉林的雾凇把整个城市装点得好像童话世界。你把吉林的一切都说得很美。我知道，你是为了尽可能地减少妈的牵挂。可你发表在报纸上的一篇文章让我的心颤抖起来。

雪，在我脚下，被踩得咯吱咯吱作响。若在平时，我一定会将它视为一种享受。但此刻，路面的坑坑洼洼只会让我觉得害怕。一不留神，就有摔伤的危险呢！只好一步一步地往前挪，不想自己再有什么差错。

环视四周，人很少。前方，路旁，立着一个大大的雪人儿。只是看起来很孤单，想要人来陪。就像现在的我。

这是你的散文《学会坚强》里的一段文字，也是发高烧的你，踏雪买药，病中看雪的真实感受。我使劲瞪着眼睛，可眼泪还是涌了出来。

我是一个狠心的妈吗？让独生子女的你尝尽艰辛，备受磨难。

如今，妈老了，常常以你为荣。我欣赏着你幸福的小日子，安心着看你每一次游走地球。妈最高兴的是，时不时在微信朋友圈里炫炫你的若干喜事，再轻轻地写上一句：棒棒哒……

作者简介

王玉梅，1953年出生。中国作家协会会员，天津市作家协会第四届委员会委员。著有诗集《女人·那一片海》，作品集《那一片海·女人》。

读书是我家的生活方式

李蔚兰

都说"父母是孩子的第一任老师""孩子是父母的影子",家长的言传身教以及家长本人的个性特点,对孩子的心理发展和品性形成,甚至对他们成年后的才智与价值取向都有着十分重要的影响。为孩子营造一个良好的家庭环境,潜移默化,远比板起面孔说教效果更好。家庭环境好比是一首有词无调的歌,任凭家长定调,吟唱喜乐悲欢。

从女儿出生到她十岁前,我们一家三口生活在农村,那里没有歌厅舞厅,少了城市的浮华躁动,小镇的夜晚美丽而沉静。在明亮的灯光下,读书便成了我们全家最好的娱乐方式。我们可以通过汉字跨越时空,与过去的人相会。它成为物质生活相对贫乏的日子里可令精神生活饱满的要素。因为不管刮风下雨,心情好或不好,只要愿意,信手拿起一本书,翻开阅读,便可感受书中生活的点滴,体验书中的喜怒哀乐。

教育家苏霍姆林斯基发现,"人所掌握的知识的数量也取决于脑力劳动的情感色彩:如果跟书籍的精神交往对人是一种乐趣,并不以识记为目的,那么大量事物、真理和规律性就很容易进入他的意识。"

记得孩子上幼儿园的时候,因为我和丈夫每天晚饭后,都习惯性地看书做笔记,所以久而久之,孩子也很自然地坐在一旁翻看她的童话、寓言书,渐渐地对书感兴趣了。可是她识字不多,不知故事内容,看再久也不知书中所云。我发现女儿这个小秘密后,就把书上常出现的汉字按动物、植物、交通工具、人物名称等归类让她认，一段时间以后，又把那些汉字做成卡片，变魔术般地不断变换要认的字，弄得女儿大睁双眼开开心心地辨认，识字量由原来的100多个上升到了1000多个。随着识字量的增多，女儿的阅读量自然也跟着增大，孩子入学前不但能阅读童话故事、朗诵诗文，而且还开始阅读《红楼梦》以及中外短篇名著。从此，一颗艺术的种子悄悄植入了她的心田。从9岁起，她的作文见诸报刊，并且门门功课名列前茅，一下子成了镇上了不起的小神童。她在作文中这样写道："我的爸爸妈妈很喜欢看书学习，他们为我创造了一个非常好的家庭环境，让我自觉地融入其中，所以我说他们始终是我学习的榜样。"

有一日，女儿带着几个同学来家里玩儿。"哎呀，你们看霏霏（女儿的名字）家有这么多书啊！"其中一个扎着羊角辫的女孩望着迎面塞得满满当当的书柜吃惊地说。

"怎么，你们家里没有书吗？"女儿疑惑地问。"除了我书包里的书就再也没有了。"那女孩的声音压得很低。女儿随手从书架上取下一本书自豪地说："你看，这是我妈妈写的书。"然后很神气地指了指，"看，这是我妈妈的名字，她是个作家呢。"

那女孩又是一惊，好久才说了一句："你妈妈真好。"

一个偶然的机会，我到那女孩家去，看得出，那是一个相当富裕的家庭，三室两厅，装修得富丽堂皇。高档家具、组合音响、纯毛地毯……充分显示着乡村小镇家庭的豪华与气派。可正如那个女孩所说，找遍任何角落别说一本书，就连一张报纸也没有。

据说，那个女孩的家长喜欢打麻将，要求孩子晚饭前一定把作业写完，（为的是让孩子别占用桌子）孩子的作业书写得十分潦草，有时作业多点没写完，孩子便只好趴在床边写。屋内常常烟雾缭绕，你争我斗，一场"战斗"下来，已是夜半更深。孩子的学习成绩一直不好，而家长却很少过问。

自从那次霏霏带她来我家玩儿，她便一下子喜欢上了这里，每天放学后和女儿一起坐在写字台前安安静静地写作业，写完作业就到书架上翻些书看。渐渐地，我发现那个女孩非常爱看书，常常是看到天黑也不忍离开。有一次她突然傻傻地站在我面前说："阿姨，你要是我妈妈该多好。"说完，我见她泪眼模糊。

后来，我又有意识地走访了几个条件相似的家庭，有书架的却寥寥无几。我的家自然是比不上他们富有，但却拥有一间明亮舒适的书屋，并排四个大书架，收藏着上千册图书，文学、教育、天文、地理应有尽有。从这一点看，我又似乎比他们更"奢侈"吧。

天津广播电视大学新生课堂上，在一张张年轻的面孔中间，一位40岁的中年人格外引人注目，他就是我的丈夫，一个大学一年级的学生。可巧，学期末的同一天，女儿和她父亲双双被评为"三好学生"，他们分别把学校颁发的荣誉证书拿回家中，我们一家人共同举杯庆贺，那一刻，我们成就感倍增。"过去上学的时候读书是为了'跳农门'，感到有压力，但是现在我是快乐的，因为我在做着自己的选择。"丈夫脸上洋溢着笑如是说。

如今，虽然信息获取的渠道更加多样化，但我仍旧愿意以读书这种传统的汲取知识的途径去感受社会文化圈。因为，读书使我得到了更多的创作灵感。算一算，自1985年组成家庭以来，我的创作也结出了一串串硕果，先后创作的文学作品合计已有一百余万字。

读书，如品茶。没有书，每天一样可以生活，只是有些寡淡；而有了书，三人世界便如同有了点睛之笔，看似平凡，实则我们正在默默地成长，品味到精致和圆润之际，就会有那意味深长的一笑。

这是一种特别的快乐。读书已经成为我们全家的一种生活方式。

作者简介

李蔚兰，中国作家协会会员，天津作家协会全委会委员，天津武清区作家协会主席。作品散见于《天津日报》《今晚报》《中国文化报》《天津文学》《散文》《读者》等报刊，出版有《牵住生命的太阳》《寂寞烟花》《艺苑探幽》等文集。

左面是北

女 真

孩子的成长，方方面面，包括识路。

我儿子上小学二年级时，暑假去英语学校念"ABC"。一次上课，我不幸生病卧床，他老爸午睡过头，错过了去接孩子的时间。学校到我家有四站地，没有直达的公交车，儿子从来没单独走过，他身上没揣一分钱，也没有手机，没有家门钥匙，放学一个多小时了还没见他在家门口出现，这是要丢的节奏啊！老公出门寻找，我在家里焦急等待，那一段漫长的时间，要多折磨人有多折磨人。就在那一次，我第一次深刻地认识到，教会孩子找到回家的路，有多么重要！

那一次有惊无险。儿子下课，没看到如约来接他的老爸，自作主张，背着书包，沿北运河一路溜溜达达，顶着夏天午后的大日头，抓了会儿蜻蜓，趴水边看了会儿河水的涟漪。路过交通岗时，想起我说过的小朋友过马路要遵守交通规则，他戴上平时上课才舍得"武装"的近视眼镜，反复确认是绿灯，小跑过了马路，拐过几道弯，终于进小区上楼到家。焦急等待的我，听到熟悉的咣咣咣敲门声，心里慌乱、脸上狂喜，将门口的儿子狠狠搂住，而儿子满脸通红，第一句话竟是："快给我点钱，我要买雪糕吃，热死我啦！"

通过儿子后来的描述，我惊奇地发现，他走了一条步行回家最便捷的路。我问他："你怎么知道这么走可以回家？"

儿子告诉我："妈妈你记得不，你骑自行车带我这么走过。我记得你是这么走的，我就沿着这条路走回来了。"

儿子的经历让我醒悟，小孩子识路的能力也许远远超出大人的想象。很多时候我们可能低估了孩子。成长得慢，不是孩子笨，得怨大人不放手。

但在后来他慢慢长大的过程中，我又一次次发现，他认识路的能力也确实有待提高。换句俗话说，我家的这个儿子，在到处都是高楼大厦的城市里穿行时，确实有点懵懂、路痴，经常找不到北。

就在前几天，他头一次独自坐长途汽车回沈阳。下车给我打电话："老妈，您说的那个220路公交车站，我怎么找不到？我问了好几个路人，都说不知道。"我问了他的大概位置，耐心指点他："顺马路一直往北走，看见地铁站，马路对面就是。"儿子回我："哪是北？"我说："你看看太阳，记不记得小时候学的那句顺口溜？"他又回我："记得——早晨起来，面向太阳，前面是东，后面是西，右面是南，左面是北。"

记性不错，还没忘幼儿园时学到的常识。我说："那你就判断一下吧。"儿子在电话那头片刻无语，然后笑："老妈，您这个办法不灵。第一，今天有雾霾，天上根本看不见太阳；第二，就是有太阳也没用，因为现在是中午，不是早晨。"

我无语，还想告诉他更多判断南北方向的办法，比如看楼房的朝向，看树的长势。但我又迅速想了一下，还是觉得无法把这样的老生常谈作为他迅速判断方向的根据。经过多年的城市改造，那一带还有大树吗？让一个找不到北的孩子看经过修剪的小树去判断方位，太不靠谱。

儿子方向感差，我有点无可奈何。儿子也曾经自嘲："赶明儿我上街，带个指南针好了。顺便告诉您一声，老妈，指南针名叫指南针，其实是指北的。"

好吧，书本知识他都有，就是得揣着指南针找北。

晚上跟儿子去北陵公园散步，茂密的林木，又让我想到了教他辨别方向的责任。我站在一棵棵大树下面，想要印证一下传说中的那个辨别方向的老办法，但发现其实也不灵。在夜晚，那么高大的树木，凭肉眼很难看出哪一面茂盛。如果需要在晚上判断方向呢？难道一个人不需要在晚上知道南北？

我把自己的困惑讲给儿子。儿子安慰我："我看您还是别费心教我辨别方向了。我马上就要去澳洲，听说南半球那边太阳是从北面照进窗户的，您就是把我教会了，我到那儿也还得重新认识。"

儿子的"冷水"浇得我无语。我这样安慰自己："除了辨别方向，我带到这个世界的孩子，他需要学的东西还有很多，例如怎么做人，将来选择什么职业，怎样跟女孩子打交道，等等。人生的路很漫长，有很多知识是在成长过程中慢慢学会的，光靠书本没用，光靠大人教也没用，得靠他自己用脚去丈量，用头去撞南墙，走几次错路，撞破几次头之后，不用我苦口婆心、喋喋不休，他也一定会方向正确。"

必须这么想啊！

作者简介

女真，本名张颖，毕业于北京大学中文系，中国文艺评论家协会理事，中国作家协会会员，编审、一级作家，曾获中国图书奖、《小说选刊》年度大奖等多种奖项。现居沈阳，任职于辽宁省文学艺术界联合会。

写给高考前的女儿

周　航

周月如同学：

　　请允许爸爸这次不矫情地叫你宝贝女儿吧。在几乎不用书信的年代里来写这封信，请允许爸爸与你"陌生"一次——叫你周月如同学。只是在这份"陌生"和"严肃"里，藏着爸爸发自肺腑的话。

　　西南大学附中是一所很好的学校，在附中读书的孩子大都是优秀的，大都是幸福的，爸爸好羡慕你是其中的一员，我为你感到由衷的高兴和自豪。你们学校就要举行高三年级的成人仪式和高考誓师大会了，那场景一定很隆重很庄严，爸爸都要替你激动一番了。这次大会一定意义非凡，不仅意味着你们即将步入成年人行列，将是个大人了，还意味着高考冲锋的号角将在那一刻吹响。那么，爸爸要先为你高喊一句：加油，周月如同学！

　　尽管你才16岁，但你即将参加一次成人礼仪式，这意味着我们的周月如同学即将迈入成年人阶段，你不再是一个撒娇吵闹的小孩子了。女儿长大了，爸爸感到十分欣慰。爸爸在这个时候想说几句话，献给即将成人的你。

　　第一句话：知书达礼，懂得感恩。在爸爸看来，读书获取知识只是人生的一方面，更重要的是学会做人，懂得礼数。一个狂傲无礼、冷漠寡情的人无异于一台冰冷的机器，学到的知识再多，也将是无用的。爸妈当然希望周月如同学学习成绩优异，但更希望自己的女儿为人处世礼貌热情，并懂得感恩回报。只有对老师尊长敬重，对父母长辈孝敬，对亲朋好友真诚，才有可能充满爱心地服务社会、回报社会和热爱人生。这是为人之根本。

第二句话：目有尊长，为人谦和。这是就第一句话接下来要说的。爸爸想对你说，无论是对长辈，还是对同龄人，都要谦虚谨慎，善于学习别人身上的长处。尺有所短，寸有所长，金无足赤，人无完人。长辈永远是一座座富矿，同龄人身上也有无数可学的东西。千万别妄自尊大，目中无人。目有尊长，为人谦和，你未来的路将会越走越顺，越走越远。成功的人，都是谦虚好学之人。

第三句话：学会担当，胸怀大志。从今以后，你就要长大成人，对待很多事要有主见，要懂得区分好坏，要知道轻重缓急，要开始学着独立承担。你终究是要走向社会大天地的，爸妈的翅膀不可能为你遮挡一辈子风雨，所以你要慢慢学会担当，对自己、家人和社会要有责任心，最好是要胸怀大志。爸爸不奢求你在人生路上叱咤风云，但你也不能太默默无闻，否则人会懈怠，不会有进取心，这对你，对社会，都将无益。始终记住，你要做一个对社会有益、有贡献的人。

第四句话：健康快乐，自如人生。好的身体和心态太重要了，如果可以的话，爸妈希望用一切换取女儿今生的健康和快乐。健康的身体，良好的心态，将会使你的事业和人生更加自如，想想，还有什么比这更重要的呢？没有好身体，还谈什么学习、工作和生活呢？女儿健康快乐地成长，这是爸爸最希望看到的。

你要参加的，还是一个高考百日冲刺动员大会。爸爸同样有几句话要对你说。爸爸当年读书环境不好，连高中都考不上，后来在深圳打了十七年工，这些你都知道，你还是在深圳出生的呢。你在深圳出生前后直到读小学，正值爸爸发奋读书的十来年。爸爸参加自学考试，然后成功考研、考博，当时正值你最需要父爱的童年时期，而爸爸却一直在外求学，很少陪在你身边，至今爸爸心中都充满愧疚。一晃十多年过去了，而今你也要迎来高考，读书不易，考试艰难，所以爸爸就更应该对你说几句话了。

第一句话：巧学苦学，张弛有致。学习当然要巧学，但永远不能只靠小聪明，刻苦才是学习真正的秘诀。希望你能够做到巧学与苦学的结合，当然也要劳逸结合，否则不会有好的学习效果。咱家现在虽然不是很富足，但你至少还有足够好的学习环境和学习条件，你要知道，还有许多贫困地区的孩子不能好好上学啊！你是幸福的，比爸爸当时的家境和学习条件不说好上千倍，至少也有百倍吧。孩子，你真的是幸福的，如果不好好珍惜眼下大好学习时光，以后你一定会后悔的。另外，在刻苦学习的过程中，你会尝到艰难困苦，这也是你人生中十分必要的历练。

第二句话：认定目标，奋勇前行。人有目标，才会有前进的动力。爸爸希望你结合自己的情况，制订一个适中的目标，然后坚定地向前迈进。爸爸其实并不希望你非清华北大不上，只要真正努力过就行了。奋斗的过程和汗水，将是人生的一笔财富，至于结果如何，终究不是最重要的。毕竟，学习和进步是一辈子的事，是永不停息的追求；高考只是你人生中一次重要的阶段考，以后还将有更多的考验等着你。记住，笑到最后，才是最灿烂的。

第三句话：坚强恒毅，永不言弃。坚持最不容易，失败是常有的事。总结爸妈几十年的人生经验，我想告诉你，如果想成功，就一定要坚强、坚持，不要轻言放弃，任何目标的实现都不可能一蹴而就，都会经历很多波折。当然也只有那样，你才会更加享受成功之后的乐趣和喜悦。记得爸爸小时候与同伴们一起钓鱼，就我一个人老是钓不着，他们就笑话我不聪明，我当时赌气说：我聪明，我以后要做大学教授！一句赌气话，竟然在爸爸心里成了一颗几十年后才发芽的种子。虽然后来爸爸的人生和学习生涯经历过无数波折，但爸爸最终成了大学教授。所以，爸爸希望女儿你也能成为一个内心有追求和梦想的人，一旦有了目标，就永不言弃。有空时，读读海明威的《老人与海》吧，这篇小说会给你一些启示的。

第四句话：胜败淡定，轻松迎考。离高考只有一百天了，你正处在一个重要的冲刺阶段，所以你要万分重视这个时期，要好好计划这一阶段的学习。高考的重要性，爸爸就不多说了。在高考之前的这一百天中，你将有多次模拟考和联考，希望你重视整个过程，珍惜每一次小考。不过，不要过于在意某次小考的得失，不要遭受了一次小打击就萎靡不振，就失去信心，一定要认真总结每一次考试的经验教训。你要巩固知识，练好技能，调节情绪，争取以最好的状态走向高考考场。爸爸相信，胜利一定属于女儿你。爸爸不大同意高考决定人生一切的说法，但高考的确是人生一个阶段性的重要目标，每个人只有重视和认真对待，并努力抵达人生中不同阶段想要达成的目标，才可能积少成多，成就一番事业。这是一种生活和学习的态度，而态度往往可以决定一切。

　　周月如同学，爸爸唠叨得太多了，就此打住吧！这是爸爸连同妈妈，共同给女儿你写的第一封信，也是在你成长道路上一个重要的节点上给你写的一封信，希望你不要嫌爸爸啰唆，希望你听得进去，在高考前的一百天里憋足干劲，好好拼搏一番。无论高考结果如何，只要你努力了，爸妈都会满意，都将会在高考后为我们的女儿你好好庆祝一番，因为你经历和正视了人生当中最重要的一个阶段。

　　周月如同学，加油！爸妈永远相信你，永远支持你！！

你的爸爸：周航

2017年2月22日

作者简介

　　周航，湖北咸宁人。长江师范学院文学院教授，重庆当代作家研究中心主任。北京师范大学现当代文学专业博士，四川大学比较文学与世界文学专业博士后，美国弗吉尼亚大学英语系访问学者。已出版专著八部。

60分老爸

于立极

距高考不到3个月了，女儿的情绪变得有些复杂。女儿胃口一直很好，从来不会挑食，又缺乏运动，结果这几年就像吹气般地胖起来。她妈念叨了几句她太胖，高考后要减肥了，她就冲进屋里掉眼泪。

"还班长呢，几句话就哭啦？让你同学知道该笑话你了！"我向屋里喊。

屋内没有应答。

有人说，你在医科大学工作多年，又在写青少年心理咨询小说，肯定对自己孩子心理把握得特别好。事情可没有这么简单，镰刀削不了自己的把，医生治不了自己的病，对自己孩子的心理调整，那是格外难。不过难归难，我还是有自己的办法。

心理学家打过这样一个比方：如果一个孩子自己爬到桌上下不来，开始哭泣，会有"三种妈妈"出现。第一种是他哭到声嘶力竭妈妈还不来，这显然是"坏妈妈"。第二种是孩子一哭，妈妈就把他抱下来，这是"完美妈妈"。这种"完美妈妈"，会时刻监视着孩子，对孩子的一举一动高度控制。"完美妈妈"无法忍受孩子把衣服弄脏或不小心摔跤，不允许孩子出错，不能忍受孩子的不完美。独生子女家庭里，多的是这种妈妈。从深度心理学看，在"完美妈妈"的潜意识里，孩子的不完美会导致母亲的全能感受挫。这种妈妈的控制行为反而会导致孩子的无能甚至心理、人格障碍。

还有第三种妈妈，孩子哭到焦虑，但未到顶点，妈妈抱他下来，这是

"60分妈妈"。"60分妈妈"才是好妈妈，我对孩子的教育方式，就是在最适当的时候进行干预，所以我自称"60分老爸"。

高三学生的种种状况不是偶然发生的，是从小学到高二情绪累积的结果。在孩子从自然人发展到社会人的过程中，要培养孩子的社会能力，让孩子了解社会结构，成就自己的社会角色。据我了解，目前同学关系问题是孩子成长中的首要问题，这也是我在生活中要帮助女儿解决的第一个问题。

大家都知道，男生喜欢女生的表达方式，可能是欺负对方，小学时女儿就遇上了这样一个男生。孩子受到欺负后，家长出面显然是不合适的。根据孔老夫子"以直报怨"的理论，我传授了女儿几招"擒拿术"，对方再动手动脚的时候，女儿就把他扭倒在地，还一脚把他踢到了桌子底下。最后的结果令人忍俊不禁，那男生趴在桌子下求饶，说以后"要给她当小狗"。那次之后，每当我撸胳膊表示很愤慨的时候，女儿都会说"让我自己来解决"。再以后女儿做了班长，我也就放手让她在与同学的相处中锻炼自己。当初的直面问题的教育还是起了很大作用。

对孩子的教育是一个复杂而漫长的过程，夫妻俩的求同存异很重要。比如，我会用心理学来疏导妻子的不正确思维，指出"溺爱不是爱，是控制"。父母用爱的名义来控制孩子，其实是在满足自己的内心需求。比如一个孩子往前爬着，要去拿一个玩具，母亲立刻就帮他拿过来递给他。其实就是在潜意识里告诉孩子，你是没有能力的，你只能依靠我，你永远离不开我。长大后，孩子潜意识里会感觉自己是没有能力的，永远需要依靠他人。几番争辩之后，妻子还是同意了我的看法。

接下来，我开始着手培养女儿的"理想"，一个有理想并努力去实现的孩子会有一个充满希望的人生。培养什么呢？我是写作者，培养女儿写作自然是我最拿手的。

那是一个春天，她和奶奶到市场买东西，看见市场里一箱染得五颜六色的毛茸茸的小鸡，叽叽喳喳欢蹦乱跳，可爱极了。她就缠着奶奶买了两只，一只红的，一只黄的。被染色的小鸡很难活的，可是红小鸡竟然活下来了，我们给它取名叫"喔喔"。小鸡一天天长大，我们却突然接到通知，说是有的城市已经出现"禽流感"疫情，很严重，养了鸡的居民必须尽快把鸡处理掉。但养鸡养出了感情，女儿舍不得，只好把它转移到了奶奶家。没想到鸡会打鸣了，竟然大白天也不停地打鸣，结果把自己给暴露了。周围的邻居把这事儿反映给了居委会。居委会主任亲自来了一趟，要求尽快把"喔喔"处理掉！没办法，鸡最后被杀掉了，女儿回家后看到好看的大公鸡变成了一盘鸡肉，眼前顿时模糊起来，世上的一切都失去了色彩……她把悲伤留在了日记里。我鼓励她把日记润色后投稿，让"喔喔"在文字里永存，也算是一种安慰和情绪的释放。女儿坚持写日记的习惯从小学坚持到现在，对她来说，这既是写作的训练，也是情感的自我调节。

备考中最让我们头疼的是她痴迷 cosplay，很影响学习，几乎每晚她都要用妈妈的手机上网浏览。cosplay 是指动漫爱好者利用一些道具、服装和饰物加上化妆，来扮演自己喜爱或者客户要求的形象不一的游戏人物和动漫作品人物。"90后"的女生自我意识很强，她妈批评她的时候，她最牛的回答是："你想没想过我的感受？！"心理学告诉我们：孩子是不可选择的，上天给你一个什么样的孩子，你只能接受，但孩子是可以塑造的。不同的孩子有不同的气质，而不同的气质会有不同的成功。所以，我要"迂回"地解决她的认知问题。

我问她，面临高考，你们班级有几种类型的学生？女儿回答有四种人，第一种学习成绩好，考大学不在话下；第二种学习成绩还不错，考好大学需要努力；第三种学习成绩中下，能保证自己考上就阿弥陀佛了，要付出很大努力；第四种则是觉得考大学无望，只是自暴自弃混日子。我问她是哪种人，她说是第二种。我说既然是第二种，就该集中精力学习，而不应该分散精力。人生关键处只有几步，高考是你人生的第一个重要关口。况且很多事情不急在一时，比如 cosplay，完全可以在考上大学后再去认真钻研……女儿认同了我的看法，开始把全部精力用在学习上了。

从心理学意义上来说，心灵的成长意味着孩子跟父母的空间距离在扯远，孩子的人格成长得越好，他们越是有能力远走高飞成就事业。但是，很多父母会混淆这两种分离，做出妨碍孩子心灵成长的事。深度心理学有一个说法，叫作"温柔一推"，意思是，在成长过程中，父母要有意识"温和地把孩子从身边赶走"，以便孩子更好地成长。这样孩子的特点和外在表现就会是：内心和谐，有良好的人际关系，能良好地发展自己的潜能，富有创造性，独立自主，能够享受生活，有更高的现实成就。我要做的，就是实现这个理论。

最后一个问题很实际，是孩子的体重，现在还没到与孩子深谈的时候。有人认为，西方社会精英阶层很多人在身形锻炼、饮食控制等方面的修行，远远强于底层阶级的人。这种能控制自己体重的毅力，也是促使他们成功的重要特质。我和妻子私下商量，高考后第一件要事，就是让女儿学会控制体重。

作者简介

于立极，中国作家协会会员，辽宁作家协会理事，第六届鲁迅文学院中青年作家高级研讨班学员。有作品入选国家新闻出版广电总局首届"三个一百"原创图书出版工程、重点出版物选题及中国作家协会重点扶持作品。曾获团中央"五个一工程奖"、冰心奖、辽宁青年作家奖、《儿童文学》"十大青年金作家"称号等数十项奖励。

我陪你长大，你陪我变老

屈云飞

趁着女儿休假，难得和她一起逛了回街。

我自己是很少来三里屯的，总觉得这里的商铺不像商铺，像是隐匿的树洞，它们错落在上上下下的楼梯和转角中，对于方向感极差的我来说不比被高等数学折磨轻松，女儿却偏偏喜欢往这里跑。她去星巴克买咖啡，我百无聊赖地四下张望。醒目的太古里地标牌照亮夜色中那些穿梭不息的行人，不同肤色、不同口音的人熙熙攘攘地交错而过，这好像是这座繁华城市里最具代表的时代缩影，但我情感上本能地拒绝这种"好像"。时代像万花筒般不停地更迭变幻，从不会顾及城市样貌的变化是如何让人眼花缭乱，传统与现代的碰撞在每一个角落里上演，中国式亲情，也正经受历史洪流的冲刷。

我和女儿之间的沟壑也曾经宽过马六甲海峡。在她还是一个小女孩的时候，因为工作原因，我和她父亲都没有足够的时间和精力去照顾她，就将她送到了远在巴蜀的我大姐家，同我大姐的女儿做伴，这一走便是五年。再回来时，她已从一个小女孩变成了亭亭玉立的大姑娘，如果说陪伴孩子成长是人生的一场必修课，那么我便是那个旷课的后进生。

如果不是那天夜里失眠，我便不会在她的枕边发现那个屏幕微微发亮的红色手机——并不是我们买给她的那个。女儿小天使一样地睡着了，是什么要紧的信息让她夜里不肯关机？这个犹如红色炸弹的小东西让我的心猝然缩紧，打开短信记录时我的手在发抖，不，我的腿也在颤抖。我希望什么都没有发生，里面最好是正常的作业讨论。为什么我会突然想到了"正常"？我知道这样侵犯了她的隐私，但不安战胜了理智，那些和女儿平日里讨论过的人际界限问题都抵不过此刻一个母亲深深的担忧。

不出所料，女儿早恋了。手机里稍加亲密的对话，在我看来却如同低俗小说般不堪。我强忍愤怒拿走了手机，却心痛得辗转一夜未眠。

没想到，第二天一大早，蓬头垢面的她居然气势汹汹来质问："你拿了我手机是吧？还给我！"

这还是我的女儿吗？站我面前时的样子理直气壮，甚至有点儿气壮山河，仿佛做错事被抓包的人是我。压抑了一夜的怒火被瞬间点燃，我对着女儿口不择言地一顿臭骂，战火随着最后一颗"子弹"的射出（手机划出一道弧线后"坠机"）而告一段落，我像泄了气的皮球般瘫软在床边抽泣。她错愕的表情显示她被吓到了，瞅了一眼粉身碎骨的手机，我以为她会拾起来，至少号啕大哭几声，算是对它的祭奠。但出乎我的意料，在她看来，妈妈的那些无助和痛惜显然大过了手机，她没有摔门而去，而是踩着碎片走过来坐在我对面："妈妈别哭了，对不起，让你失望了。"她的手像一片羽毛似的轻轻环住我。

瞬间，她略显单薄的怀抱却传递给我一种与她年龄并不相符的冷静和包容，我突然意识到，女儿是大人了。

我们分别的五年恰巧是她成长中最举足轻重的五年。对我而言，她是突然长大的女儿，她的青春期、叛逆期、性格形成期、三观建立期，都少了我的倾情参与。如今站在我面前的，是一个有想法、有主见又异常独立的准成年人，而我的段位却还停留在五年前的状态。

很多时候我们总觉得长不大的是孩子，其实原地踏步的有可能是我们自己。孩子像含苞待放的花蕾，一天一个样儿地怒放，我们时常跟不上他们成长的步伐。更要命的是，传统的中国式亲情中对于子女或多或少夹带着"所属"的定义。作为生命赐予者的我们理所当然地承担起了人生规划者的使命，把自己或对或错的人生经验一股脑儿地填鸭式灌注，觉得这样就可以帮他们避开那些"不必要"的弯路，却忘了生命的赐予并不代表生命的延续，孩子的人生更不是我们人生的副本。人生路一步都不能少，甚至有可能会有弯路，但一定没有捷径。

时间打马而过，那个不知名的小男生早已成了女儿青涩时光里不足为奇的标点符号，那个偷偷在被窝里发短信的小丫头现在反倒让我操起心来，每每说起感情，她的态度都会轻松却谨慎，有的论调有时还会让我哑口无言。我若穷追不舍，她便用那次"手机事件"来揶揄我，末了还故作老成地加一句"你陪我长大，我陪你变老，妈妈"。

那些成长路上的弯路，我们看得心惊胆战，生怕他们一脚踩空就踏入万丈深渊，可他们却豁达无畏。

相较于我们这一代，年轻的"90后"们一睁眼看到的便是更广阔的世界。他们充满面对这个世界的勇气和热情，"创新""个性""不走寻常路"成了这一代年轻人的标签。

我时常觉得，与其说我们在教育孩子，不如说孩子是人生路上与我们互相勉励的伙伴。正如那句"我陪你长大，你陪我变老"，陪伴和共同成长才是家庭教育的核心课题。谈教育之前，首先要将被教育的对象看作一个具备独立人格的个体，其次才是思想上的引导，而所谓的对子女的教育，父母该做且能做的是初期价值观的指引和后期大方向的把控，而不是手把手地勾勒子女人生蓝图中的每一个细枝末节。

作者简介

屈云飞，女，现供职于武警部队北京某部司令部，早年开始诗歌、随笔、杂文创作。其作品均发表在《文艺报》《解放军报》《解放军艺术学院学报》等军内外报刊，曾多次获军内杂志年度优秀作品奖。

习　惯

岳占东

　　小时候，我们村上的人大都出腔不好。"出腔不好"在我们当地是指说话不文明，张嘴闭口不带脏字不说话。大人养成了这种"出腔"，孩子自然习以为常。

　　且说有一户人家，大人指派孩子到邻居家借铁锹，临出门时随口叮嘱一声："去问你愣罐大爷借锹去。"孩子只知道大人平素叫邻居大爷"愣罐"，不知"愣罐"仅仅是村上人给邻居起的绰号——因邻居长得矮矬肥胖，愣头愣脑，村上的人就用腌菜的罐子给他起了这个绰号。

　　小孩进了邻居的院门，张口就喊："愣罐大爷，愣罐大爷，我妈让我向你借锹哩！"邻居老汉在院中忙活，小孩连叫几声，老汉都没回应。小孩急了，又是一句："愣罐大爷，我叫你呢！"这回邻居大爷才转过身来，慢条斯理地说："嗨，你这娃娃，叫大爷，就叫大爷哇，还叫甚愣罐大爷哩？你回去和你妈说，大爷家有铁锹哩，愣罐家没铁锹！"小孩弄不懂邻居大爷的话，空手回家和大人说这话。大人这才明白自己平素"出腔"不好，以致忘了引导孩子，让孩子也缺乏礼貌。

　　这件小事在我们村流传了好多年。现在，我也为人父母，有了子女。我将这个故事讲给妻子听，并与之达成共识，在小孩面前一定谨言慎行，让孩子从小就养成良好的言行习惯。

　　2010年夏天，著名演员斯琴高娃老师来我们县参加影视剧拍摄，整个县城万人空巷。我作为文化部门的负责人，有幸陪同高娃老师出席拍摄开幕仪式。就在走上主席台的时候，高娃老师突然发现自己脚下的红地毯上有一颗桃核，她便慢慢弯腰随手捡了起来，拿在手中，又环顾四周，见周围没有垃圾桶，就将桃核裹上手纸攥在手中，默默地走向主席台就座。她这个小小的动作就发生在我的眼前，周围的其他人根本没有注意。仪式结束后，众多的记者扛着摄像机捧着话筒，用"长枪短炮"将她围在中间，高娃老师手中仍旧攥着那颗桃核，直至记者散去，她才慢慢走到垃圾筒前，将桃核丢掉。后来在拍摄期间，我才了解到高娃老师一直有股骨头坏死的病，连弯腰和行走都要忍受病痛的折磨。拍摄结束的时候，我曾向高娃老师讲起这个事情，她却很随意地说道："我这个人就爱瞎拾掇，都习惯了……"

"都习惯了"，这样一句不经意的话，不得不让我肃然起敬。女儿是"追星族"，被高娃老师抱着拍了一张照片，一直沾沾自喜，每每看电视连续剧《康熙王朝》时，便说："我被太皇太后抱过！"高娃老师在该剧中出演孝庄太后一角，其威风凛凛的形象，被女儿奉为楷模。我和她说起高娃老师捡桃核的事情，说起一个人的行为习惯，她眨着眼睛不无佩服地说："看来高娃奶奶戏内的功夫，是在戏外练成的！"

女儿的话让我很是欣慰，她能将一个人的行为习惯理解到这一步，也不算浅薄。俗话说："习惯成自然。"在自自然然的生活中，我们每个人都会养成自己的行为习惯，而自己的行为习惯，又无不决定一个人的境界，决定一个人的为人处世方式。

我国的传统文化"黄老学说"中讲，自然而然，无为而大为。其实，日常生活中的习惯形成于自然之中，而自然中形成的习惯，看似是那么随意，那么不经意，却往往决定了我们日后人生的大作为、大结果。这种辩证，有如佛家讲的因果，儒家讲的修身平天下。

作为父母，我愈来愈觉得一个好的家教，就是让子女养成好的习惯。从入托幼儿园开始，一个人的习惯就开始伴随着人的一生。学生期间的学习习惯，生活起居的饮食卫生习惯，社会交际的语言习惯，上路行驶的驾车习惯……这些习惯无不影响一个人的成长、健康，甚至生命。我们常说：成败决定于细节。而一个人的各种习惯，就是由无数个细节组成的。人生的成败是汇集了各种细节之后的结果。

无为乃大为，但在"无为"的背后又有多少自然而然的习惯在等待我们去编织，去涵养呢？

作者简介

岳占东，山西五寨人，中国作家协会会员、山西文学院签约作家、鲁迅文学院第二十二届中青年作家高级研讨班学员。著有小说集《躁动岁月》《今夜谁陪你度过》，长篇小说《厚土在上》，长篇纪实文学《西口纪事》《黄河边墙》《鲁院日记》。

致儿子

罗伟章

一凡，听你妈妈说，你们班的同学，抱团的很多，各自以"义"结盟。而你不在其中。你因此有了孤立感。首先，你没有参与，我和你妈妈都很高兴。人们之所以抱团，是因为自身力量不强，需要依附，但他们不知道依附过后，独立性跟着丧失，自己会变得更加羸弱。抱团能取暖，却要以交出独立性为代价，这不划算。问题的关键还在于，那种暖，很可能是彻骨的冷。前些天因吸毒被抓的郑××（你认识），他吸毒，是因为"哥们儿"叫他吸。他并非不知道吸毒的危害，可他被"义"捆绑，想法和行为，已不再受他自己控制。

在我们的传统文化里，"义"是被充分肯定的。其实，我认为，一，"义"的小集团特征，使人心胸狭隘。"桃园三结义"，形成了刘、关、张的小集团，赵云再智勇双全，也进入不了。二，小集团总是把集团利益凌驾于整体利益之上。东吴杀了关羽，刘备便起倾国之兵，去为二弟报仇，结果数十万蜀兵葬身火海。以诸葛亮之智，完全能料到此行的凶险，但他也不好过于劝阻，因为他跟赵云一样，也是后来者。表面上，刘备啥都听诸葛亮的，但"义"字当前，诸葛亮便退居次席。三，"义"是一种界限，界限内的，有义；界线外的，无情。李逵对宋江哥哥义气干云，对他人却无比残忍。在江州为把宋江救下，李逵不分青红皂白，一路乱砍。四，界限之内同样有亲疏之别。征方腊后，完完整整活下来的将领，几乎都是宋江的亲信；即便都是宋江的亲信，内部也依然有亲疏远近。所以，就算进入了小集团，也要时时担心自己在集团中的地位，时时考量自己与头目的关系。平等观、合法性和正义感，都很难在小集团中产生。

人是社会性的，需要友谊，但交友要审慎。还得与人合作，但合作团队与小集团有本质区别。合作团队是开放性的，是基于某种共同的信仰，为了某个共同的事业，成员受制于纪律，不受制于人，其基本特征是成员都有自己的大脑。小集团也可能是为了事业，但背后暗含着另一种功能：满足一些人做"主子"的渴望，也满足一些人做"奴才"的渴望。你看他们姐姐妹妹、称兄道弟，吃饭一道去，散步一道走，甚至上厕所也一道进出，团抱得那样紧，水泼不进，其实无非是"我们玩，不要别人跟我们玩"的可怜关系。这是没有任何建设意义的关系。正因为如此，小集团最容易发生的事，是中道分裂，然后相互攻讦和仇恨。

当然，我并不是说任何一种抱团都会这样。比如你的同学们，或许是出于真正的友谊，彼此走得近些。而友谊是不可强求的，你既然跟他们产生不了那种友谊，便证明那种友谊不能带给你精神上的满足，因而你不需要，你有内在的拒绝。

为此产生一点孤立感或者说孤独感，是完全正常的。这时候，你要学会转移。去读书，去写文字。你现在已经做得很好。你发在《中国作家》上的话剧剧本和《大众电影》上的电影批评，我都看了，非常不错。在读书和写作中，去揣摩别人的长处，尤其是思维的长处。卡夫卡让人变成甲虫，卡尔维诺让人生活在树上，曹雪芹创造"风月宝鉴"，蒲松龄跨越阴阳、时间和物种的界线，还有许多科学上的发明，都是思维的力量。有人做过一个实验，教圈养的猴子画画，在猴子的所有画作中，都有个铁栅栏。这就是它的世界，它如实地画出了自己的世界。而事实上，世界不是那样的。只有"它"的世界是那样的。由此推演，我们每个人的大脑里，都有一个"铁栅栏"，我们看到这个世界，以为知晓了这个世界，其实世界还有另一面，还有多种可能。——抱团，恰恰是主动去封闭了那些可能性。

你看到了这种实质，就会变得更加自觉和坚定。

总之，儿子，我希望你持有一颗高傲的心，希望你快乐。精神世界的饱满和丰盈，一定会带给你巨大的快乐。我相信你已经在快乐之中。

作者简介

罗伟章，四川宣汉人，现居成都。著有长篇小说《饥饿百年》《大河之舞》《太阳底下》《声音史》，中短篇小说集《我们的成长》《奸细》《白云青草间的痛》，散文随笔集《把时光揭开》《路边书》等。

女儿的两件宝物

霍　君

　　每年天气日渐寒冷的时候，我的生日就该来了。以往庆生，总是少不了母亲的几枚煮鸡蛋。随着身边一个小人儿的成长，庆生的方式开始变得让我迷恋。生日的前几天，女儿就开始给我制作生日卡片，喜欢绘画的小家伙，把她对我的祝福，用丰富的颜色表达了出来。捉笔的小手，专注的神情，给了我沉醉的幸福感。

　　这样一幅画面一直持续到女儿读高中。女儿住校，庆生的那天刚好不是假期。庆生前几天回家，我也未见女儿有任何的动静和言语，看来，这将是一个缺少女儿祝福的生日。心里，不禁怅惘起来，孩子太忙了，把我给忘了。这样的情绪一直持续到生日当天的中午，午餐前，母亲从一个隐蔽的角落里，捧出来一个粉红色的心形纸盒交到我手上。打开纸盒，里边满满当当的五颜六色的卡片，足有几百张。我好奇地打开来，每张卡片上写的都是祝福语，这些祝福语有的来自女儿的同学，有的来自女儿的老师，还有的来自街上的陌生人。我细细地数，一共三百二十七张祝福卡片。

　　原来，女儿为给我一份惊喜，前几天回家，悄悄和她姥姥达成了秘密协议，等到生日当天，由姥姥把礼物转交给我。后来，打开女儿的 QQ 空间，我才了解到这三百多份祝福的诞生过程。大量的摄影图片上，是女儿发动同学用一双双小手，齐心合力制作爱心卡片的场景。然后是书写祝福语的画面，一个身体孱弱的母亲的生日，在校园里的某一时刻被集中关注，一支支笔在游走，留下了同学和老师的美好祈愿。街上的行人，被"我妈妈生日快到了，请您为她写下祝福吧"所感动，也纷纷在手绘的卡片上，填写上最诚挚的祝福语。其中一张卡片这样写道："尽管我不认识您，但是我为您感到骄傲，您有一个好女儿。女儿说妈妈的身体不好，陌生的我祝您身体健康。"

是的，我也为有这样一个女儿感到骄傲。也许她的学业不是特别优秀，但她是一个有爱心，有能力去爱的孩子，这比什么都重要。女儿的爱心，不仅仅用在我身上，也惠及其他的家人，以及和她相处的朋友。我经常听到别人的夸赞："你有一个多么好的女儿！"女儿谦虚有礼，处处为他人考虑，全然没有一些小孩子身上过度自我的特质。其实，女儿优秀品格的形成，不是一朝一夕的功夫。

很多时候，我是一个狠心的母亲。只有几岁的女儿，面对心仪的美食曾经几次生出独占的童真欲念，我总是给她及时打压下去。每个人一份，第一份永远先给长者，让女儿在长者先幼者后的家风中熏染，摒弃自私自利的不良习性。自然，让女儿这样做，作为母亲的我，更是要这样做在先。"父母是孩子的镜子"这句话永远正确，你如何做，她就如何学。

女儿这代人，被各种爱包裹着，但唯独缺少主动爱的能力。学会主动爱，才能更好地体味人生的趣味。作为母亲，我有引领的责任。主动爱的品性形成，绝对不是平等分配美食那么简单。它细细碎碎，在生活中无处不在。

暑假，女儿去打工。选择了离家较近的一家木器厂，工作太辛苦，同去的几个男孩都坚持不住了。那些天，女儿小手上被刀具刮了一道一道的小口儿。我忍着心疼，征求女儿的意见："能坚持下来吗？"她乐观地回我："没问题。"最终，女儿挣到了第一桶金，买了一款心爱的手机。如今已经大学毕业参加了工作的女儿，已经远离我的视线，但我对她是放心的。因为女儿有两件宝物：一个是她的爱心，另一个是她的吃苦精神。女儿携带着这样两件宝物，无论走到哪里，都将左右逢源。

作者简介

　　霍君，女，中国作家协会会员，鲁迅文学院第二十一届中青年作家高级研讨班学员，天津文学院签约作家。以中短篇小说创作为主，出版有长篇小说《情人像野草一样生长》，中短篇小说集《我什么也没看见》。

没有"差等生"，只有"差等家长"

王秀云

几天前，我见到了刘女士，跟此前见到的她不同，刘女士眼睛里的焦虑和茫然不见了，脸上满溢自信和幸福。说起来也没什么大不了的，不过就是她的儿子有了一个体面的工作。

很难想象，刘女士的儿子会有今天。他是家里单传，很小的时候就穿名牌，学习都是在最下游，经常被老师留下罚站，高一都没有办法读下来，在下学期开学不久后便退学了。

毫无疑问，在绝大部分人眼里，刘女士的儿子是一个不可救药的"差等生"。这样的学生，大部分早早走向社会，打工，或者在某一种非主流人群中混日子。

"不是上学的料"，很多家长这样评价自家学习成绩差的孩子。

因为学习成绩不好，这样的学生多数不得不早早挣钱养家糊口，好一点的学门手艺——当厨师、修指甲、做煎饼，诸如此类。

职业没有高低贵贱，只有分工不同。话虽然这么说，但大多数人还是愿意自己的孩子在写字楼里准点上下班，有个风吹不到雨淋不到、旱涝保收、受人尊重的职业，而就目前的情况来说，想要实现这一目标似乎依然只有考大学这一种方式。要是想让孩子过上更好一点的日子，或者实现更高的人生理想，名校，似乎是唯一的出路。

可是，一个学生一旦成为"差等生"，就几乎等于断送了自己取得较好发展的希望，只能从事低端劳动。很多家长一旦发现自己的孩子是"差等生"，便会绝望、愤怒、恨铁不成钢，多数就此放弃，破罐破摔，让孩子真的就失去了进一步发展的机会。

真的是这样吗？毫无疑问，刘女士的儿子就是名副其实的"差等生"。如果在别的妈妈手里，高一退学后打工，一辈子几乎再无出头之日。但他太幸运了，他有一位意志坚定、不离不弃的妈妈，刘女士一直坚持要让孩子接受大学教育，认为这是孩子必经的人生阶段。即使孩子高一退学，她仍然千方百计让孩子自学，甚至向我求助，跟孩子沟通。

"差等生"不仅学习成绩差，自我认知能力的养成其实也有一个漫长过程。孩子认为自己没有希望，愿意打工，或者选择其他出路，刘女士始终引导他要在该学习知识的阶段，做该做的事。

一年过去了，孩子毫无进展，和很多流落社会的"差等生"的状态一样，上网、打游戏、喝酒、抽烟。学习似乎是另一个世界的事情。刘女士心力交瘁，但她仍然坚持。

又一年过去了，孩子玩够了，有了焦虑感，刘女士托我给孩子找回了高中课本。退学两年重看课本，对家长和孩子来说都是一种考验，孩子几次想放弃，刘女士每次都坚持，甚至和孩子一起学。

第三年，孩子进入高考考场，以优异的成绩考上了河北省一所大学。前一段时间，刘女士发来一篇论文，我觉得不错，一问，是孩子的毕业论文。那一瞬间，我真觉得刘女士是一位美丽的母亲。

孩子成了"差等生"，正是考验家长意志、情感和责任感的时候。我甚至认为，这世上根本没有"差等生"，只有"差等家长"。

这些年，类似刘女士这样的情况，我遇到过几次。我几次都用自己的理论说服家长，帮着孩子走出了"差等生"的噩梦。

淘淘，一个调皮捣蛋的小姑娘，我根据她的特长，建议家长让她改学美术，后来她考上了东北一所重点大学。

格格，把父母气得万念俱灰，但她的字写得好，我鼓励她的父母，孩子成功的路很多，她写字这么好，以后有可能会成为书法家。后来，我还送给了她一套笔墨纸砚。两个多月后，孩子以优异的成绩考入了沧州第一重点中学。

成功帮助几位"差等生"转化之后，我对自己的判断越来越自信。我相信每个人心里都有向往美丽人生的光，只要我们帮孩子点亮心里的光，就足以照亮他们的前程。不管孩子成绩差到什么程度，只要不是智力问题，绝大多数孩子都具备绝地反击的希望和能力。

特别痛心的是，我曾亲眼看到一个孩子错失了教育机会。那孩子还很小的时候我就了解，成绩不错，但初中时从农村来到城市上学，环境的变化和青春期的叛逆心理，让他没有考上重点中学。孩子的母亲是当年的高考落榜生，夫妻感情不和，把改变命运的全部希望都寄托在了这个孩子身上。但当孩子遇到成长问题时，她不是帮助孩子重树信心，而是一走了之，扔下孩子和丈夫离婚了。毫无悬念，孩子真的成了一个问题青年，前段时间见到他，看到他满臂文身，我心里一酸。其实，只要家长坚持，他原本可以有不一样的人生。

孩子成了"差等生"，不要太指望学校和老师。他们有太多学生需要照顾，而你的孩子是你自己的，你要有耐心和爱心陪着孩子走过这段弯路。千万不要轻易放弃，更不能因为怕麻烦，担心没希望而放弃努力，放眼社会，多少生龙活虎的精英是当年的"差等生"后来居上。正因为曾经有过作为"差等生"的经历，他们过早体会到了酸甜苦辣、人情冷暖，在逆转之后更善于与人相处，承受力更强。试看当年红极一时的天才少年，还有几个为人所知？而许许多多"差等生"，却在逆转之后成了各界精英。

再强调一次，世上没有"差等生"，只有"差等家长"。任何时候，不要放弃孩子。

作者简介

　　王秀云，中国作家协会会员。著有长篇小说《出局》《飞奔的口红》等，出版有中短篇小说集《钻石时代》。作品曾多次在《北京文学》《人民文学》《十月》《散文》《江南》《长江文艺》等杂志刊登，并多次被《中篇小说选刊》《小说选刊》《中华文学选刊》《长江文艺》等杂志转载。

感动与鼓励的日子

韩小英

一个周末的半夜，我像往常一样，轻轻取掉女儿捏着我耳朵的小手，（女儿小时候被她爷爷惯出个睡觉要揪人耳朵的毛病，至今难以改掉）轻手轻脚地溜进书房。约莫半小时后，女儿光着脚丫子，揉着惺忪的睡眼悄无声息地站在我面前，轻轻唤了一声："妈妈！"

"天哪！你怎么自己一个人过来了？"

"我已经长大了！"

"哦，我早就看出来了。"

"妈妈，我以后睡觉再也不揪你耳朵了！"

"当然，我已经感觉到了。"

我热烈地拥抱了女儿，不停地亲吻着她，心肝宝贝地在她的耳边说了一连串令她爹嫉妒不已的肉麻话。这是我们母女半夜醒来经常玩的把戏。

我抱着女儿又摸黑走回卧室，想丈量她刚才内心的恐惧。要知道从卧室到书房要经过客厅、餐厅、客房，而除书房外的所有房间的灯都关着。那晚天阴得很重，一丝月光都没有，整个是漆黑一片，伸手不见五指。

女儿真的长大了，真是太勇敢了。在漆黑一片的房子里睡醒找不见妈妈，她没有选择哭喊，而是战胜了内心的恐惧，一个人摸黑在书房里找到了妈妈，我的小女真是太了不起了。要知道，她才四岁半。

感动于女儿的勇敢，我从心底鼓励她。

放假前一天，女儿对我说：“妈妈，我们幼儿园照的相取出来了！”

　　“照得好不？”

　　“不好。”

　　“为啥？”

　　“表情不好。”

　　“表情为啥不好？”

　　“我心情不好！”

　　那天，她爹因一点小事生气上班走了，我自认理亏，主动给他打电话和解，没想到人家还不领情，一句话没说就挂了我的电话。女儿见状又重拨了过去，冲着她爹劈头盖脸、声色俱厉：“你挂妈妈电话是啥意思？人家家里都好好过日子，就咱家不好好过日子！”惹得她爹在那边狂笑。

　　都不知道她这“好好过日子”的话是从哪儿学来的。

　　晚上，她爹回家，我正在做饭。

　　“妈妈，我跟他谈了！”

　　“谈什么了？”

　　“他挂你电话就不对嘛！”

　　“在哪谈的？”

　　“马桶上！爸爸上厕所，我也上。”

　　宝贝，妈妈真是没有白疼你，知道维护正义了！

　　感动于女儿的大局观，我从语言上鼓励她。

　　家里有两个孩子，我就理所当然地成了和事佬，成天断不清的官司。大多数时候，兄妹俩能和平共处，懂得谦让、分享。尤其是儿子，对妹妹真是没得说，就连我哥都说，女儿长这么大有她哥哥一半的功劳，小区里的熟人都说儿子照看他妹妹比保姆照看得好。为此，左邻右舍还给儿子封了个“阳光男孩”的称号！

　　可孩子毕竟还是孩子。这不，我下班正在做饭，儿子在写作业，小毛豆（女儿的乳名）拿着哥哥过生日时同学送的玻璃“米老鼠”玩，儿子嫌吵就把自己的房门关上了，毛豆非要挤进去，儿子不让，毛豆情急之下就把她哥哥的"米老鼠"给摔在了地上，只见儿子气疯了似的抓住毛豆就要打。见我护着，他气得一屁股坐沙发上就哭，伤心的那个样子就别提了，我说给赔一个，他说："你买的有啥意义吗？"并边哭边把打碎的小玻璃碴收拾珍藏起来！

　　幸亏不是女朋友送的，否则我们都活不成了！毛豆一看闯祸了就可怜巴巴地对我说："妈妈你给我帮个忙。"

　　"帮什么？"

　　"替我给哥哥道个歉！"

　　"这忙我可帮不了，你得自己去！"

　　直到我做好饭，两人才和好如初。

　　感动于儿子与女儿的天真，我从行为上鼓励他们。

　　日子就这样在感动和鼓励中过着。我与儿子、女儿，还有孩子他爹。

作者简介

　　韩小英，女，中国作家协会会员，鲁迅文学院第十八届中青年作家高级研讨班学员，出版有个人作品集《襟袖微风》《鲁院日记》。长篇小说《都市挣扎》被改编成电影剧本和大型眉户现代戏剧本。

和儿子一起成长

赵 殷

我是一位"狠心"的母亲。儿子刚上幼儿园时，我就告诉他："你的一半首先是女儿，另一半才是儿子。"他睁大亮晶晶的眼睛奶声奶气地问我："为什么？"我回答他："因为我们只有你一个孩子，你不但要跟着老师好好读书，还要跟着妈妈学习做家务活。"不到三岁的儿子点点头，似懂非懂地接受了。

儿子三岁时，我就让他洗自己的衣服。由于年龄太小，他洗完衣服拧不干水，也挂不到高处的铁丝上，更不会把衣服抖开晾晒，而是直接把衣服甩在阳台的铁栏杆上，晾干的衣服皱皱巴巴，还有歪歪扭扭的锈渍，穿在他嫩白的身上很是难看。我装作没看到，他似乎也不知道。当然，冬天的棉衣，大学时放寒暑假穿回家的脏衣服，我也会洗，但我会告诉他这是帮他洗，他有时接受我的帮助，有时也会反对我的奉献精神。

儿子三岁半时，我让他单独睡觉，告诉他："你的一半首先是儿子，另一半才是女儿。"他环抱住我迷茫地问："为什么？"我回答他："你是男子汉，长大要随时迎难而上，还是要迎难而退？"他摇摇小脑瓜抱起小被子到隔壁小房间去睡了。夜里去卫生间，半醒半睡的他摔倒哭了两声，我们都没有回应，他爬起来回屋又睡着了。早晨，我看到他的小脚踝上有伤痕，但他好像已忘记昨晚摔倒时的疼痛了。

2002年我的工作调至武都，一家三口临时寄居在办公室。办公室自然是通体一间，煮饭只能用电炉子。冬天的一个傍晚，我回家晚了些，上小学三年级的儿子放学后，跟同学一起到家里来写作业，他见父母都不在家，就自己削了几颗土豆，切成条，接通电炉子，用铁锅烧热油炸熟，盛在盘子里用椒盐、辣椒面调拌好，两个小小少年头对头当晚饭吃。

我回家时，他俩正在有滋有味地用牙签扎土豆条吃。我问儿子哪来的土豆条，他说他自己炸的。我看了看锅里的热油，余温未散的电炉子，还真是吓着了，碍于他的小同学吃得正香，我也扎起一条送到口中并直夸好吃。

那些年，单位大门口每天都有一个中年人卖豆腐，据说他家的豆腐是武都最好的。他家的祖宅就在单位院子里，因为拆迁关乎诸多利益问题，他和家人一直住在单位后院，每天深夜都能听到他们做豆腐的辘轳声。单位大门口买豆腐的人比上班的人多，多到需要排队等待。儿子喜欢吃中年人做的豆腐，放学后经常自己去买，拿到家时已吃去一半，剩余的一半，用辣椒酱红烧，他总会抢着自己翻炒。因为爱吃这家人做的豆腐，我曾在夜深人静时带他到后院，去看那家人在炎夏热气蒸腾的锅灶前，穿着雨鞋，围着长围裙，在人们的睡眠声里打浆、滤浆、点浆，将豆花压成整块的豆腐，热得汗流浃背，累得腰弯背驼。第二天早晨六点半，他去上学时，中年人已经在大门口卖豆腐。他对中年人的坚忍很感叹，多次问我"为什么这么辛苦"。我回答他："他爸爸妈妈老了，他要养他们，还要养自己的小孩。"

从发现他会油炸土豆条开始，我便有意教他学习最基本的烹饪技巧。譬如：炒鸡蛋时让他打开鸡蛋加调料搅均匀，烧豆腐时让他切块备料，炒青菜时让他摘去老梗洗干净，炒肉时让他切丝切片等。

儿子九岁时学会了这些简单的厨房里的活儿，十岁时能给自己做熟饭菜，十岁以后，我不在家时，他已经能给他爸爸洗衣并做简单的饭菜。

当时，办公室有一台历史悠久的电风扇，用的时间太久坏掉了，武都的夏天实在太热，领导决定扔掉买台新的。九岁的儿子主动请愿想要修一修再说。儿子将比他高一大截的电风扇拆卸下来，蹲在地上三个小时，一钉一铆修复组装，修好的电风扇又工作了六个夏天，直到单位装上空调，那台电风扇还依然能给炎夏带来丝丝清凉。

儿子九岁时，我给他办了张个人存折，存入一学期的早餐费。他将早餐费的三分之一私自挪用用于充游戏点卡，然后用心谋划怎么吃够五个月的早餐。虽然后来被我发现后存折被无情没收，但他却在吃早餐和充游戏点卡之间学会了自己理财。

上高中时，他爸爸教导他："跟人交往，最重要的是包容别人的缺点，当看到别人的缺点时，一定要想到别人也看到了你的缺点。"

儿子笑笑说："我知道了。"

儿子大学毕业到天津上班，我陪他去报到，在于家堡火车站，他跟我说："让我在这个城市搬砖头，我也是快乐的。"

作者简介

赵殷，女，甘肃礼县人。中国作家协会会员，鲁迅文学院第二十一届中青年作家高级研讨班学员。曾出版散文集《回到固城》《临水而居》。

生命的长成
——写在儿子步入社会之际

蒲黎生

　　生命的诞生实属偶然，但生命一旦在某一空间、某一时段生成，它就会由小到大，由弱到强，一路向上，一路向前，永不停息地成长。

　　生命不可以重来，它和时间一样不可逆转。在生命成长的前方有许多惊奇等待着我们，我们不可能一一预知。我们不必一味寻求新的前景，要用新的眼光看待现实。无论生活给了我们怎样的打击，总有一个木筏在人生河流的转弯处等待着我们。

　　也许我们的人生旅途上沼泽遍布，荆棘丛生；也许我们追求的风景总是山重水复疑无路，却不见柳暗花明又一村；也许我们前行的步履总是沉重蹒跚，步伐不矫健也不轻盈；也许我们需要在漫长的黑夜里摸索很长时间，才能抵达黎明；也许我们虔诚的信念会一次又一次地被世俗的尘雾缠绕，让我们不能自由地翱翔；也许自命清高的灵魂，在世俗里找不到得以安放的净土，我们就认为世界一无是处；也许人生稍有一些不如意，我们就觉得怀才不遇，愤世嫉俗。

　　那么，为什么不可以以勇敢者的气魄，坚定而自信地对自己说一声"再试一次"？

　　坚硬的石头之所以能够被柔软的水滴穿透，完全在于水滴千千万万次的"再来一次"。在我们成长的过程中，总是会遇到这样那样的失败，但只要失败了不气馁，有"再来一次"的勇气和信心，我们就能不断超越自己，获得成功。

遭遇困难和失败，是生活中不可避免的事情，然而不管是遭遇困难还是失败，逃避都是最差的选择。因为逃避失败就意味着放弃成功，逃避失败就意味着放弃希望。许多时候，我们放弃努力，白白地错失了良机，结果半途而废，无功而返。只有勇敢地面对困境、面对失败，我们才会从中发现新的景观，看到新的希望，我们才能从中体悟，失败只不过是成功的必经之路。

遭受失败的人，难免会有悲观的念头。我们有时盲目自信，有时却信心全无。要么就好高骛远，眼高手低，要么就对前景心灰意冷，垂头丧气。信誓旦旦一阵子，碌碌无为一辈子。好走的路其实都是下坡路，上坡路虽然难走一些，但无限风光在险峰。

平凡的我们与伟大的英雄相比，缺失的就是顽强的毅力和远大的志向。从悲观中走出去寻求新的希望，就像农民烧完稻草，剩余的灰烬就会成为土壤的肥料一样。

人最悲哀的并不是昨天失去得太多，而是沉浸于昨天的悲伤之中无法自拔。有一句名言这样说道："要在这个世界上获得成功，就必须坚持到底，剑至死都不能离手。"任何人在成功之前，都会遇到许多的失意，甚至是难以计数的失败。

自古以来的英雄，并不比普通人运气更好，他们只是比普通人更加锲而不舍而已。有一句值得铭记的话："当你知道自己要去哪里时，全世界都会为你让路。"奇迹在坚持中显现，有梦想就会有人助。面对你的真诚和坚持，阻碍你的人会让出一条血路；面对你的刚毅和勇气，围观你的人会对你施以援手；面对你的倔强和恒心，困难往往会退避三舍。

当我们毅然决然地想要到达成功的终点时，自己和外部世界中所有神秘的力量都会给予我们神奇的助力。凡人和英雄之间，其实只差坚持的一小步。历史上无数事实充分证明"古之立大事者，不惟有超世之才，亦必有坚忍不拔之志"。邓小平说："没有一股子气呀、劲呀，就走不出一条好路，走不出一条新路，就干不出新的事业。"

人穷不能穷志气。只要有志气，通过一番努力，完全可以改变命运。生命河流里木筏的前行就是源于我们内心的信念以及坚持不懈的努力，命运其实掌握在我们自己手中。

人生易老，岁月蹉跎。时间不等人，有些事不能等，等不得，再等就来不及了。不积跬步无以至千里，不积小流无以成江海，千里之行始于足下，再不行动，再不去做，我们就真的老去了，生命就真的开始衰败了。

生命无草稿，生命也不会给我们"打草稿"的时间和机会，人生中一页页或漫不经心或全心全意写下的"草稿"，都会成为我们人生中无法更改的答卷。

作者简介

蒲黎生，甘肃陇南市礼县人，现为陇南市中级人民法院副院长，甘肃省作家协会会员。著有散文集《走过心灵的田园》。

有一种母爱叫放手

黄灵香

女儿在小学一年级下半学期时，就不用我接送上下学了。学校与家之间有两条热闹的马路，做家长的，有太多担心。

开始，我拉着女儿的手教她："咱们先看路的左面，没有车辆了，就边看左面边快步走到马路中央站住，接下来，再看马路的右面，等到没有车辆了，用同样的方法快步走到马路对面，记住，一定不要乱跑。"

教了方法，接下来就是演练。先是我带着女儿过马路，后来是女儿带着我过马路，最后才是女儿独自穿过两条马路去上学。这时，我便在远处跟踪观察，直到女儿学会正确过马路，我才放心。

女儿初中时，要学炒菜，我便站在旁边告诉她操作过程。特别强调，如果煤气的火突然灭了，记得，一定先关掉开关，然后立刻打开窗子，让散出的气体彻底挥发后，再点燃煤气重新开始炒菜。自小学开始，女儿就时常洗碗。她要是洗碗，我就做其他家务，一边做一边与她聊天。我从不说：快去写作业吧，把学习搞好就行了。

当年，女儿背着书包自己上下学时很自豪。后来，她的初中同学来家里，她就给人家做饭，更是美美的，说："我就是喜欢妈妈信任我的感觉，自己做事太开心了。"

女儿的故事传开后，迎来的是一片对她的心疼，以及对我的指责。指责的话普遍是：这妈，太不负责了。有些是当面的批评，有些是背后的议论。

我和女儿听了，呵呵笑着便了事。女儿大学毕业，出国工作，独自远行。之后，她又边工作边读书，如今，成了一名高级华文教师。九年里，我们只视频聊过两次天，各自忙着，各自放心着对方的一切。只是有了好书好文章，会留言分享给对方，过后，也从不询问是否看过，有何感受，等等。

2016年，女儿回国结婚，当着亲朋好友的面，女儿说："这些年，妈妈为我背负了不负责任的名声，真是太抱歉了。其实，我最喜欢的就是妈妈对我的信任和教导的方法。如果当年妈妈边织毛衣边陪着我写作业，我简直会疯掉。妈妈总是先教我方法，然后才让我独立，并不是根本不管的。还有，妈妈告诉我，女孩子，一定要在经济上独立，不依附他人，不自私。妈妈的话不多，但我印象很深。我和妈妈是亲人，也是知己。我喜欢妈妈的忙碌，更喜欢她带给我她的一个个获奖的好消息。"听了女儿的话，一位亲戚说："你妈要不是只顾着工作，你会更优秀。"和女儿对视，我们哑然失笑。

生活中，做家长的，许多人按照标准答案教育孩子，要求孩子，把自己认为成功的标准套给孩子，把自己扮演成"苦大仇深"的样子感动孩子。其实我们自己心里知道，生养孩子，是有很享受的一面的啊，我不理解，怎么还有人抱怨呢？

孩子佩服的是我们的乐观和成就，而不是我们为孩子、为这个家牺牲了什么。我们和孩子是并行成长的，所以我们同时也要向他们学习，让孩子有成就感，让孩子感知我们好学的热情，这样，才有沟通，才有喜悦。

女儿在本市读的大学，没有特殊情况，每周都会回家带姥姥去浴池洗澡，给姥姥搓背。今年春节，女儿的公公婆婆打来电话给我拜年，说年三十的一桌子菜都是女儿做的，很好吃。他们刚到国外，女儿就已经把换洗的衣服都准备好了，他们很感动，动情地说："你怎么培养出这么好的孩子啊，一点也不像独生子女……"

有一天，女儿在下班的路上给我打电话，开心地说："妈妈，虽然搬家了，可我还是愿意沿着从前的老路回家，就是因为想在路边听一位盲人吉他手的歌声，给他面前的帽子里放些钱。他总是微笑着唱歌，还有，他看不见我放的钱。这样的感觉好轻松，好美妙，好舒服。来，妈妈，你听……"于是，从电话的另一端，我听到了，如流水，如雨滴般的歌声与琴声，如同心爱的女儿正奔向我。

女儿高考时，作文题目的要求是自拟。语文考试结束，她是第一个从考场跑出来的，兴奋地告诉我："妈妈，我的作文题目是《有一种母爱叫放手》。"

本篇文章的题目，是借用了女儿的。母女同题作文，是缘分，且别有意味，我想以此表达我对女儿的谢意，感谢她的美好让我如此安心、幸福。

作者简介

　　黄灵香，中国作家协会会员、中国微型小说学会理事、延边作家协会副主席。鲁迅文学院第十四届中青年作家高级研讨班学员。现任《天池小小说》杂志主编。著有散文集《在忘川酒馆》。

放　手

金　卉

除却生命，父母无法给予孩子太多，哪怕是以爱的名义制定的所谓完美的成长规划，若违背孩子的先天禀赋和意愿，也无异于摧残甚至扼杀。

——题记

2012年6月，儿子满五周岁。

我带着他找到国家一级小提琴演奏员祖延良老师，拜师学艺。

儿子顺利通过了简单的音准、视唱的考核。我心花怒放，果断交学费买小提琴，决心培养一名"童星"。

回家的路上，我踌躇满志。

儿子斩钉截铁的"有信心学好"的回答一直萦绕在耳畔。我仿佛看到身着燕尾服斯文儒雅的儿子在台上挥洒自如地演奏着我最喜欢的那曲《天空之城》。悠扬，伤感，温暖，宁静……瞬间让人步入日本轻音乐大师久石让独特的音乐世界，台上倾情演绎，台下欢呼雀跃……

我和先生酷爱文艺，特别是他略通音律和诗词，萨克斯、葫芦丝、竹笛、吉他、小提琴等各种乐器虽算不上精通，但基本的演奏没问题。我坚信儿子有遗传基因，也会喜欢小提琴。更何况，怎么能让儿子输在起跑线上呢！

于是，我拼命地和儿子一同学习五线谱、音阶、指法等基本功。我将五线谱卡片，贴满整个房间，背口诀，找规律，随时随地学习，用铅笔、筷子练习持弓，每天在家对他进行至少一个小时的强化训练。无数遍练习，无数遍失败，周而复始，枯燥乏味，对孩子和家长都可以说是一种严峻的考验和挑战。

我很快发现，小提琴比其他任何乐器都难以掌握。

众所周知，钢琴是乐器之王，但钢琴音准不难，而对弦乐的代表——小提琴音准的驾驭取决于基本功。左手按弦哪怕一毫米之差音就不准，越到高音区音阶变化就越大；右手持弓和弦的贴合点、角度必须恰到好处，否则就破音，或者音色不美；左手的指法、把位和右手的弓法、力度都必须密切配合，集眼的观察、大脑的指挥、手的控制于一体，否则，差之毫厘，谬以千里。

正喜欢撒欢的儿子，开始反感每天枯燥乏味的高强度训练，报名时的新奇、冲动被不配合、不主动、不情愿取代，甚至还开始默默抵抗。

他每次练琴，都会噘着小嘴，嘟嘟囔囔找各种理由拖延，要么上卫生间，要么吃水果……我极尽忍耐之能事，小心翼翼赔尽笑脸地哄着儿子，并默默地给自己鼓劲，甚至用滚石乐队"一旦让我开始，我就不会停止"的歌词来鼓励自己。

两年后，儿子从最简单的《排排坐分果果》到稍复杂的《瑶族舞曲》《春江花月夜》《春节序曲》《渔舟唱晚》，都能拉出音色优美、情绪饱满的曲子来了。

逢年过节、朋友聚会，儿子会适时表演，父母小小的虚荣心和幸福感得到了最大限度的满足。

但儿子不能考级，他无法完成每天两至三个小时的强化训练，他练琴的时间越来越短，对小提琴也越来越抵触。

接下来发生的事更让人始料未及。

天生抽象思维极好的儿子在学校，偷偷报名参加了围棋班。回到家放下书包，便一头扎进卧室里，开始谋阵布局。

他一个人模拟双方，黑白对弈，自言自语，其乐无穷，还跟我们探讨布局和阵法。

……

有一天，课堂上，在对《B 小调协奏曲第一乐章》的训练过程中，儿子心不在焉，指法混乱，被老师留下……

回到家里，我火冒三丈，将儿子逼退在墙角，大声训斥："究竟想不想学？"儿子怯怯地说"我，我不敢说……"

"你记住了，如果小提琴练不好，围棋班也别想上！"我发了火。

儿子号啕大哭，像一个被围猎受伤的小动物，蜷缩在墙角，瑟瑟发抖，楚楚可怜。

我开始反思。

养孩子的本质是什么？是让孩子作为父辈梦想的承载者还是尊重孩子的人格、思想、情感、兴趣，任其自由发展？他是否有权说"不"？我们喜欢的孩子是否喜欢，或者，孩子是否必须喜欢？

我决定放手。

2016年10月，已经练习了四年之久的小提琴被决绝地放弃。去琴行取琴那天，天正下着雨，雨水浇透了衣裳也浇透了我一颗清醒但仍有些隐隐作痛的心。

先生正式给儿子报了围棋班，儿子以超常的天赋和悟性在围棋领域崭露头角。

2017年5月30日，正式学围棋不到一年的儿子在"吉林省延边州业余围棋升段升级比赛"中，以"七局五胜"的成绩成功由五级晋升为四级。

有一种爱叫放手。

不仅放手他的生活，还要放手他的思想、情感、兴趣、爱好。给孩子自主选择的权利，是对孩子起码的尊重和最好的关爱。

作者简介

　　金卉，女，主任编辑，现供职于珲春电视台，延边州作家协会会员。发表作品120余篇，有《黑色笔记本》《最后的希望》《精准扶贫》等散见于《天池》《百花园》《金山》等报刊。擅长小说、散文写作，曾获珲春市"龙虎文艺奖"。

和孩子一起成长

李子胜

2012年末，在天津外国语大学附中读书的儿子通过了北京大学小语种专业的笔试、面试，被北京大学法语专业录取了。大三第一学期，他去了巴黎政治大学，做了一个学期的交换生，其间利用秋假游历了19个国家；大三的暑假，又只身一人去了肯尼亚，完成了生平第一次的支教经历。22岁时，他的足迹已经留在了22个国度。2016年年底，他先后收到了伦敦大学亚非学院和爱丁堡大学的硕士研究生录取通知。很多家长向我询问教育孩子的窍门——要知道，这孩子从小就没上过任何辅导班。

我觉得，和谐家庭是孩子健康聪明的基础。

我是一名中专语文教师，是个文学爱好者，妻子是一所中学的校医，家庭和睦。无论是孩子的爷爷还是孩子的姥爷，都是爱书的人，他们年轻时均就读于重点中学芦台一中，可惜因为历史原因，都没有读大学，但是他们对孩子都有同样的期待：希望孩子好好学习。

孩子最初接触的两个家庭——姥姥家、爷爷家，都有很好的读书学习的氛围，四位老人脾气平和、慈爱，特别是孩子的奶奶，在孩子三岁前，总是抱着孩子看画报、讲画报。我记得每天下班，孩子和我们团聚时，总是捧着画报让我们给他讲画报里的故事，每翻开一页，他都能一字不错地"读出"画报下面的说明文字，这让我和妻子感觉很惊奇，很惊喜。

孩子的早期记忆，会决定孩子以后的兴趣、性情。他性格的稳重，注意力的集中，记忆力的超群，应该和上幼儿园前的家庭启蒙教育有重要的关系。

我总觉得这些看似平淡、平常的和谐家庭生活经历，对孩子的成长极有意义。

到后来，孩子的每次进步，每次取得的好成绩，都成了四位老人快乐的源泉。老人们的肯定和期待，也是促进孩子进步的最好动力。

有学者研究家庭和谐程度与孩子聪明程度之间的关系，结论是：二者成正比。我深深赞同这个观点。而且，孩子的家庭责任感、社会责任感就在家庭生活中萌芽成长，这也是孩子日后自律精神形成的源头。

在陪伴孩子最初成长的几年中，我体会到，一定要尊重孩子，别欺负小孩。

孩子出生时，初为人父的我根本毫无准备，孩子因生病而哭闹，常令我夜不能寐，真恨不得他再回到妻子肚子里——我宁愿只是快乐地盼望、等待他降生。孩子大了些，我与许多缺乏耐心的父亲一样开始靠打孩子解决问题，特别是孩子一岁半能说会跑之后。我发现打孩子是树立严父形象最立竿见影的方法。尽管家里没有一个人支持我，但那时我俨然成了儿子的总设计师，一旦他的言行不符合我的方案，我的巴掌就会狠狠落在他稚嫩的小屁股上。不睡午觉要打，撕扯书本要打，乱哭乱闹要打，乱写乱画要打，零食吃多了要打，偷偷跑到街上也要打……那时我读了许多不要溺爱孩子的书，觉得打总比惯着强吧。

我还真打出了效果。

孩子三岁时，妻子告诉我，孩子一听到我回家的声音，马上大惊失色紧张万分："爸爸来了，爸爸来了。"孩子津津有味地看《大头儿子小头爸爸》时，只有我的一声断喝，才能让他恋恋不舍地离开电视坐到饭桌前；见到我的同事，他总能主动叫叔叔阿姨；在幼儿园里，班里许多孩子又跳又闹，而我的儿子常常安安静静地坐着，不敢干这不敢干那。

有的人喜欢从别人对自己孩子的赞美之词中满足虚荣心，他们把自己的观念、原则"克隆"给孩子，而我就是这样的人。我是在孩子越来越"听话"，邻居经常夸他"懂事"，但他越来越多地显露出怯懦倾向后，渐渐醒悟的。

孩子是弱小的，大人可以打他、向他瞪眼；孩子是无知的，大人们又可以强加给他许多原则，代替孩子去认识这个世界。许多人总以为自己很高明，喜欢指指点点，代替孩子去感知世界，这对孩子来说是多么不公平！中国许多人认为"棍棒底下出孝子"，如今看，这是一句极其自私的话，为了让孩子成为孝子，好好伺候自己，所以要挥以棍棒，舞以老拳。孩子在这里完全是上一代人的工具、奴仆，而不是完整的人。

我想正是因为这种观念深入我脑髓，我才自恃识路地为孩子设计人生，经常以大欺小，以打骂代替耐心。

于是我改变我的教子思路，在孩子上幼儿园后，开始尊重孩子，用有效的手段培养孩子。孩子五岁时，开始像模像样地学习了书法，当时临习的是隶书《曹全碑》。我一直建议家长们让孩子学习书法，不为了培养书法家，只是因为书法可以让孩子安静，注意力集中，而且书法里都是积极有益的文字符号，这对孩子的内心也是一种良好的濡养。这段练习，让他后来的汉字书写和英语书写都很工整，让他学会了怎样让注意力集中。需要强调的是，多年的经验告诉我，注意力不集中的孩子，即使天赋再好，学习上也难有成绩。

尊重而不娇纵，严格而不失慈爱，指点而非干涉，只有这样对待孩子，也许才是合格的人父。

后来，我一直坚持对孩子的人格保持尊重的态度，提醒自己不把孩子当成自己的财产，不把孩子当成满足自己虚荣心的工具。

王安石在《游褒禅山记》中提出一个人成功需要"志""力""物"三条件。志向的树立，与孩子早期的家庭熏陶有关，这是后两者成立的大前提。

孩子成长的二十二年，也是我逐渐摆脱浮躁，回归文学创作的二十二年。这些年，我已经出版和即将出版的小说集、故事集、散文集共有七部，这七部书，是我努力前行的脚印。这二十二年，也是孩子从出生到成长，快乐学习，青春无悔的二十二年。他靠自己的努力，推开了北大的大门，为自己寻找到了人生的下一个辉煌起点。

作者简介

李子胜，天津人，鲁迅文学院第二十二届中青年作家高级研讨班学员。天津作家协会第七、八届签约作家。2015年入选天津市第五批宣传文化系统"五个一批"人才。在《文艺报》《青年文学》《北京文学》《山花》等几十种报刊上发表作品百余万字，出版有作品集《活田》《我们做个游戏吧》等多部。曾获《小说月报·原创版》等举办的第二届"关注农民"梁斌文学奖。部分作品被《小说选刊》《短篇小说选刊》《小小说选刊》等刊物转载。

红灯绿灯

岩 波

儿子刚上小学的时候，我特别注意对他进行交通规则方面的教育，原因是害怕他出交通事故。因为我和妻子要上班，不能保证每天都送儿子上学。一般情况下都是早晨三个人同时出门，顺脚把他送到学校，遇到送不了的时候，就需要他自己去学校，需要经过三个路口，等三次红绿灯。这可是严峻考验。

常对他说的就是："一定，一定，一定要亮了绿灯，才可以过斑马线。"因为，我们住在接近市中心的地区，马路上车辆非常多。我曾经亲眼见过闯红灯的骑车之人被汽车给撞"飞"，一命呜呼的惨景。我告诉儿子，交警设置红绿灯，就是为了保证路人安全的。凡事都要讲究规则和规矩，正所谓"没有规矩，不成方圆"。

儿子起初不太懂事，说："有时候马路上根本没车，步行闯红灯应该没问题。"我见此急忙找到在交通队工作的朋友，借来一沓闯红灯出事故的照片让儿子看，对他晓以利害。于是，他大约有半年多对遵守"红绿灯"没有异议。但过了一段时间以后，他又说："我看到凑够一群人就可以闯红灯，汽车司机对这么多人是没办法的，只能给这些人让路。"我又麻烦交通队的朋友，借来这方面事故的图片，给儿子看，同时给他讲解。

儿子将信将疑地点了点头，基本认可，但还是不很坚定。为了加强教育效果，我干脆把在交通队工作的朋友请到了家里，亲自给儿子"讲课"。朋友讲到最后，运用通俗易懂的道理，作了总结。他说："凑够一群人闯红灯，其实是一种侥幸心理，这是一种非常害人的潜意识。先不说发生意外，单说你闯红灯，导致应该绿灯行的司机等你，不能正常行驶这件事情，如果变成不被纠正的习俗和惯例，就会对司机造成连锁影响，导致他也会这么做。因为他会认为这么做行得通。久而久之，不论是司机，还是你们，都会把'闯红灯'的做法引申到各行各业。比如，你可以约上几个同学一起拒绝听课；老师也可以约上其他老师一起拒绝讲课。如此一来，你们学校不就停摆了吗？受损失的是谁呢？还不是你们自身？"

儿子终于明白了，"闯红灯"的现象，酝酿的是该做的事可以不做，不该做的事反倒可以做的恶习。举一反三，推而广之，就太可怕了。

从此以后，我不再对儿子讲这方面的要求，只是观察他怎么做。一次，我们一家三口去北京参观科技馆，路过一个十字路口的时候，恰巧各个方向都没有车，连其他行人也基本没有，我们夫妻就在红灯没结束的时候走上了斑马线。儿子在身后喝道："回来！你们丢人丢到北京来了！"

从北京回来以后，我们就这件事开了家庭会议，并诚恳地向儿子做了检讨。其实，那次"闯红灯"事件是我们夫妻为了考验儿子而故意为之。很显然，儿子通过了考验。

又过了一年，儿子学会了骑自行车，就每天骑着小轮的自行车上学。一次放学回来他对我们说："班里一个骑自行车闯红灯的同学被撞了，伤势很严重。"

针对这个事情，我告诉儿子："那个同学就是心存侥幸，以为司机不敢撞人，而且，以为自己骑车速度快，能快速闯过路口，殊不知，那个司机很可能也心存侥幸，认为你那个同学不敢闯红灯。而两个心存侥幸的人遇到一起，就酿成了车祸。"后来那个同学落了残，非常可惜，原本一切是可以不发生的。

后来，儿子学会了开车。我发现，儿子对"红绿灯"的遵守是一丝不苟的。路过没设红绿灯的十字路口的时候，则更加谨慎，完全是"一慢二看三通过""宁停三分不抢一秒"；在路口绝不开快速；遇到前方有老人和孩子的情况，自觉放慢速度；天黑了和对面的车会车时，绝不开远光灯。我赞儿子："这不单单是礼节问题，而且是道德问题。"

儿子现在的表现，离不开小时候我们对他进行的严格灌输。现在，他可以随口讲出"闯红灯的派生问题危害无穷"一类的话，可见此种习惯已深入骨髓。此种习惯便是规矩意识，虽然平凡，其形成的过程却也是漫长的。

作者简介

岩波，原名李重远，天津作家。中国作家协会会员，天津作家协会全委会会员。曾出版长篇纪实文学《风雨毛乌素》，中短篇小说集《翡翠扳指》，长篇小说《我把青春献给你》《今夜辰星璀璨》《狼山》《成色》《地下交通站》《1943，黄金大争战》《古玩圈》《孔雀图》《暗战》《开锁》《鸽王》等，逾600万字。

孩子也是父母的老师

张子影

  常常听见人们说，父母是孩子最好的老师。这话当然是对的，大概是因为孩子们从睁开懵懂初醒的眼睛看世界时，最初离他们最近的，给予他们最多启示和教育的，就是父母，所以为父母者，一言一行，一举一动，都会是孩子长大过程中最近身模仿的榜样。

  但我要说的是，不仅父母是孩子的榜样，很多时候，孩子也是父母的老师。

  相信大多数的父母，尤其是初为父母者，他们当初是做好了要接纳一个小宝宝的准备的，物质贮备上不必说，精神上似也信心满满，只待瓜熟蒂落，水到渠成，新生命降临。

  孩子的问世带来了巨大的欢喜与满足，那种骄傲与神奇，那般的疼惜与守护，须臾不舍亲昵，天崩地裂不能分离，那种不顾所有无畏一切，不生儿育女者可能真是无法体会。也许正是因为如此吧，对于视如至宝的孩子，父母觉得怎样宠溺都是出自爱，也自认并不为过。我们倾尽所有要给予孩子的，我们以为孩子们都是愿意接受并且必得接受的，包括我们认为的教育和指导。我们以成人的经验，告诫和指示着我们的孩子，说如此为然，这般为不然。我们其实并没有好好想过，对于父母这个职业——如果把它叫作职业的话——我们自己其实也是一张白纸，需要经历从无到有的学习实践过程。

  女儿十一个月时，因为小阿姨的疏忽，差点在医院被一个陌生老女人抱走，自那以后的数年里，我一度有一种巨大的恐惧感，会时时刻刻都把孩子放在眼皮底下，生怕再有点滴的闪失。直到有一天，我带着女儿去朋友家里做客，因为正赶上附近一年一度的书市，朋友夫妻说，我们一起去看看，书市人多，孩子就不带了，放在我家里吧。

老实说那天书市上的几个小时我一直心不在焉，一直莫名其妙地心慌，回去的路上越走越快，快到家门口时几乎一路小跑，直到打开门的一瞬间，看到小人儿正好好地坐在沙发床上翻画册，我一路上惶惶不安的心才稳当下来。

其实，我也知道自己的担心是多余了，我知道朋友家是一楼，房间门窗、水、电、气都已关好，房间有书、有钢琴，女儿已经6岁了，她自己待上几个小时，完全不应该有问题的。我对朋友夫妻自嘲地说，我这是得上心理恐惧症了。

朋友妻子突然说：宝贝你太能干了！见我不解，她指着窗子对我说：你看，孩子居然一个人把窗帘挂上了。

我这才发现，窗子上的窗帘布挂反了。

原来，因为我们的到来，朋友妻子特别换了一块新的窗帘，但匆忙中没有挂好，我们走后，窗帘掉了下来。

后来呢？

我把它安上了啊！女儿回答，一脸平淡的样子。

独自一人在房间看书的女儿，突然看见窗帘落下，那一瞬间肯定是惊到了的，但是，她很快就平静了下来。她搬来了大凳子，站上窗台，又在窗台上放上小凳子，居然把掉落的窗帘重新挂上去了。如果不是因为她把窗帘挂反了，我们这些做大人的根本不可能知道，一个6岁的孩子，居然能独自做这样的事情。

那天晚上，朋友的妻子感叹地对我说：孩子已经长大了，你别总像只老母鸡似的，其实，孩子比我们想象得要强大，要放手让他们去经历他们必须经历的。

"窗帘事件"让我醒悟，我要重新认识和看待这个我天天搂在怀里的小女孩，她真的已经开始长大，并且需要培养独立处理问题的能力了。

那个秋天，女儿上学了，从一年级开始，我把她送进寄宿学校，让她学会自己管理自己的学习和生活，每个假期，我都尽量带着她外出旅行，我们像一对朋友，一起面对旅行中的各种问题。除了钱包，一切都让她自己处理。

对于我们这些只有一个孩子的父母来说，对孩子的过分关注，往往会使我们迷茫或者失去常态，我们会苛责自己而尽力去满足甚至包办孩子的一切。反过来，当我们在年华老去的时候，又会感慨这半辈子都在为孩子忙碌，而孩子却一无所长、一无所能。其实我们不知道，我们已在很多事情上不经意地限制和束缚了孩子的能力和发展。

孩子也是父母的老师，他们教给了我们一些东西，让我们在为人父母的角色上，日渐成熟。随着孩子的一天天长大，如何为人父母，也成了一个从无知到有知，从不懂到渐渐成熟资深的过程。

作者简介

张子影，空军政治工作部文艺创作室专业作家。中国作家协会会员，中国电视剧编剧委员会会员。出版文学作品多部。曾任国内最长儿童动画剧蓝猫卡通系列动画片总编剧。作品荣获中宣部"五个一工程奖"、曹禺戏剧文学奖、中国戏剧节金奖、解放军文艺奖、巴金文学奖等多种奖项。

书香润时光

毛守仁

儿子要出书了，我为其写篇序，算是第一次公开的文学支持。

他能写点东西，是因为他看了不少书。他先前看的大部分书是从我书斋里找到的。我的书斋名为绵山居，居住介休望得着绵山。绵山是介子推的标记，我久仰其士子风骨，也希望儿子惠云成为介子的孩子。

绵山居是我的书斋，也是儿子的，橱柜中的书，他读过大半，公开的，或者半公开的。如果说，我坐拥书城，那他则是站拥书城，睡拥书城。他爱站着看书，躺下看书，不拘一格地看。

书斋是我们家最大的房间，最有特色的部分，书柜是我们家最大的家具。虽然它也经历了痛苦、贫乏，但它多少年积累不断，也便略成气候。

儿子便是与书房一起长大，一起成熟起来的，他闻着家里有形无形的书香成长，从小不仅喜欢乱翻书，而且喜欢与我的文朋诗友们谈天说地。我们玩文字游戏时，他也跃跃欲试，参与其中。后来，儿子在校，竟也喜欢舞文弄墨，不过我的欣赏与支持只限于学校功课，我和其他家长一样，想着等他先完整系统地接受完高等教育，再做什么犹未为晚。可是他等不及，中学期间就自己往外投稿，并在关外某刊发表诗歌，编辑大姐热情地与他联系时，我知道，管不住了，可仍然表示不支持。后来，儿子固执地没有照常规走自己的学业路，但也并没有固执地写诗去。

虽然他的诗文曾经在名刊发表，也得过一些奖项，但他却轻易就放弃了对诗的感悟，到社会上闯荡去了。他没有把诗作为事业来对待，这使我甚为遗憾。某年，我到北京，发现儿子住处的墙上贴了一首首类似日记的诗，写着最近一次搬迁的经过。因为条件有限，他不能像我一样做两个大书柜，然而，却用几首生活诗，轻巧地在屋里渲染出了氤氲诗意。其时，他正与北大的诗友，策划一场纪念海子的诗会。

我想明白了，偌大的诗坛，少一名诗人并不重要。不过，他自己的生活，如果少了诗情画意，少了天真烂漫，变得贫血、乏味，便不是我的儿子所能接受的了。儿子过生日的时候，我送了他一本"自然之子"梭罗的名作《瓦尔登湖》，题写着我的祝愿：希望儿子诗意地安居。

也许，他写的这本诗文集就包含着一间书斋，叫什么名，无关紧要。要紧的是它把我与他的诸多藏书，从床头到心头的书，都安顿得恰如其分。

多年以来，对儿子没做啥"孟母三迁""岳母刺字"的惊人之举，也没有给他灌输"先天下之忧而忧，后天下之乐而乐"的冲天之志。只是与子读书，伴其成长，用书香温润了时光。

作者简介

毛守仁，中国作家协会会员，一级作家。有作品入选《小说月报》《小说选刊》，著有长篇小说《天穿》《北腔》，其作品曾获赵树理文学奖、全国煤矿文学乌金奖、庄重文文学奖。

生活中的无用之美

顾晓蕊

明黄的灯光下，少女与长者对坐手谈，轻拈黑白棋子，棋子以鹤的姿态优雅地飞落。这是女儿参与拍摄的电视短片中的镜头，看到这唯美的画面，我不由叹道：女孩子下棋是很美的事！

那年，女儿上初一，已有七年棋龄。她喜好围棋，每周六去棋院上课，我全程接送，风雨不误。棋院门前有棵老梨树，花开时一树梨花白。我会特意早到会儿，站在树下，隔着窗，聆听纹枰落子声。声音清越入耳，如风敲寒竹，如雨拍蕉叶，那感觉甚是美妙。

有一天，我从棋院接到女儿，两人说笑着往回走。走出不远，碰到位熟人，也来接儿子下课。寒暄几句后，他说起给儿子报了英语和奥数班。得知女儿在学围棋，他一脸不解地问道，下棋不就是玩吗，有什么用？话语中夹着冷讽与不屑。

隔了几天，又在路上遇见那位熟人，正朝他儿子吼叫着什么，颇有风摇雨至的架势。果然，一巴掌抡过去，儿子脸上留下几道红痕，疼得放声号哭。细听之后，才知是孩子英语没背过关，被他怒声叱责。

女儿如受惊的燕子，扑进我怀里，调皮地吐吐舌头。

她许是觉得庆幸，在报班这件事上，我不曾给过她压力。亦确是如此，她起初觉得好玩儿，后来痴迷上围棋，我便鼓励她对认准的事坚持下去，要用心专注，从中找到乐趣。

学棋久了，女儿会跟我聊些心得，落子无悔、逢危须弃、不得贪胜等等。看似高深的生活哲理，尽在盈尺棋盘间。她还说打谱时能感受到，高手的对局像音乐，像书法，像绘画，变幻无定，美不可言。

近年的围棋人机大战中，多位顶尖围棋高手，被智能机器人挑翻落马，引发学棋是否还有意义的争论。我问女儿怎么看这件事，她说下棋享受的是过程，从不后悔学习围棋。

从她的话语里，我知道女儿领悟到了黑白之道，围棋之美。这令我想起读到过的一句话：棋道即艺道，棋中自有你的个性，你的道路，凡人所有，无所不有。

除了围棋之外，女儿还喜欢古筝、书法、绘画，皆习练多年。我对她说，做自己喜欢的事，有微小的坚持，把每一件小事做好，做到极致，也是一种成功。

我认为孩子在上高中之前，只要形成良好的习惯，合理利用在校的时间学习就足够了。业余时间，不如多接受艺术熏染，以怡养性情，丰盈自己的内心。

在风清月朗的夜晚，弹一首好听的筝曲，或是铺开宣纸，临几张颜体小楷，再或者即兴挥毫，画竹画梅画鸟画鱼。如此清雅美好的生活，本身就是一阕词，一幅画，一首歌。

女儿还特别喜欢旅游，自她两岁多起，我每年带她到各地走走。

我们去过椰风轻吹的海南岛，到过瓜果飘香的新疆，游历过古色古香的丽江……体味到路途的辛苦，也收获着简单的快乐。

有同事劝道，带孩子跑那么远，费钱又费时，何况去了也白去，等小孩子长大后，留不下太多印象。

我听了笑笑，却不认同他的想法。城市里的孩子，很少有机会亲近自然，这是很大的缺憾。女儿为此闹过不少笑话，比如她以为马铃薯长在树上，珊瑚是一种水草……

在旅行中，女儿认识了许多新事物，学会了观察和思考，同时变得独立、坚强。

她十三岁那年，我们去新疆的库姆塔格沙漠，连续翻越了两座沙丘，竟有些迷路了。阳光火舌般灼烤着，这时带的水只剩小半壶，女儿嘴上干得起了泡，却把水壶递给我说：妈妈，你留着喝吧！

我紧紧抱住她，眼泪哗地淌下来。后来靠着带的一个指南针，我们走出了沙漠。每每想起那个瞬时，我总会心头一暖。

《小窗幽记》中有言：观山水亦如读书，随其见趣高下。女儿从自然怀抱中，山眉水目间，学会推己及人，这份为他人着想的善良，使得她无论到哪里，都有着极好的人缘。

女儿一向乐观自信、宽容平和，有一颗喜悦、宁静且充满爱的心。在这样的心态下，她勤学善思，以优异的成绩顺利考上了市重点高中。

山水是一本大书，每一页都是一个故事，一段记忆。当然，最好的山水在心中，读读闲书，抚琴下棋，看月问花，将清浅的日子，叠进诗行里。

在快节奏生活的当下，很多传统的东西正逐渐被消解，被替代。然而，亲爱的孩子，永远记得别只顾低头赶路，偶尔让心灵慢下来，再慢一些。

要知道，那些看似无用却美好的事物，和阳光、空气一样，是生命中不可或缺的养分。总有一天，它们会成为你内在气质的外化，成为你面对生活的底气和勇气。

作者简介

顾晓蕊，中国电力作家协会会员，鲁迅文学院第二十二届中青年作家高级研讨班学员。出版散文集《你比月光更温暖》《点亮自己，你就是一束光》等，作品曾获冰心儿童图书奖等奖项。

年　味

张尘舞

孩子，来来来，把你自己的玩具收拾好，乖乖坐在板凳上。妈妈现在收拾屋子，替你整理房间，为过春节作各种准备，所以才没有时间陪你玩积木。不要因为妈妈没有时间陪你，你便沮丧地觉得过年一点意思都没有，为了补偿你，妈妈给你讲讲不一样的年味。

妈妈我小时候，可不像现在的你似的，对过年一副无所谓的态度，我小时候最盼望过年了。那可真是年前盼望，年后守望啊。你外婆杀了一只鹅，为了能多吃几天，会配上好几斤豆腐果一起烧。

豆腐果是什么？

用豆腐炸成的，圆溜溜的。这样，一只夹杂着豆腐果的鹅烧好后，用大脸盆盛上，刚好满满一盆。看着大盆里的鹅，我馋得吧唧吧唧直咽口水。烧好后的豆腐果颜色模糊不清，和鹅肉盛在一起不分你我。吃的时候，不许拿筷子在里面挑拣，夹到哪块是哪块。我为自己总是夹到豆腐果而懊丧得眼泪汪汪，你外婆便悄悄将自己碗里的鹅肉塞到我碗里，我这才破涕为笑。

哈，你当然不信了。现在新鲜的鹅肉放你碗里，你都不屑一顾。可我小时候啊，那盆豆腐果烧鹅，可是要一直吃到正月初七的。别说鹅啊，就是你外公炖上的肥肉片子，在我眼里都是最美味的佳肴，浓浓的年味全都在那里面。

你外公外婆为了给我解馋，到了腊月二十七八，他们就会用油炸出各种丸子，任由我吃得直打饱嗝，记得有糯米丸子、藕丸子、油渣丸子……

等我解完馋后，你外婆便开始拉着一家人团坐在堂屋里梳理得失。一年一度，个人和家庭，得到了什么？失去了什么？学会了什么？各自说说成功的经验以及失败的教训，最后，由外公对过去一年进行回顾总结，外婆再对未来一年进行谋划和打算。

为了能够吃上总结会后外公外婆准备的糖果，我每次都得耐着性子认真听。我那时候感觉极其不耐烦，现在回忆起来，却觉得这种总结会里，饱浸着年的浓烈气息，每每回忆起，便会沉浸其中，久久忘语。

有一年春节，年夜饭后的总结会上，我的总结语言表达清晰，对未来展望得极有技巧，你外公外婆大悦，掏出一大盒原本打算拿出去送礼的酒心巧克力奖励我。那巧克力包装精致，纸盒上绣着我不认识的艺术字，它看上去高贵、典雅又神秘。还记得你昨天背的那首唐诗吗？飞流直下三千尺！真的，我当时的口水真的如同这句诗所描述的那般。

我撕开外面的包装纸，咖啡色的巧克力在灯泡的照射下反射着诱人的光，仿若未干，似乎一不留神就有可能因流动而滴落。那种幸福的感觉令我晕眩，过年真是太好了！

我把巧克力放进嘴里，立刻品到一种独一无二的奇特酒香，咬一口，混合着甜味的酒便流了出来，既浪漫又朦胧。你外公告诉我，这是真酒。真酒假酒我可不管，我已经控制不住自己了。"尝到甜头"的我接二连三地吃，一口气把那盒巧克力消灭光后，还一个劲地嚷道："我还要……"

此时，你外公外婆还没有意识到我已经被一盒酒心巧克力给打败了，已经八九岁的我居然醉了。我歪歪斜斜地走到屋外，噼里啪啦的鞭炮声令我变得特别兴奋，于是，我在家家户户相互呼应连成一片的鞭炮声中扑倒在地，打起滚来，嘴里咕哝地叫着："过年喽……过年喽……"

你外公外婆把我捉回家时，我那身新衣服已经滚得面目全非。你外婆心疼得直吸冷气，这可是新做的衣服啊！若不是有过年三天不打孩子的风俗习惯，估计那天我铁定是要挨你外婆的一顿揍的。

这就是我的年味，这就是你外公外婆给予我的年味。

现在，我和你爸爸也要给你种下属于你的年味。你能帮我一起打扫卫生吗？因为过年，首要的习俗是"掸尘"，也叫"扫尘"，为的是把一切"穷运"和"晦气"统统扫出门。咱们整理完屋子以后，再一起去你外公外婆家，帮他们去"扫尘"。你外公外婆的一生是劳碌的一生，他们吃了很多苦受了很多罪，把你妈妈我抚养大，自己却累得衰老了。你看他们的头发都白了，腰也弯了，还满脸皱纹……

咦，你说要亲自上街给他们挑选新年礼物？这真是太好了。另外，你若是能和我一起帮你外公外婆洗个脚、捶个背就更棒了。

好，真棒，我们现在就一起去你外婆家寻找年味！

作者简介

张尘舞，原名张静，中国作家协会会员，鲁迅文学院第二十二届中青年作家高级研讨班学员，安徽省文学院第五届签约作家。出版《流年错》等7部长篇小说，在《山花》《小说月报·原创版》《清明》等杂志上发表中篇小说、散文若干，获得安徽文学奖。

规矩，家风之本

段海晓

在我们这个小城，王老先生算得上是个名人。他的出名不仅在于他是个作家、书法家，靠着有影响力的作品为人所识，更重要的在于他培育出了四个优秀的儿女。人说，十个手指伸出来都不一般齐，而他竟将四个孩子都送进了高等学府，且如今个个都有了不俗的成就，便不能不令人叹服。无疑，王老先生教子有方。自然，在这个注重学历，就业竞争压力巨大，生怕孩子输在起跑线上的时代，向他讨教家教良方的大有人在。

有人问王老先生他的"教育经"是什么。

规矩。先生轻吐两字，清晰坚定。"不以规矩，不能成方圆"，老祖宗这话可是千真万确。

我对此深以为然。但是，要说规矩，几乎家家都有，可为什么培养出的孩子不一样？

规矩旨在立，重在行，贵在持之以恒。没有规矩，言行无以规范，废；只立不行，形同虚设，废；三天打鱼两天晒网，今日行，明日不行，亦废。

要立好的规矩。只有好的规矩才能培养好的孩子。那么，好的规矩从哪儿来呢？从老一辈那儿来，从中华传统文化中来。

凡事不过夜，就是王老先生从他父亲那里学来，给孩子们立的规矩。王老先生幼年读书的时候，需要当天完成的作业，他父亲都不允许他拖到第二天。

他家离水井有一里路，他父亲每天早晨起来必挑三担水。起床后，父亲就把他叫起来，让他背诵一篇课文。等挑完三担水，检查。如背不会，就不准吃饭。父亲教育他凡事要认真对待，不能得过且过。为此，他背会了《三字经》《诗经》《唐诗三百首》等，为自己进行了艺术启蒙和文学储备。

对待子女，他也如此。

那么，规矩什么时候立？

组成家庭时即立。因为家风不是一蹴而就的，而是从一个家庭的组成开始，在漫长的时间中逐渐形成的。父母作为孩子的第一任老师，父母怎么做，孩子就学着怎么做。若想叫孩子出色优秀，做父母的必得先出色优秀。父母除了做好表率，还得履行监督职责，监督孩子遵守家规：按时吃饭睡觉、按时上课（上班）、作业（工作）当天做完；不抄作业、不说谎、不作弊、不骂人打人。在管教孩子的时候，夫妻要同心合力，不让孩子有退路，要让孩子对家规有敬畏心，不能一个管一个护。慢慢地，良好的家风就形成了。

在这个过程中，陪伴胜过说教，是最有效的方式。孩子在良好习惯养成之前，或许会有个排斥的过程，这时，父母的陪伴是约束，更是激励，可以帮助孩子克服心理上的脆弱和惰性，形成良好的人生观。现在的家长总是借口忙，上班忙，下班也忙，顾不上孩子，只能放任自流，那是对孩子也是对自己的不负责任。要知道，孩子不仅是你自己的，也是社会和国家的，你生了他，就要教育好他，把他打造成有用之才，以后不给社会和国家添负担，这是责任。白天工作忙，晚上你可以减少一点应酬，陪陪孩子。王老先生的孩子都是他陪伴着长大的，他辅导他们做作业，陪他们读书练字，给他们讲故事，并结合他自己对现实的理解，告诉孩子们什么是真善美，什么是假恶丑。

谈及家规的内涵，王老先生说，我们要培养的是对社会有用的人，所以家规一定要体现在两个方面：一是孩子的学习上，二是孩子的做人上，二者不可偏废。孩子学富五车，但如果自私自利，胸无大志，一样不能为社会所用，这是小才。而只有胸怀大志，德才兼备者，才能成为推动社会发展的力量，此谓大才。他家的十六字家规——"目中有人，口中有德，心中有爱，行中有善"就充分体现了这种意愿。

他的四个孩子，有三个都曾出国留学，且拥有了留在国外的机会，但他要求他们回到祖国，为国家服务。如今他家的长女是新疆师范大学留学生部处长，博士生导师，学科带头人，获得过教育系统的诸多荣誉；长子是青年画家，在深圳创办了个人画室，举办过多次有影响的个人展；次女硕士毕业后，任中国保监会新疆监管局副局长，曾获全国金融行业"三八红旗手"；小女儿德国进修回国后，创办了"大地行走"设计公司，许多创意设计获了奖。

如今，王老先生已退休多年，儿孙们都在外地工作生活，但他和老伴的生活一点也不寂寞。他家的走廊里、客厅里，挂满了儿孙们的照片。他说看到这些照片就像看到他们本人一样，感到高兴和满足。一生为文、淡泊名利的王老先生，没有给儿孙们留下什么金钱，但他却克服视网膜脱落导致视力微弱的困难，手执放大镜分别用隶、行、草、篆体书写了叙说其人生之旅的四言诗250句，共1000字；还有《岳阳楼记》《千字文》《百家姓》。他把这四幅十米书法长卷，给了每个子女一幅。王老先生要求他们每两年交换一次，意为虽然父母这根"顶梁柱"不在了，"枝叶成主干"的儿女们也不能断了联系。

我想，他的这些书法作品一定会和他家的十六字家规一样被不断地传承下去。

作者简介

段海晓，中国作家协会会员，鲁迅文学院第二十二届中青年作家高级研讨班学员，兵团六师五家渠市作家协会副主席。出版小说集《底色》《小地方的人》等文学作品百余万字。

传家：不必说，做就好

张 璇

"以德立家，以俭持家，以诗礼传家"，是我的姥爷孙犁先生对子女们一以贯之的家风教育。不过，他从未将这些话挂在嘴上，而是通过自己平常生活中的一言一行、一举一动来感染我们。

20世纪80年代，我的姥爷是他同辈人中很与众不同的一个存在。

他不像其他老人家那样沉浸于儿孙绕膝的含饴之乐，也没有与人打牌、下棋、喝茶聊天之类的嗜好，而是选择了一个人独居，过着有自己节奏的沉静生活。

他的家，安在权充报社宿舍的大杂院里。那里曾经是大公报社社长吴鼎昌的私宅，后来陆续住进几十户人家，年久失修，无人维护，日渐破败。

姥爷住在靠西的一间屋子里，那房子的挑高比如今的楼房高出许多，面积虽然不大，却显得空旷。姥爷在窗根下面种了好些种不同的植物，有扶桑、玻璃翠、栀子、罗汉松、无花果……不名贵，却在屋子门口摆出了一排争奇斗艳、生机无限的"迷你花园"。

屋门前，挂着鸟笼，养着一只娇小的黄雀，叫起来轻灵婉转，煞是动听。

屋子里也有玄机。角落里的一口浅缸，游弋着几尾红色金鱼。夏天的时候，窗棂上拴着秫秸秆编成的小笼子，住在里面的是一只通体碧绿的蝈蝈，午后时分，蝈蝈的叫声和着风吹过树叶的沙沙声、树上不停歇的蝉鸣声，是我童年记忆里最美的天籁。冬天的时候，姥爷把存了几个月的干瘪了的大白

121

菜切掉叶子只留一寸来长的根，用清水养在深瓷碟子里，不出几天就会抽出莛子开出一簇簇嫩黄的菜花，这小小一抹明黄，把阴暗冷肃的房间映得有了几分明亮。

就这样，姥爷把平凡生活过成了人间有味是清欢的好日子。

1979年秋天，初涉文坛的女作家铁凝来拜访姥爷。听说姥爷不容易接近，她满怀忐忑。却没料到，她见到的是一位戴着套袖在收割后的黄豆地里捡拾漏网之"豆"的老人家，这给她留下了深刻的印象。

命运让姥爷从农村走到城市，然而终其一生，他从没有把自己当作是"城里人"，反而一直保留着农民的生活习惯：食粗茶淡饭，穿粗布衣裳，看到邻居种的粮食没收净就拿着小笸箩一粒一粒捡回家。他成百上千的作品，是在一张家人打造的裂缝贯穿的书桌上写就的；他的大量读书心得，是记在一条条裁下来的报纸白边上的；他的洗脸毛巾，一直用到薄薄的有光可以透过才肯丢弃……

旁人很难想到，姥爷属于20世纪七八十年代的"高收入"群体。在人人都拿工资、靠供给的时候，作家不但地位崇高，稿费收入也相当不菲。这些钱，他不肯用在自己身上，可但凡老家来了乡亲开口求助，或是老战友老同学向他求援，他都会毫不犹豫地慷慨解囊。

对于子女和孙辈的教育，姥爷用一种看似放任的方式，他常说："小孩子就像棵树，只管浇水施肥，他长成什么样子就是什么样子了。"

然而，对于"小树"们的成长，姥爷也有独门秘制的"水"和"肥"——书籍。尽管姥爷年轻时经历了战乱、生死，但他对读书的执着却始终未曾改变，并且坚定地要把这一习惯传给子孙。我从开始认字起，就常常收到姥爷随手送的书。刚上小学时，看期刊《童话》，从以蛇为发的美杜莎到爱吃饭团的桃太郎，都是从那里知道的。我小学五六年级时，姥爷开始拿一些杂志给我看，有《收获》《十月》《小说选刊》《译林》。从我上中学开始，他让我看俄国作家的作品。虽然很多我看不大明白，但这却开阔了我这个没出过远门的小姑娘的眼界，让我朦朦胧胧地知道了世界的广阔。

书，在姥爷眼中是神圣的。拿搬书来说，那可是个大工程。姥爷要戴上套袖和白手套，一本本恭而敬之地放进书橱。秋高气爽时，姥爷喜欢拿个小毛刷，戴上老花镜，找个光亮的地方，一本本地把书脊上的浮尘刷去。这些铭刻于记忆中的片断，让我至今对阅读也还有一种仪式感。

生命漫长，难免会遇到疼痛、苦难、不公、虚无……姥爷用他的方法教会了我们无惧——腹有诗书气自华，诗书自会化作无形却可以秉持的力量，让我们不惊不慌，沉着气定，与命运抗衡。

如今，我也成了母亲，面对儿子哞哞的种种顽皮行为，我也有控制不住自己对着他大喊大叫的时候。事后回想自己的成长，回想从未骂过我的姥爷对我的种种影响，我会深吸一口气，招手唤来哞哞："来，我们一起读本书吧！"

作者简介

张璇，女，毕业于南开大学法律系，资深报人，历任《今晚经济周报》常务副总编、《今晚报》专刊部副主任。

惯儿不孝，肥田生瘪稻

纳兰泽芸

"肥田生瘪稻"是我故乡一句俗语的后半句。整句俗语应是"惯儿不孝，肥田生瘪稻"。

在我们大多数人的日常思维里，田嘛，当然是越肥越好啦，越肥稻子长得越好，稻谷一定结得个大粒满。可是，错了。太肥的田，会让水稻疯长，又高又密的稻叶纷披下来，阻挡了阳光照射和空气流通，稻秆就容易倒伏腐烂。此外因为营养太好稻叶肥嫩，又极易招来害虫。最致命的是营养太好导致水稻贪青晚熟不灌浆，瘪谷大量增多，产量大幅下降。正常情况下亩产一千多斤的田，如果肥太多可能只能亩产三四百斤。

我们以为给水稻多多地施肥，一定是"爱"它，可是怎料，害它不浅。

与"肥田生瘪稻"相对应的是"惯儿不孝"——原本我们认为自己娇惯孩子、宠溺孩子，那是"爱"孩子，可是，最后我们才知道，那是害孩子。

家境再优渥，也不宜放任孩子无节制地挥霍。约翰·洛克菲勒是十九世纪美国的第一个亿万富翁，尽管富甲天下，但他对孩子们的管束却极为严格。他认为，条件优渥家庭的子女如果在物质上不加以约束，会比普通人家的子女更容易走上歧路。洛克菲勒的几个孩子虽然生长在全美最富有的家庭里，但"节俭"一直是他们成长过程中的重要内容。洛克菲勒每周给每个孩子零花钱1美元50美分，最高不超过每周2美元，并且要求他们记清楚每笔支出的用途，下周领零花钱时交给他审查。钱账清楚，用途正当，下周增发10美分，否则惩戒性地减10美分。

就这样，这些生长在最富裕家庭的孩子们，从小练就了精打细算、当家理财的本领，长大后都成了经营企业的好手。

沃尔玛的创始人山姆·沃尔顿，这个创造零售业奇迹的父亲，虽然拥有着巨大的财富，但依然教育他的孩子要"勤俭"。沃尔顿从不给四个孩子零花钱，孩子们的零花钱都得靠他们自己的劳动去"挣"。孩子们跪在商店地上擦地板，帮助装车卸货等等，父亲付给他们和工人一样多的工钱。并且，沃尔顿还鼓励孩子们将赚到的钱入股变成商店的股份，这样商店赚钱之后，孩子们的小投资也会有不错的回报。

而在中国，还有相当多的父母亲似乎并不太懂得这个道理，无底线地娇宠孩子，尤其在物质上更是一味地放任孩子。

如果我们还不算健忘的话，应该还记得2011年4月份在上海浦东机场，一个在日本读书回沪探亲的24岁年轻人，将前来接机的亲生母亲疯狂连捅9刀的新闻吧！

而这，仅仅是因为那个月母亲没能及时凑足钱，晚了几天汇给他。

几年前，这个年轻人高中毕业没能考上满意的学校，就提出要去日本读书。家里其实并不富裕，但儿子想去日本，母亲还是咬咬牙送儿子出去了。儿子最早住的是集体宿舍，后来嫌宿舍太吵，要出去住，母亲怕儿子受苦，同意了。后来儿子与几个留学生合住，儿子又嫌合住不自在，要一个人住，尽管单独租房，费用会大大上涨，但母亲怕儿子受苦，也同意了。

母亲每个月定期寄钱给儿子。儿子在东京的房租每个月是12000元人民币，一年学费8万，再加上生活费等等，一年开销30多万，5年花了快200万了。几年间因为儿子的开销实在太大，母亲不得已，只好一次次向亲友们东挪西借。

即使这样，母亲每个月也不忍心少汇钱给儿子，她怕儿子钱少了会受苦。虽然家里并不富裕，但儿子从小在物质上从未受过苛待。有亲友曾善意提议说让儿子课余打点零工，她婉转地跟儿子提了一下，儿子不太开心，她也怕儿子打工受苦，就再未提此事。

不管怎样，母亲觉得自己辛苦点不算什么，只要儿子过得好不受苦，就什么都好。

儿行千里母担忧。日本发生了大地震，母亲不放心儿子，催他回国避一阵子。由于签证的问题耽误了一段时间，儿子最后在4月1日这天才得以成行。

晚上8点多，母亲焦急地朝出口处张望，终于，儿子的身影出现了！母亲舒了口气。儿子穿一件黄色上衣，手提一只咖啡色的行李包出来了。母亲满脸笑容地迎了上去，碰到的，却是儿子冷冰冰的脸。

儿子劈头就问："这次钱怎么汇得这么晚？"母亲说："妈妈3月份没有及时凑到钱，所以汇得比平时晚了一些。"听了她的话，儿子一脸不悦。看到久别的儿子对自己是这样的态度，母亲心里感到有些委屈，她说："以后能省就尽量省一点，这几年你花销也太大了，妈妈现在没钱了，再要钱的话妈妈就只剩下一条命了……"

母亲只是觉得很苦，她要把心里的苦向儿子倾诉一些，她觉得儿子已经24岁了，应该能为妈妈分点忧了。她仍在向儿子"诉苦"，根本没有留意到儿子对她的"唠叨"已经很不耐烦，甚至厌恶至极，最亲的儿子突然从包里掏出尖利的水果刀，对着母亲疯狂地连捅9刀！

猝不及防的母亲捂着血流如注的腹部颓然倒地。她依然不明白这是怎么回事，她充满悲伤、充满疑惑、充满祈求地向自己最亲的儿子伸出求救的手臂。然而，渐渐模糊的视野中，儿子冷漠的背影却越来越远……

当父母们喊了无数遍"再苦不能苦孩子"的时候，可曾想过：父母们无原则的溺爱与放纵，会使从小未经历过物质艰苦和精神挫折的孩子不知"辛劳"和"珍惜"为何物，当父母满足子女的能力与子女日渐膨胀的私欲反差渐大时，就极易导致子女的精神和行为的扭曲、乖张。

古老的寓言里一对勤劳的夫妇为了教育挥霍无度的儿子，令其不带分文去外面自谋生路。一个月后，儿子回来，将一枚辛苦赚来的铜板放在粗糙的手掌上呈给父母看，父亲一把抓起铜板扔进火盆，儿子立刻扑向火盆抢出铜板——他实在太懂得赚取这一枚铜板的艰辛了！

"雄鹰翱翔天宇，有伤折羽翼之时；骏马奔驰大地，有失蹄断骨之险。"那么，鹰就不飞，马就不奔了吗？孩子的人生亦然，艰苦与挫折就是孩子成长不可或缺的助推器。

"惯儿不孝，肥田生瘪稻。"这虽是一句朴素的俗语，但折射出的育儿至理，令我们感怀并深思。

作者简介

纳兰泽芸，籍贯安徽池州，现居上海。中国作家协会会员，《读者》《青年文摘》《意林》《格言》等杂志签约作家，龙源期刊网签约作家。出版的著作有《心有千瓣莲》《笔下美丽，旖旎而来》《爱在纸上，静水流深》《悬挂在墙上的骆驼刺》《在生命转角处幸福》《爱君笔底有烟霞》《蓝风信子的春天》等。作品曾入围第六届鲁迅文学奖。其多篇作品入选中学语文辅导教材，成为多省市中高考试题，是"全国中高考语文热点作家"。

育儿检讨

王朝群

1. 吃饭

孩子，今天你不吃饭一刻不停地摁动遥控器看动画片，后来爬上爬下取糖吃，我那狠狠的几下打哭你了。妈妈给你道歉，我是大人了怎么可以不理智，可用的方法很多为什么选择了简单粗暴，不知我的所作所为是否吓到了你。其实我可以给你讲道理，引导你，还可以用平常习得的心理学方法和积累的智慧来解决问题。但是，情感超越了理智，妈妈很是愧疚，写此检讨以表歉意。

妈妈

2015年5月4日

2. 学琴

今天妈妈要真真切切反省一次，并作出一个认真的决定。一年来为了学琴已伤害你太久了，就因为早期艺术教育能促进智商的发展，妈妈就生生把你推进了电子琴学习班，你哭，你闹，你抵触，而妈妈却是铁了心肠。今天我又扯着你去学琴，忽然看见了你绝望无助的眼神，你看着院子里踢球的孩子，把羡慕之情换成了委屈的眼泪，那一刻我被打动了。其实我知道和小伙伴一起玩耍也是促进智商和情商发展的绝好活动。在顿悟之后，今天我们就终止了学琴的活动。孩子，感谢你，是你教育了妈妈，儿子不愿意学琴我凭什么强行施予，妈妈忽略了你是应该得到尊重的，是独一无二的个体。孩子，学琴耽误了你多少玩耍和认识世界的时间，也造成了你多少次的不快乐啊！

亲爱的儿子，看着你轻松地去踢球，我释然了，妈妈向你承诺以后将不再犯同样的错误。

妈妈

2015年9月3日

3. 奥数

孩子，自从妈妈把你送进奥数学习班到现在，你是疲惫的，妈妈也一样，要陪你听讲，抄笔记，写作业，连双休也变成了单休。你爷爷生日那天我更是过分，为了不迟到还没吃完饭就拽着你去上课。

明天要进行测试了，你担心考不好，我也知道你的学习程度并不理想，但你把想法告诉我时还是受到了我的责备。回想两个多月来赶时间上课、挤时间写奥数作业和你极不配合的样子，点点滴滴涌上心头，思考再三，我终于想通了，既然你不能投入，又不快乐，那就不让你学奥数了。在我给老师打完电话的一刻，你又再三承诺要学好学校的功课，你是懂事的。

现在该轮到妈妈反思了。孩子，对不起，是妈妈在功利和健康成长的天平间失衡了，是妈妈的盲目从众心理作祟，造成了你的辛苦和沉闷。好了，就这样让它过去吧！希望你健康成长，妈妈也会不断成长的。

妈妈

2015年11月3日

4. 晚归

儿子，在你还未回来的时候，那个几近疯狂的人是妈妈，她经历了世界上最难熬的几个小时。你去哪里了，为什么还不回家？怎么了？出意外了？迷失方向了？身上没钱坐车了？遭绑架了？……妈妈的想象力在一瞬间无限放大，想到了种种可能性和可能性的种种严重后果。这么晚了，孩子你在哪里？

妈妈坐立不安，汗流浃背，去院子里找，到门口焦急地张望。所以，你十一点多回来后遇到的情绪失控是酝酿已久的。这里请你原谅妈妈，原谅我对你不良的态度，原谅我又以爱的名义发脾气，原谅我又用犀利的语言刺伤了你。肯定的是，你是了不起的，不断给我道歉，不断安慰暴跳如雷的我。

孩子，谢谢你！你须知道妈妈的心是热的，怕你又不安全，怕你受伤害，怕你出意外，怕你……但是有一个问题被我忽视了，你已经长大，就应该给你这个年龄应该有的空间，也应该讲明晚归时家长的种种担心，而不是大声地指责和批评。妈妈向你道歉，但下次同学过生日你要提前告诉我们，要是时间晚了就打电话，爸爸或者我会去接你的。冲动是魔鬼，妈妈将铭记于心，以后有什么问题我们多沟通、多交流，共同面对，相信我会静下心来解决问题的。

妈妈

2016年10月12日

作者简介

王朝群，"70后"，致力于少儿小说、童话创作。国家二级心理咨询师。《华商报》首批专栏写手。在多家报刊上发表诗歌、小说、散文、童话。有作品入选《中国最美散文》《陕西文学年选·童话卷》。小说《奔跑的少年》获2012年冰心儿童文学新作奖，并入选《2012年冰心儿童文学新作奖获奖作品集》。

阅　读
——我和女儿的秘密花园

刘月朗

夜晚来临，七岁的女儿早早地穿好睡衣，坐到了她的小床上。床边放着女儿自选的三本绘本，这是今天我要和她一起享受的"精神食粮"。一本文字较多的由我读给她听，一本文字很少的由她读给我听，还有一本带拼音的由她自己默读。我读给她听的时候，她那两只忽闪忽闪的大眼睛一会儿看看书页，一会儿看看我。她常常在我刚读完开头的时候，就忍不住猜结局了："是被那只小老鼠偷走了吗？"那迫不及待又专心致志的表情总让人莞尔。轮到她给我读了，她用小手沿着书页缓缓右移，生怕自己漏了字。她努力想读出文中的情感，又怕自己发音不准，读得又慢又轻，这温柔的声调像是美丽的黄莺在耳边吟唱，让我十分享受。偶尔她会读错，我心中暗暗发笑，面上却装得不动声色。最后一本是她自主阅读的书，那是一本没有插图全是文字的书，对识字量不大的她来说有些难度，读着读着就会遇到不认识的字，她用气声慢慢地拼着："y——ōu——yōu，l——ù——lù"。她有时候会问我："妈妈，这个词是什么意思啊？"有时候会自己蒙一蒙："妈妈，忧心忡忡是很难过的意思吗？"半个小时的时间一下子就溜走了，经过这一段阅读的时光，女儿才会安心地进入梦乡。

在女儿很小的时候，我们就开始了亲子共读。七年来，从几乎没有字的

《小熊绘本》系列，到现在全是文字的《魔法树》系列，阅读成了我们交流感情、交流思想的最佳方式。我不用刻意去问她生活中的小烦恼，阅读中女儿的提问，就会让我知道她最近的关注点；我也不用刻意给她讲大道理，那些蕴含人生哲理的经典绘本，会用故事替我告诉她该知道的事情。我们共同读过的书，成了我们的小秘密，一个小动作、一句玩笑话，就是某本书里的"暗号"，能让我们在其他人的莫名其妙中笑起来。那些美丽的故事交织成了我和女儿的秘密花园，童话故事是馨香的花，神话故事是奇妙的云，冒险故事是奔腾的河，校园故事是攀升的树……每天睡前，我和女儿徜徉在属于我们的秘密花园中，情感、思想像和煦的风在其中交织，让我们的感情越来越深，让我们的心越来越近。

生了儿子后，我陪女儿的时间就少了，随着儿子长大，姐弟俩难免会闹些小矛盾。在一次女儿和她弟弟生气后，我在她书包里发现了一本情绪管理类绘本《我当姐姐了》，看来是她选择的近期在学校午读时的读物。书中讲的是一个小女孩有了弟弟后发生的小故事，弟弟撕了她的书、弟弟弄坏了她的玩具、妈妈再没有那么多时间陪她玩……和女儿是个"同病相怜"的小姑娘。这本书我以前给她读过，没想到在遇到类似问题的时候，她会想到在书中寻找答案！书真正成了女儿人生道路上的朋友！

生了孩子之后，相当于有了一份叫"妈妈"的新工作，要从职场新人变成职场高手，需要不断地学习。育儿书籍就是我的良师益友。《PET父母效能训练手册》《游戏力》《爱的教育》《好妈妈胜过好老师》……中国的、外国的、观念的、实践的，我统统都拿来好好学习，用各种知识武装自己，学以致用时，也看到了让人欣喜的成果。我还特意赶在女儿在家的时候看书，果然有时候女儿玩得累了，也会抓本书在我身边读起来，让我不禁窃喜自己"榜样的力量"，要知道她一般就睡前爱听故事，平时总是玩不够呢。

我最喜欢《朗读手册》一书封面上的那句话："你或许拥有无限的财富，一箱箱的珠宝与一柜柜的黄金，但你永远不会比我富有——我有一位读书给我听的妈妈。"阅读本身就是很好的亲子互动方式，书籍陪伴着我和女儿共同成长。阅读不是灌输，而是点燃智慧的火焰，如果可以，我愿意和女儿一直这样读下去，直到她完全展开翅膀，能够自由飞翔！

作者简介

刘月朗，女，1980年出生，鲁迅文学院第一届电力作家高级研修班学员，江苏省电力作家协会会员，太仓市作家协会会员。

牵 手

薛晓燕

儿子性格里安静的因素让我很放心，他乖巧懂事，道德感强，不用提醒就知道守秩序，我一直为此自豪。

因为这些特点，入小学的时候，我对孩子的学习完全忽视，以为这样听话的孩子，无须大人再多操心什么，学习肯定也是水到渠成的事情。

小学低年级是小学生活相当重要的一个阶段。在这个阶段，幼小的孩子刚刚脱离幼儿园阿姨温情的呵护，来到小学校，一切是那么新奇、陌生。

陌生的小朋友，陌生的老师，陌生的环境，对于一个内向羞怯、仅仅七岁的孩子来说，太过纷繁。那些胆大、外向的孩子，急切地在新环境中表达着自己，证明着自己，也在老师和小朋友的肯定中，建立起对待这个世界的可贵信心。

接二连三的夸奖让他们信心满满，也让他们迅速融入这个陌生的圈子。可是羞怯、内向、胆小的孩子，内心再怎么跃跃欲试也冲不破自己的心防，几番挣扎，几回试探，未曾有适时的鼓励与信任的眼神，当他的内心与自己孤独作战的时候，没有妈妈鼓励的微笑，没有老师专心的注视，却又有那么多看上去勇敢而优秀的小孩子包围，我的孩子最后选择了安静地待在角落里，眼睁睁看着别的孩子围绕在老师旁边欢笑跳跃。

很长一段时间里，他成为从不会引起别人注意的一个存在。

老师、小朋友的无视，让乖巧的孩子更加乖巧。乖巧背后隐藏着许多

"负面效应"，过了很久我才认识到。他上课不踊跃发言、不认真积极听讲，作业敷衍着完成，学习态度散漫，有时候甚至扯谎应付。不会捣蛋，也没有优异的表现，批评和奖励都是零。孩子小小的心里一定觉得，反正没人认真在乎，一切可以将就着对待。

我这个懵懂的妈妈，从来没认真注意过乖巧的背后，隐藏着这么多困难。我反而沾沾自喜：没有同学来告状，没有老师来反映情况，比起那些调皮的孩子，我的儿子真是省心啊。

一年级结束的时候，我才注意到孩子的书写压根不规范，拼音的掌握远不能达到要求，笔顺的安排也完全是胡来。一次次埋怨孩子不认真，一次次粗暴纠正，却没什么效果。一时的粗放管理，粗浅地以为乖孩子就可以放手任其自行成长，给我的孩子设置了很多障碍。孩子的学习总是处于中下等水平，总是在一个不引人注意的位置，他似乎在这个位置上待得很安全，甚至觉得很满足。当我指责他考得不好的时候，他还会振振有词地举出更差的学生，证明自己不是最差的。

一晃孩子要升五年级了，学习中的障碍似乎更多了。他是那样不自信，每逢别的叔叔阿姨问起他的学习成绩，他总是一再地否定自己。最痛心的是，通过孩子和别人的聊天得知，他对自我的评价很低，小小的孩子，竟然打心眼里觉得自己没有优点。那一刻，我心如针扎。

作为一个深爱儿子的母亲，这么多年我只是埋头忙自己的工作，潦草地对付一家人的日常生活，孩子的学习我虽然一直想抓紧，却总是不能持续地去关注。经过了漫长的思考，在亲戚朋友们的一片反对声中，我和老公决定让孩子转学到西安，很多人想不通我为什么这么做。想到"孟母三迁"，想到教育原本就是每一个母亲必须承担的责任，我在心中越发坚定了自己的想法，只身一人前往西安这座陌生的城市，租了房子，过起了陪读的辛苦日子。

凡事怕认真，当你很认真地对待某一件事情时，事情就会朝着你所希望的方向发展。教育孩子也一样，没有教不好的孩子，只有不会教或者没时间教的家长。

到西安后，我刻意领孩子尝试很多新鲜事物，我带他学习游泳，带他坐公交车，去城市运动公园体会运动的快乐。起初他总是畏缩、拒绝，在我的一再鼓励，甚至动用流眼泪、威胁等的手段后，他才终于体会到掌握技巧的乐趣，对学习新的事物产生了浓厚的兴趣。周末我领他去书城一待就是大半天，找那些他感兴趣的、比较浅显的名著让他去读。

上中学后，儿子的学习成绩逐年攀升，再后来，顺利拿到了一所重点大学的录取通知书。

教育孩子，说难很难，说简单其实也很简单。用你的大手牵起他的小手，改进自己，陪伴他，欣赏他，让孩子在真正的关爱中长大，一切都会如你所愿。

作者简介

薛晓燕，女，1974年生于陕西省神木县（今神木市）。中国作家协会、中国散文学会会员。鲁迅文学院第二十二届中青年作家高级研讨班学员。出版有散文集《万千灯火》《寻常》。

请，保持勇气和好奇心

清 寒

朋友约稿的时候，我正忙着为欧洲自由行作准备。中考结束，飞巴黎，登埃菲尔铁塔，俯瞰最浪漫的城市，然后去文艺复兴的发源地，感受一下古老文明的气息。这是陌陌小朋友的第一愿望，也是我们对她的承诺。可没想到的是，兑现承诺却推迟了一年之久。

陌陌小朋友参加中考是去年的事。去年的这个时候，我问陌陌：万一考得不理想怎么办？陌陌以她一贯的自信口吻说：怎么可能？我是谁！事实上，我的担心影响了原定计划。陌陌小朋友坚持等成绩出来再着手旅行事宜，于是申办签证被一拖再拖。当我们确知陌陌小朋友以年级第二名的成绩顺利考取了二中校本部的时候，再申办签证已经来不及了。我感到抱歉，如果不是我表现出了对考试结果的担心和在意，陌陌是不是就不会坚持等分数出来再作旅行准备？她的愿望是不是就不会搁浅一年？

我和爱人一直提倡素质教育，没给陌陌报过任何一门文化课的补习班或竞赛班。我们更愿意让陌陌学音乐和绘画。陌陌在小学阶段就通过了钢琴十级和音乐素养五级的考试。这并不是说我们打算让陌陌报考艺术，我们只是希望培养她在美学方面的鉴赏能力，让她懂得如何辨识、聆听、感受、追求和传递世间的美。我们鼓励陌陌积极参加社会实践活动。陌陌确实对各种公益活动表现出了极大热情。作为河马小记者的代表慰问敬老院的孤寡老人，参加"帮你走出大山过六一"的义卖活动，为平乡县特教学校送祝福和爱心

137

鞋，参与省博物馆义务讲解并被评为最佳小讲解员……我和爱人都为自己有这么善良、热心的女儿骄傲。

在自主权方面，我和爱人再次达成共识。不把陌陌当小孩，而要当朋友，尊重她的意愿，相信她的自主能力。所以当她小学毕业一本正经地问我们，是不是上哪所初中可以由她自己决定时，我们回答说是。原本购房时就考虑到了她之后的初中就读问题，一早买下了学区房。哪承想数年以后，陌陌小朋友经过"调研"，认为该中学管理过于严格，不利于她的个性发展，颠覆了我们的全盘打算。我们尊重陌陌的选择，让她上了师大附中。附中采取的是自由开放式教育，可以说充分尊重了学生的个性发展。令人快慰的是，陌陌度过了轻松、愉悦的三年初中生活，性格开朗，积极乐观。令人略有隐忧的是，陌陌贪玩成性，学习欠主动。附中老师有句名言：我们学校的学生是最具潜力的，但也是最难适应高中生活的。

我不是一直对她说别太在意分数吗？我不是一直强调素质教育吗？反观自己在中考这件事上的表现，我不得不承认，其实我远没有那么潇洒。我的意识或多或少被分数捆绑了。我甚至不知不觉地将这种捆绑转嫁给了陌陌。

为了表示歉意，今年无论如何要兑现承诺。当陌陌小朋友突然提出不想跟团，想自由行，看自己想看的东西，走自己想走的路后，我和爱人举双手表示赞成，尽管对我而言，自由行是件艰苦卓绝的事。我很高兴陌陌没有被繁重的课业压得抬不起头、喘不过气；没有放弃自己正当的娱乐权利；没有忘记除了课堂还有更大的学习平台。

大多数孩子利用假期争分夺秒上补习班，全力以赴为高考蓄力，这个时候出去旅游算不算浪费时间？这个念头曾在我的脑海中一闪而过，不过也只是一闪而过。我当然明白在学习方法得当的前提下，时间和分数呈正相关。可一味拿时间换取对等的分数，心理空缺用什么来弥补呢？健康心理的形成如同搭建城堡，偷工减料，得来的恐怕是"豆腐渣"工程。这样的工程能经得起未来的风吹雨打吗？相比分数，我们更倾向于让陌陌实践、实现自己的想法。放开眼界，领略生命的自由、清明的理性、美的诞生和艺术的皈依。

就像电影《天堂电影院》中阿尔夫莱多说的那样，如果你不出去走走，你就会以为这就是全世界。阿尔夫莱多，这个失明的老头，心却是亮的。

妄谈教育是最大的冒险，成功的法宝是不存在的，成功的标准也是不尽相同的。我只想对女儿说，亲爱的小朋友，随着年龄的增长，你将会面对越来越复杂的人和事。被各种超出预想的事情吓到在所难免，但老妈希望你不会被吓坏，更不会变坏。无论遇上狼群、羊群或其他什么群的效应，别忽略思考的力量，即使找不到"奥卡姆剃刀"，也别让自己成为伤人的暗器。宽容，但别丢掉表达愤怒的能力。虽然塞林格老爷爷说过"长大是人必经的溃烂"，但塔朗吉老爷爷也说过"但愿你一路平安，桥都坚固，隧道都光明"。所以，请保持你表达自我的勇气和对未知世界的好奇心！

作者简介

清寒，女，祖籍湖南永州，中国作家协会会员，全国公安文学艺术联合会会员，河北省文学院签约作家，全国公安文学艺术联合会签约作家，《东方剑》专栏作家，鲁迅文学院首届公安作家研修班学员。出版有长篇小说《雨杀》，中短篇文集《灰雪》，推理小说文集《罪现场》。报告文学《你，看到春天了吗？》入选河北省作家协会报告文学合集《追梦人》。

给青春期的女儿

王　韵

女儿：

　　明天就要开学了，你即将成为一名初四学生，就要面临九个月之后的中考。今天下了一天的细雨，淅淅沥沥的雨丝，特别容易让人的内心生出一些感触。望着睡熟中的你那稚气未脱的小脸儿，妈妈有一种危机感，突然想要给你写一封信。

　　不知不觉中，你已逐渐长大，有了自我意识、有了叛逆、有了迷茫、有了自己的想法。而妈妈却忽视了你的成长，忽视了你内心的感受。在你成长的路上，在精神上、感情上，没有给予你更多的重视和关心。妈妈向你道歉，好吗？

　　十四岁，是人生最美好的季节，也是人生观、价值观形成的重要时机。一念入天堂，一念入地狱。几乎每个孩子都想要积极向上，希望得到别人的认可和赞同。在你成长的道路上，妈妈想为你提几点建议。这关乎你未来的成长，关乎你的一生。

　　一，保持积极昂扬的心态。孩子是妈妈的天使，是妈妈的骄傲。希望我的女儿能够正视自己的优缺点，扬长避短，能顺利度过这个青春懵懂的时期。爱美是人的天性，对美的定义，决定了你的心态，也决定了你的成长。你追求非主流，我不反对。但非主流也要符合自己的特质，能让你更美更自信，不能仅仅为了与众不同而哗众取宠。只有适合的，才是最好的。妈妈一直为你骄傲：颀长苗条的身材、粉雕玉琢的皮肤、乌黑柔顺的长发、饱满光洁的额头、不涂自红的嘴唇……但不可否认的是，你的眼睛的确小了一点，这就需要我们正视自己的问题，努力让眼睛最大限度地保持自然一些，而不是放大自己的缺点。眼睛固然小，但你至少要让它保持明亮。注意用眼卫生，少看电视少上网，不要让它近视的度数更高，更不要用过长的刘海遮住它。因为：第一，它会影响你的视线，影响学习；第二，遮住眼睛，反而是欲盖弥彰，让人更注意你的弱点，从而忽视了你更多的优点。

妈妈相信你的审美眼光，更相信一句话：青春就是最极致的美。

二，关于非主流。你们这个年龄段很崇尚非主流：非主流的言谈、举止、思想。不知不觉中，那个嗷嗷待哺的婴儿已成长为亭亭玉立的少女，那个乖巧可爱的小天使，已然开始渐渐变得敏感而叛逆。妈妈明白，你们这个年龄段的孩子正处于情感断乳期，处于内心懵懂情感的萌芽阶段，极其渴望被爱被关注，希望被人肯定，非主流思想在这个时期恰好迎合了你们青春躁动、个性张扬的内心。但是妈妈要告诉你的是：任何事情都不要盲从，更不要因此而消沉了意志。在这个社会上，成功的人总是在中心，即使人在边缘，你也要有进入中心的意识。这个社会终究是属于主流的社会，需要的是主流的思想。

三，保护自己。妈妈了解自己的女儿，自尊自强、懂事理性，但未雨绸缪，防患于未然，妈妈还是要提醒你，千万不要把大好的年华虚掷在无谓的感情上，一定要保护好自己，保护好自己的情感不受伤害。不要因为无处安放的青春而肆意挥霍自己的感情，要明白小小年纪的你们，根本无力承受那份感情的沉重。更不要因为空虚而玩一场无聊的感情游戏。著名作家柳青曾经说过："人生的道路虽然漫长，可紧要处常常只有几步。"相信女儿你能把握自己，走好人生的每一步。

四，关于学习。这是我最担心的问题。明天就要开学了，进入新的班级，我希望你也能有一个全新的学习状态。好的开始是成功的一半。小学阶段你的学习成绩不错，读初二以后成绩开始有后退表现，妈妈为此忧心忡忡。明年就要中考了，关键的时刻即将到来。现代社会竞争激烈，没有知识没有文化，你将来恐怕会难以立足。你想报考艺术院校，女儿，只要你喜欢，我会尊重你的选择。有梦想就会有希望。我会尽量在这方面为你创造条件。你需要有一个健康阳光的心态和形象，掌握一个艺术方面的特长，最重要的是，永远不要忽视文化课的学习，因为这是你成功路上的重要基石。

作者简介

　　王韵，中国作家协会会员，莱州市政协委员，莱州市作家协会常务副主席。作品散见于《人民文学》《散文选刊》《美文》《天涯》等报刊。出版有散文集《尘埃里的花》《低飞的诗意》。

家风犹如良田

彦 妮

老白家在农村，算是我的远房亲戚。单身时，他就在建筑工地打工。通过学习和锻炼，老白很快成了响当当的砖瓦工。加之老白心细，干活踏实，所以老板都喜欢用他。于是，不论刮风下雨还是寒冬酷暑，只要工地不停工，老白几乎不请假。

老白没什么文化，但能吃苦，又勤俭，故在我们还苦守着家里的二亩薄田时，他已率先在县城买了房子。他有俩孩子，都很温顺听话。他也狠抓他们的学习，有时简直有些过分，伺候他们吃伺候他们穿，家里竟连一笤帚都不让他们动。他总说"再苦不能苦孩子"，说自己之所以每天需在大太阳下提着瓦刀流汗，就是因为缺少知识。孩子们也争气，一个赛一个，都是班里的尖子生，每年都会拿几个奖状回来。我们有时也去他家，看见俩孩子总是规规矩矩坐在书桌前，也不跟我们打招呼，只是低头写作业。当时我们并未觉出有啥不妥，都指着墙上挂的奖状，赞不绝口夸孩子有出息。

没过几年，老白的孩子就考到了省重点中学。怕孩子想家，也怕他们照顾不好自己，老白毅然卖掉了县城的房子，到省城租了房子陪孩子读书。他继续在建筑工地找活儿干，让婆姨在学校做保洁。有段时间，他们生活实在拮据，老白就煞费苦心去市场收拾快要被菜贩扔掉的烂菜。一张餐巾纸他可以撕成两半用，一件衣服他能穿好几年。那时他们只有一个心愿，就是要把孩子顺顺当当地供出来。

我们偶尔也见见面。适逢天热时，有时也给他买瓶水。可是，老白坚决不喝。他只说他不习惯喝矿泉水，喝了胃酸。我就试探地问道："你给孩子也从不买水喝吗？"他却说："孩子都爱喝呢。他们正是长身体的时候，不能亏了他们。"看着老白朴素的衣着，我无奈地摇了摇头。

不管咋样，俩孩子还是顺理成章地考上了名牌大学。再后来，俩人又都考了研究生，都在省城顺风顺水地找到了体面的工作。按说，老白这下该心满意足、满面春风了，可是，看起来并非如此。尤其当孩子进了工厂之后，虽然工资较高，工作也不太辛苦，但是，因为孩子性格孤僻，不善于跟上级或同事交流，所以没过多久，他们在厂里的地位就被边缘化了。

后来，俩孩子就更加不愿见人，甚至对他们的父母，一天也懒得说上几句话。遇到亲戚，更是如临大敌，顶多说声"你来了"，就迅速躲进卧室，低头抱着手机，闭门不出。如此发展，自然没什么朋友，谈对象就更是奢望。一来二去，大孩子很快三十岁了。有好心人登门给介绍女朋友，老白两口子尚未回话，孩子一句话就给推掉了。他们说自己还要上班呢，哪有时间处对象？谁都不见！

老白看在眼里，急在心上。有一回居然去婚姻介绍所偷偷给儿子作了登记。结果，事情非但没有得到改观，相反，当儿子知道父亲的所作所为后，大闹一场，从此与他形同陌路。最近一次相见，老白的婆姨长吁短叹地对我说："咋说呢？谁的话都不听。两个都辞职了，都去南方发展了，说是那里的工资高、待遇好……"

我一声不吭地走开了。这使我不由得想起鲁迅先生的话来："'听话'，自以为是教育的成功，待到放他到外面来，则如暂出樊笼的小禽，他决不会飞鸣，也不会跳跃。"同时，也让我觉出家庭环境对一个人成长的重要性和危险性。家风好了，会使一家人潜移默化，它会熏陶孩子的心灵，塑造孩子的人格，影响孩子的人生观和世界观；家风不好，则会使人的心灵变得扭曲，给后辈埋下贪婪、自私，甚至罪恶的种子。

家风，也称门风，是一个家庭或家族里的行为准则，体现在父辈们的身体力行和言传身教上。它犹如一块肥沃的良田，你可种粮食或药材，也可植毒花或毒草。老白的家风其实并不差，坏就坏在他们太过于重视学习的重要性，而忽略和忘记了人是要在社会群体中求生存的，得有基本的劳动技能、交流能力和担当才行。我们需要在复杂环境中能独当一面的合格人才，而不是一台只会计算而不敢见光的冷面机器。

作者简介

彦妮，原名张彦妮。中国作家协会会员。曾获"冰心儿童文学新作奖""宁夏首届《朔方》文学奖""孙犁散文奖"等。

父母的爱是有私的

徐广慧

中国人普遍轻父母、重孩子。小时候我们被父母捧在手心，受尽宠爱，而自己成了父母后，却常常不自觉地把绝大部分的时间、精力、金钱和爱投入到孩子身上，对父母则日渐疏远和冷淡。

有人可能会问，孝敬父母和养育孩子到底孰轻孰重？两边都是血脉至亲，将两者放到一起进行比较本身就是残酷的。在理论上，我们的生命来源于父母，泽被了父母的万千恩宠才得以长大，我们理应把自己的父母放到首位。但在现实生活和实际行动中，我们常常本末倒置，将对孩子的关心与爱放到家庭中的首要位置，对父母的爱却一再打折，呈递减趋势。当然最惨的还不是这些，最惨的是我们中的好多人在生了孩子之后，不仅轻父母，还轻自己，甚至完全失去自我，彻底完成了一个从"将军"到"奴隶"的蜕变。

孩子小时候不会擦屁股，父母为孩子擦屁股；孩子不会吃饭，父母喂孩子吃饭。作为把孩子带到这个世上的人，在孩子没有生活能力的时候，父母有义务和责任把孩子抚养大。但孩子长大以后，父母的养育方式必须要根据孩子的年龄特点发生相应的转变。如果此时父母还像对待三岁的孩子那样对待已经长大的孩子，那么等待这个家庭的将是一场灾难。

孩子再大一些，父母给孩子做饭，给孩子洗衣服，供孩子上学。如果生的是儿子，还要出钱给孩子买房子、娶媳妇。孩子生了孩子，还要照顾孩子的孩子。父母把辛辛苦苦挣来的钱几乎全都花到了孩子身上。为了提高孩子的生活质量，不惜降低自己的生活质量。把最好的、最贵的食物和衣服买给孩子，自己则吃最廉价的食物，穿最廉价的衣服。很多父母爱孩子爱得昏了头，不仅甘心做孩子的"奴隶"，还以此为荣，把饭端到桌上，把衣服递到孩子手心，孩子十七八岁甚至二十多岁了还给孩子洗袜子、洗内裤。

父母甘愿做"奴隶"，孩子只好选择做"奴隶主"。这些"奴隶主"们在父母的溺爱下，饭来张口，衣来伸手，好逸恶劳，在家里什么都不干，也什么都不会干。久而久之，这些孩子不仅丧失劳动能力、独立生活的能力，而且还会把父母对自己的爱当成理所当然，慢慢地变得自私冷漠，只知索取，不知奉献。

父母通常不仅对自己的"奴隶地位"不知反思，而且还很享受，甚至以此为荣。父母自诩自己的爱是源源不断的，是无私的，是不需要回报的。孩子对这种浩浩荡荡汹涌澎湃的爱开始时很享受，时间一长，就会感到腻烦甚至反感。一些孩子甚至以一种居高临下的态度审视父母。更有一些孩子与父母为敌，公然挑衅父母，甚至在精神上折磨父母。

我们喜欢标榜，父母的爱是无私的，是不需要回报的。这实际上是一个非常荒谬错误的认识，这种荒谬错误的认识误导一个又一个家庭，把许多父母引到了一个万劫不复的深渊。

试想，你冒着生命危险生了一个孩子，你擦屎接尿含辛茹苦把他拉扯大，他大了变成了一条"寄生虫"，每天都让你小心翼翼地喂养，你是什么滋味？这个时候，你还甘心做"奴隶"吗？突然有一天，他变本加厉，变成了一只"白眼狼"，稍不如意就咬你啃你撕扯你，你是什么滋味？这时候，你还会说父母的爱是伟大的，是无私的，是不需要回报的吗？

现在，我们应该纠正我们的错误观念。我们应该从孩子出生起就教育他们，父母的爱不是伟大的，不是无私的，不是不需要回报的。相反，父母的爱是有私的，是需要回报的。没有互动的爱，永远不能称之为伟大。

我们经常这样自我安慰：挣钱不就是为了孩子吗？辛苦不就是为了孩子吗？活着不就是为了孩子吗？其实，孩子就是你的"提款机"，就是你的"银行"，你现在把你的钱和爱存进去，将来有需要的时候可以随时提取。

仔细想想，父母的爱还真不是无私的，不是不需要回报的。滴水之恩，尚需涌泉相报，更何况父母的生养之恩呢？

"养儿为了防备老"，我们辛辛苦苦把孩子抚养大，不就是希望将来有一天可以"老有所依，老有所养"吗？无论社会怎样发展，亲人们在一起的家庭式养老，永远都是最温馨最符合人性的养老模式。那种说不指望子女，已经打算好了，等将来老了就去养老院住的人的言论，多半不是出于本心，而是因为已经在内心深处对自己的子女产生了深深的绝望，或者从周围人的命运里看到了自身的结局。

为什么有些孩子动辄对父母大喊大叫甚至横加指责？因为你把他放到了一个高高的位置上，而你自己则经常俯身在低处，使他忘记了自己是谁。你无时无刻不在用你的言谈举止告诉他你的爱是伟大的，是无私的，是不需要回报的。你让他觉得你生活的全部意义就是爱他，你的爱只是出于你的本能和条件反射，无论他怎样伤害你，他都不必承担任何后果，而你滔滔不绝的爱也不会断绝。

不求回报的爱，养育不知回报的孩子；求回报的爱，养育懂得回报的孩子。毫无原则的爱，不叫伟大，叫没有智慧。有智慧的爱，才有尊严；有尊严的爱，才能得到应有的回馈。在孩子身上存储钱和爱是一门学问，要想得到回报，你就得在你的"存单"上填写上这样的信息：父母的爱是有私的，是需要回报的。我们每一个做子女的，都必须牢记父母的生养之恩，自立自强；对父母给予的爱，要有能力回报并及时回报。做父母的，在养育孩子的过程中，应该摆正自己的位置，给爱以应有的尊严，培养孩子的自立能力，对孩子进行回报教育，否则，存储在孩子身上的金钱和爱，恐怕你最后连一点儿可怜的"利息"也拿不到。

作者简介

　　徐广慧，女，河北省临西县人。中国作家协会会员，天津文学院签约作家。曾任中学语文教师。著有长篇小说《运河往事》，中短篇小说《寂寞的村庄》《兄弟》等。小说集《小鲶鱼》入选"21世纪文学之星"丛书。

心域无疆

东　年

天地间万物有灵，存在皆有理。动物和植物不会逆天生长，必须依赖气候和环境。人类当然也依靠这些，但，人类头脑发达情感丰富，高级到可以统治地球。

人头脑中的智慧不是与生俱来的，当然是教育的结果。汉字的"智"，就是日知一事。父母是人生首任"班主任"，影响终身；环境是人生总在变换的"任课老师"，足以改变一个人。环境分为自然环境和人文环境，人出生后的很长一段时间内，自然环境无法自主选择，因此，是否能改变命运，主要看人文环境，一看教育，二看交友。

不敢妄谈教育，姑且发表一己之见。有人说现在的大学教育都是在培养精致的利己主义者，这话尖锐但似乎也有其道理，导致这种结果的原因是长期忽略了道德教育。道德教育只是表面，归根到底是"三观"的培养。树立正确的世界观、人生观、价值观，并一生努力践行，方为正道。绝对的，父母和学校都义不容辞。

我的父母出身贫寒，家境普通，文化水平不高。但我所知道的很多道理都是源自母亲的言传身教。"惯子如杀子"就是让我一直记到现在的道理。"宠"和"惯"是两回事，谁家的孩子父母不宠着？那是爱。我理解的"惯"是由其任性，等于弃管。故事里说，有小孩子出去偷东西，回家妈妈夸赞自己的孩子真有能耐，结果孩子长大成为惯犯，后被判极刑。刑前孩子对判官提出最后一个愿望："想再吃一口妈妈的奶。"判官同意。结果孩子当场把妈妈乳头咬掉，悲愤道："我是恨，我这一生毁在妈妈在我第一次偷东西时对我的夸赞里。"

父亲也没什么文化，教育我的方式直截了当。上高中的时候，有一段时间我迷上了吉他和邮票，学习成绩下降。父亲在影剧院当锅炉工，寒假期间就带我上班，让我天天在锅炉房推煤车，几天下来我满手起泡。晚上回家我看着自己的双手悲愤道："这是写诗的手，弹琴的手，难道真会变成推煤车的手？"父亲幽幽道："你考不上大学，家里可没能力给你安排工作，你只能跟我推煤车，学烧锅炉。"言罢转身离去。过后我夜不能寐，看着满是血泡的双手，从此发愤图强，努力考上了大学。

现在我已身为人父，女儿天资聪颖，敏而好学，不甘人后，我倒没在教育上费什么心思，不过是平时多与孩子沟通，做她的朋友，互相说说心里话罢了。我没把孩子送去各种学习班，让她失去童年的乐趣，不过是重视孩子的兴趣，帮她培养正确的爱好而已。人这一生能把自己的爱好当成谋生的工作，那是美哉快哉的乐事。我更重视孩子好的"三观"的树立，这不用多说。哲学家康德对他的学生说过："我不是教给你们哲学，而是教你们如何进行哲学思考。"我喜欢哲学，因为哲学是对世界观和方法论双重的教育。

家庭环境教育人成长，学校环境教育人成才，社会环境才真正教育人成熟。从人进入社会那一天起，后期环境的影响，不过是接触社会接触各种纷繁复杂的人带来的影响。交友，无疑是最重要的。

朋友情投意合，友谊之树长青，乃是三观合拍、灵魂高度一致的结果。志不同道不合，终会一拍两散。如遇坑蒙拐骗之徒，可能还会毁"三观"弃底线，甚至受误导并走向歧途。

人世间总有真理，万物变幻总有规律，教育的目的是让人掌握真理并善用方法论分析问题、解决问题。

家风比国风，校风比国风。良好风气，不是一两个人能带出来的，是要靠群体遵守规则而不断养成的。群体中的每一个人，都有自己的光辉和能量。

修身养性，是每个人一生的必修课。

人最高级别的自在，是忠于自己的坦荡。世外桃源不存在于地球上的任何地方，只存在于人的内心深处。人心是爱的源泉，也是恶的藏身之处，到底是善是恶，就看你受过什么样的教育，接触着什么样的朋友。想了解一个人，看看他身边的朋友就行。

作者简介

东牟，本名高春阳，中国作家协会会员，敦化市作家协会副主席，鲁迅文学院第十七届中青年作家高级研讨班学员。著有诗集《五月的芳菲》，散文集《转身已是天涯》《左右之间》，诗合集《雁鸣湖之恋》等。

隐身父亲

武 伟

别人"恐婚",我是"恐育"。在要孩子之前一直犹豫,怕承担不起养育之责。与妻子商议多次之后,我43岁,爱人38岁时,孩子终于面世。

一直担心不能给孩子最好的成长环境。在此之前我多次问爱人,你想好了吗?直到她坚定地说,想好了。见到儿子时我才感觉自己对这小子已经"好想了"。

汉字博大精深,"生育"一词可见一斑。只有为人父母后,才更理解"生"容易,"育"很难。

中年得子,孩子是幸福的,因为从来不会缺少爱。我给孩子起了个小名:多多。不是嫌弃他多余,而是希望他幸福多多,快乐多多。

抓周,是中国人庆祝孩子第一个生日(周岁)的传统仪式。古代讲究一些的人家都要在床(炕)前陈设大案,上摆印章、书、笔、墨、纸、砚、算盘、钱币、账册、首饰、花朵、胭脂、吃食、玩具等。孩子伸手抓到哪个,就以此预测孩子的前途和性情。

多多抓住了毛笔。本该欣喜的我却已经没有了望子成龙的壮志。

儿子满月时,被医生怀疑得了隐性脊柱裂,他成了那家专业医院历史上最小的全麻醉患者。本该40分钟的核磁共振检查,两位主任做了两个小时。那是我人生中最漫长的120分钟。望着满身导管被从检查室推出来还未苏醒的儿子,刹那间我的心里只有一个期望:让儿子做个身心健康的普通人。

今年高考后网络上一篇文章的标题"如果不出意外，你的孩子是个普通人"打动了我。是啊，在望子成龙、望女成凤的今天，当父母的必须放松自己的期望心态，你自己都做不到的，凭什么要在自己的孩子身上找回来，你又凭什么按照你的期望设计他的人生。学会放弃，是为人父母必须学习的第一课。这不是无奈，是想让孩子健康成长所必须要做的。

时光飞逝，儿子阳光快乐地成长着。然而我却渐渐发现，他玩起来比其他的同龄孩子要谨慎得多，总是要先观察一下，确定安全后才去参与。滑梯、蹦床等有一定危险系数的活动他就望而却步，而且稍有不顺，还会委屈地哭闹。

我意识到了什么。孩子那天中午出生，傍晚我就去了东亚运动会开幕式采访现场忙了个通宵。我常驻天津，爱人在北京，不能天天见到孩子与妻子的"双城故事"在我身上一直上演着。

父亲"缺席"的后果终于显现了。自孩子出生，身边是妈妈、姥姥、阿姨，连幼儿园的老师都是女性。中国有句老话，三岁看老。我心里一悸，不能把儿子养成个"娘娘腔"！

父亲节那天一大早，我赶回北京，对儿子说："今天是爸爸的节日，你是不是应该表示表示啊？"

儿子脱口而出："爸爸，母亲节快乐！"

由于父亲角色的缺失，儿子在意识里对父亲的概念是模糊的，坚强、勇敢、担当、责任等的概念也是模糊的。

于是，我利用一切机会回京去看他，不能见面就每天通过微信视频聊天，并试图把自己的形象从慈父向严父转变。我要在孩子面前树立说一不二的形象，让他怕我。

终于有一天，气急败坏的我对着儿子的屁股狠狠地打了几下，夜里一点多钟，儿子哭着醒来，对我说："爸爸以后能不打我了吗？"

看着儿子睡着后脸上挂着的泪珠，我失眠了，开始反思：欲速则不达，急转弯其实并不能让儿子成为"硬汉"。

孩子的世界你永远不懂，但做父亲的必须学，这是儿子给我上的第二课。

我们往往用成人的思维方式和规矩去要求孩子，稍不顺从就会严加指责，而不是耐心引导，这样反而会让孩子更加逆反。

自那次之后，我痛改前非，调整方案。我主动让儿子与幼儿园的孩子们交朋友，邀请同学和家长一起来家里做客，甚至他们在家里"大闹天宫"也不批评，反而尊重他在其他小朋友面前的自尊心。条件只有两个：一是不能玩火玩电，二是玩完后把玩具整理好。

我渐渐发现，原先为了争抢可以大打出手、弄得满脸是伤的小朋友们，现在可以分享、交换玩具甚至一起做游戏了；原先怯懦的儿子，可以坐上滑板车飞速游走了。他一改原来的任性哭闹，竟然可以诚恳大方地向其他小朋友说道歉的话了。

都说父母是孩子的第一任老师，孩子又何尝不是父母的一道考题呢？人生的课堂，孩子与父母都不要旷课。

作者简介

武伟，现任中央电视台天津记者站站长、主任记者，多次获得中国新闻奖。

宁 静

王智强

听着飞机广播，望着窗外朦胧的夜色，我忽然想起兜里那封带着稚气的信。那是女儿临行前塞给我的一个精美的 DIY（自己动手做）的纸信封，她一路上千叮咛万嘱咐让我不能偷看，连她妈妈也不许看，只能上了飞机后我自己看。

信是全英文写的，非常工整。"亲爱的爸爸，我非常庆幸拥有与你和妈妈在一起的美好生活。但是，我要去澳大利亚留学了，你却要返回天津，我很难受，我想你。记得吗？当我焦虑无助时，是你告诉我宁静的含义，是你把我从不快的情绪中拉到快乐的乐园，我感到快乐的那一刻，不断流出的泪水模糊了我的视线。我知道你安排我留学之前去成都的意义，我永远会铭记那根乌木椽子上的宁静。在澳大利亚的第一堂课，老师让大家说一个自己认为有意义的词，有的同学说快乐、有的同学说幸福、有的同学说和睦，我说的是宁静，我给他们讲了宁静的含义，讲了中国关于宁静的故事。老师很惊讶，感觉得出，她没有想到我会讲出这个词，这个对于他们很独特也很有意义的一个词。我很开心，我知道你所做的每一件事，都是为了让我更加努力地学习，将来可以成为对国家有用的人。你是我生活中的一部分……"泪水已经打湿了信纸，我赶紧揩去纸上的泪水，把头扭向窗外，窗外依然是宁静的夜空，远远的星光铺满了窗外飞机的翅膀。

我的愿望是让女儿从小多读中国的历史、多了解中国的文化。可是女儿就是提不起兴趣来读，总是偷偷地换成"郑渊洁"。在她以优异的成绩被澳大利亚知名学校录取后，我们决定去成都感受一下都江堰的恢宏，杜甫草堂的古朴，武侯祠的肃穆……

没想到这次旅行给女儿带来了深刻的认识，特别是武侯祠，她跟着导游仔仔细细地看据说是岳元帅雨夜疾书的《出师表》，还不时提醒她妈妈好好听，她问导游："为什么岳元帅的草书这么浑厚有力一气呵成呢？为什么读字碑会有一种悲愤的感觉呢？为什么说读字碑不哭就是不忠呢？"导游耐心地告诉她："诸葛亮要兴复汉室，岳元帅要恢复中原，可以说这两件事都是基本无法实现的。诸葛亮一片执着，明知事不可为而为之，岳元帅正在办的也是同样悲壮的事情，产生共鸣，心有戚戚，自然要哭了……"我看着她稚嫩的表情，这些问题真不像她以前能够问得出来的。"哇，爸爸，爸爸快给我手机，我要把这副对联拍下来，'能攻心则反侧自消，从古知兵非好战；不审势即宽严皆误，后来治蜀要深思。'"看得出她已经被中华的历史和文化激发了。"快看，快看，乌木椽子上还有一行字呢，是爸爸常说的那句话，'澹泊明志，宁静致远'。"

一幕一幕和女儿在成都游赏的画面在我脑海里游走着，女儿是父亲的小棉袄，女儿的成长也离不开父亲的雕琢和修饰。保持生活中的宁静态度是我给她的一把打开快乐大门的钥匙。"夫君子之行，静以修身，俭以养德。非澹泊无以明志，非宁静无以致远。夫学须静也，才须学也，非学无以广才，非志无以成学。淫慢则不能励精，险躁则不能冶性。年与时驰，意与日去，遂成枯落，多不接世，悲守穷庐，将复何及！"诸葛亮的《诫子书》是一篇充满智慧的家训，我所体会的真谛就是那四个字"宁静致远"。古代家训，大都浓缩了持家者毕生的生活经历、人生体验和学术思想等，不仅他的子孙从中获益颇多，对我们教育子女也有很多可借鉴之处。修身养性、治学做人，是诸葛亮的追求，也是我们修身立志的座右铭。

女儿在信中说，她懂了其中的道理，要勤学立志，修身养性，要从宁静中下功夫，忌怠惰险躁。我想女儿成熟了，她可以自由地飞翔了。

飞机在宁静中划过夜空。我和女儿并排坐在秦堰楼的一幕又在脑海浮现，中国古代灿烂的文明就像滔滔的岷江般奔腾壮观，眼前的山、脚下的水，还有心中的未来，在那一刻凝固了，凝固在浩瀚的江水中，凝固在我们父女惺惺相惜的心里。我想把时间永远凝固在那一刻。

"蚕丛及鱼凫，开国何茫然"，人生的道路可能会有很多的坎坷，我相信宁静的生活态度会对她的一生有益，我也深深地祝福我亲爱的女儿，"你的信，我很感动，你的人生，我很有信心。一切的包袱都是沉重的，唯有宁静淡泊，才能唤醒心中蔚蓝的海洋。"

作者简介

　　王智强，天津人，文学硕士，高级经济师，主持编著多部物流相关著作。

怀念父亲并示儿

孙建昆

四年前的今天，也是这样初冬的一个早晨，父亲起床后没多久，坐在椅子上静静地离开——摆脱了病魔长期折磨的苦痛，静静地离开。桌上刚刚蒸好的鸡蛋羹他只吃了一口，邻里来吊唁的老奶奶说，仁义啊，给儿女留饭呢！是啊，父亲确实是个仁义之人。

父亲自小父母离散，是个生性善良、非常内向甚至有些软弱的人。因为我祖父的历史问题，父亲的性格中还增添了封闭、易悲观的因子。

一度，父亲和我祖母相依为命靠变卖家中财产度日。"度荒"那年，我祖母因病过世，我父亲还不到二十岁。所以，寡言少语成了父亲一生给人的最大印象。后来，在家族中长辈的话语里，我知道父亲很小的时候我祖父位居要津家境殷实，那时，家里装有电话，有厨师、佣人，父亲从小是由奶妈带大的。只是，父亲少有提起这些，这些经历一时成了父亲思想上难以甩掉的"包袱"。

在单位同事和街坊邻居眼中，父亲是"活雷锋"，大好人。单位凡有难事苦事，父亲总会一言不发地"不用扬鞭自奋蹄"。

我小时候的一天早上，胡同当中有一大摊大便，过往邻居无不大骂造粪者，一时间责声如潮，父亲却不声不响一除了之，然后，蹬上自行车上班去了。1978年政治形势好起来后，父亲单位震后重建，他便主动请缨用自己业余时间进修的建筑设计专业知识圆满完成了整个重建设计工作。

159

最近一段时间总是不时地想起父亲对我的教导，虽然父亲没有和我坐下来长谈过几次，但随着年龄的增长，这些教导让我不断地理解了什么叫"父爱如山"。他的这些话语是在日常生活中断续而发的——他爱说"要自立""别消耗时间，要做有意义的事""要注意身体，要有个好体格""穷在身边无人问，富在深山有远亲""目标定下来，不信羊上不了树"等。话都不长，但充满了期望、警示，这些话可能只有父母才会毫无保留地讲出来。

父亲的学历并不高，因为年轻时家境不好，他只念到初中。后来，参加工作，他攒钱报名上了业余高中。前些年我们在收拾老屋的时候，还见到父亲那张业余高中毕业证。可能是他自己求学的道路多舛吧，父亲对我的学业格外重视。

父亲说，人学了知识以后，想的和做的自然与众不同，会更好地享受生活。记得那年中考结束后，为了帮我放松一下紧张的应考情绪，他陪着我骑车到新建不久的中环线散心，一路上给我讲上学的好处。后来成绩公布后，很多成绩和我一样的初中同学都选择上了中专，父亲却帮我选了一所很不错的普通高中继续学习。记得那时我总怕自己分数不够不能被录取，父亲就连续几次带着我去那所学校问录取结果，直到得知已经录取的确切消息后才算罢休。

当时并没有觉得这其中蕴涵着什么，现在我有了女儿以后才感觉到，做家长的总是愿意倾尽自己所能，把孩子送上一条成长的通衢大道，然后心安地看着孩子成长发展。后来才知，父亲的情感其实很深厚，只是他不爱用语言表达。

当大学中文系毕业的我面临职业的选择时，父亲帮我选择了教师这个职业。他当时就一个理由："当老师好，受人尊敬。"他还说，"还有比受人尊敬更好的吗？"

是啊，让孩子终身受人尊敬，这是多么深厚的父爱啊，蕴涵着父亲多么深厚的企盼啊！这都是我现在才感受到的。父亲对教师这个职业的前景非常有把握。他说："国家发展不可能不重视教育，越发展越重视。"

的确，参加工作二十多年来，教育在国家的整体发展中发挥着越来越重要的作用，教师受到前所未有的尊崇，我也是桃李满门。一次在北京出差，多年不见的暂居北京的老同学开着车带我兜风，车载广播中播音员正如数家珍地讲述。

行啊，小丫头，嘴皮子还真利落。我随口说了一句。

老同学很自然地介绍说，这是他们北京台的大牌主持人！

我说她是我的学生，还是课代表呢。

我的老同学顿时愣了，眼神中充满了惊讶。当然，后来我的这个课代表盛情邀请我们吃了一顿饭。席间，学生对我的尊重让饭店里凭声音就能认出她的食客们都向我投来了敬重的目光。这时，我才真正体会到做教师受人敬重的快乐与幸福。

刚参加工作那会儿，父亲说，在单位一定要上和下睦，不管参加工作时间多长，只有总是像第一天参加工作时的样子，当小学生，大家才会接纳、喜欢你。

在父亲患病的那几年里，我一边照顾卧床的父亲，一边忙工作。记得病榻上的父亲听到我顺利晋升高级职称，还成了政协委员的消息时，笑容满面。如今，还可以告慰父亲的是，曾经作为援疆干部的我，已经把传道解惑、教书育人的职责与情怀带到了充满生机的新疆和田。正像他教导的那样，"没耗时间"，在做一件"有意义的事"！

有时工作生活较为顺风顺水时，我就想，其实父亲在他的有生之年为我承担了很多波折困苦，他把他用波折困苦换来的人生体验讲给我，换来了我的顺利通达。

什么是"福荫子孙""忠厚传家"？

其实，如果能把上一辈人身上的优点、长处继承下来，在长辈在世的时候悉心听他们的见解主张，本分为人，在他们年老多病的时候尽全力照料，那后辈福气自然也就有了！

亲爱的父亲，我怀念您。亲爱的女儿，能与我一起怀念我的父亲吗？

作者简介

孙建昆，中学语文高级教师，天津市耀华中学副校长，天津市青年联合会常委。曾获得天津市教育系统优秀思想政治工作者、天津市教育系统优秀共产党员等光荣称号。

欲教子，先正身

赵北辰

身教重于言教。

每个孩子的心灵都是纯洁和善良的。正如英国作家罗·阿谢姆所说："一个榜样胜过书上二十条教诲。"而我们的家长恰恰是教诲太多，当孩子榜样的却少。

一般来说，父母和善，孩子也和善；父母彪悍，孩子亦彪悍；父母心机重，孩子也会耍小聪明；父母诚实、有担当、忠诚、孝顺、懂得感恩，家里就基本不用为教育孩子着急，因为孩子早就耳濡目染、身在其中了。

看过儿子竞选班干部时的演讲稿："我想当班干部，因为这样能够有更多的机会为同学们服务，发挥我在体育、绘画等方面的特长，团结同学们一起为班级争光。我想当班干部，因为这不仅能锻炼我的自信心、自觉性，让我更加严格要求自己努力学习，而且能让我有机会帮助有需要的同学一起进步。我想当班干部，还因为我也想成长为有责任心的、有担当的、顶天立地的男子汉。"

我甚是感动，为儿子能有这样的心智。

孩子说每次看到我和他爸爸帮助别人和对班里的事情积极参与时，就自豪，就羡慕。

我说：自豪能理解，羡慕何来呢？

儿子说他也想长大，想像我们一样有能力帮班里和社会做些事。

于是，我也自豪，也羡慕。自豪我们有这样争气的儿子，羡慕儿子能有我们这样的爹妈。

孟子曰："贤者以其昭昭使人昭昭，今以其昏昏使人昭昭。"

什么意思？

教育者要先受教育，让自己明白，然后才去使别人明白。而如今有些家长则是自己都没有搞清楚，却总想让孩子明白。

身歪要求影子正，源浊要求流水清，树根坏了要求果子丰盛，都是痴心妄想。

子曰："其身正，不令而行；其身不正，虽令不从。"与其说管孩子，不如说先管自己。

如何管自己？

把孩子当朋友

身边经常有家长拿"和孩子做朋友"为借口去套孩子的话，等孩子很真诚地拿父母当朋友说出自己的真实想法后，父母就马上又回到其高高在上的姿态。如此，孩子会更受伤。

我和老公有个约定，跟孩子聊天或探讨某个问题时，首先不要习惯性地回想我们小时候，爸爸妈妈是怎样做的，而是回想当时面对父母时，我们是怎么想的。只有通过这样的"回位"思考，我们才能真正理解孩子的心理活动，才能有效地加以合理引导，才能和孩子做成心灵相通的朋友。

道理要务实

在家里，虽然没少给孩子讲道理，但却没给孩子留下"唠叨"的坏印象。我常常用心观察孩子的日常行为，看到这小子做得好的事，立刻用肯定的态度去明确或强化一个道理。

儿子上一年级时，开学后进行第二次数学闯关。当时全班的大部分同学都错在了同一道题上，只有他把那道题做对了，他成了全班的唯一一个"100分"。他特别自豪，但当拿着卷子听老师一道道地讲题时，他突然发现自己有一道题做错了，老师没看出来。他自己举手告诉老师，老师就将他的成绩改成了99分。回家后，我看到老师的改动，问他时，他只是轻描淡写地给我讲了过程。我为孩子能有这样的勇气而感动，当时我亲了他一下，告诉他："这个99分比原来的100分更珍贵更难得，因为虽然你的卷子得了99分，但你的诚信闯关得了纯纯的100分！"

态度要端正

我奉行"工匠精神"，并时常以此勉励孩子。我一直对小学阶段一味强调"100分"有些担心，担心刚刚接触学校生活的小孩子对学习失去兴趣。所以，我常在家里评论孩子每次的闯关结果。得100分时，我称赞孩子："你真棒，老师教的知识都学会了！"没得满分时，我常说："说明咱学的还有漏点，到底是细心出了漏点，还是知识出了漏点？你只有像工程师一样想办法查出漏点，有效弥补，才能交出完美的作品。"

我告诉儿子做事像玩乐高玩具一样，稍有差池，便很难完成一件成功的作品，还告诉他精益求精就是"工匠精神"。

拿孩子当"大人"

孩子很小的时候，我就有意识地拿他当"大人"，将一些"任务"交给他。比如，儿子幼儿园毕业的那个暑假，每天早上我送他到母亲家楼下，让母亲接他上楼时，便会嘱咐他："跟姥姥出来玩时，要照顾好姥姥，不要自己乱跑，姥姥腿脚不好，你长大了，要当好姥姥的小拐棍儿。"那时，他虽然刚刚六岁，但还是会像小大人一样赶紧用小手拉住姥姥的手，"领着"姥姥走。直到现在，我们一家出游，他都会参与到行程的设计中，一起跟大人探讨的同时，多为大家考虑些解决办法。孩子有了责任感，才能有正确的学习态度，我对此深有感触。

有爱路不歪

懂爱懂感恩，是一个人能够成才的基础。人之初性本善。孩子的本性都是善良的，如何保护和引导好"孩子初心"才是家长最需要做的。

儿子非常喜欢小动物，冬天看到流浪的小猫小狗，会很担心地问："他们会不会冻死，会不会想妈妈？"

我心里明白我家没有条件去收留它们，甚至知道不能让孩子去摸它们，但仍会让孩子像对待小朋友一样去跟它们打个招呼，说句话，像安慰小宝宝一样安慰它们一下，而不是对孩子说："别动，它咬你！""把它踢走！"

孩子的爱心大多是被家长扼杀的。

要纠正别人的错误，必须先端正自己的行为。想让孩子好，家长首先要好。若安天下，必须先正其身！

作者简介

赵北辰，新浪（天津）公司总经理，天津新媒体发展研究会会长，有近20年的新闻媒体从业经验。

对话我的“00后”

张小土

我的手机音乐软件里有个收藏文件夹叫《靠近我的“00后”》，里面收藏的都是女儿推荐的偶像团体的歌曲，开车时听听这些歌曲，我整个人也年轻了起来。在这个1988年出生的女子都被称为“中年女子”的年代，我与“00后”女儿的代沟简直比马里亚纳海沟还要深，只有主动靠近她，用“00后”的语言体系对话，才能打开她这个“网络原住民”的心门，而副作用是不经意培养出一个小“毒舌”。

（一）

女儿：妈妈，你帮我做下手抄报吧，我作业还没写完呢。

我：不行，自己的事情自己做。

女儿：可我不知道做什么内容，你帮我想想。

我：百度。

女儿：亲娘还不如“度娘”呢。

我：……

（作业时间，看女儿拿一把扇子坐在书桌前起舞）

我：宝宝，写作业时就认真写，玩儿的时候就认真玩儿，做事情要专注。

女儿：对啊，我就是在认真地玩儿啊，只不过你看不惯罢了。

我：……

独立自主，是现代孩子首先需要培养的能力，因此，对女儿的事情不代办，不越俎代庖，是我的原则。而允许孩子表达自己的意见，与父母平等对话，是培养这种独立自主能力的前提。

（二）

我：今天放学怎么出来这么晚？

女儿：因为小 A 跟小 B 说小 C 的坏话，小 B 告诉了小 C，现在事情闹大了，小 A 哭得没完没了，我们女生都在那儿解决问题呢。

我：你认为这件事谁的错更多？

女儿：谁？

我：我认为在这件事情上，传闲话的人更可恶。

女儿：比背后说人坏话还可恶？

我：对，因为背后议论别人固然不好，但既然对你说，多少是有一些信任在里边的。而传话的人不但挑起事端，还背弃了这种信任。"来说是非者，便是是非人。"如果你遇到这样的人，不听不信不传。

女儿：（坏笑状）那我爸爸说你坏话，我还跟你说吗？

我：……

女儿：妈妈，你觉得人品重要还是成绩重要？

我：当然是人品重要。

女儿：看，我就说人品重要吧，小 D 的妈妈还说成绩重要呢。

我：弟子入则孝，出则悌，谨而信，泛爱众，而亲仁。行有余力，则以学文。

女儿：（嫌弃状）好好说话！

我：……

女儿特别向往住校生活，我虽万般不舍，但还是送她去了一所寄宿初中。开学前我正式与她谈话，除告知许多注意事项外，特别提出在每日的例行汇报电话中，务必首要说说与同学、与老师之间相处发生的事情，学习方面的事情可以其次再说。德行是立身之本，比学习成绩重要。

（三）

女儿：妈妈，我有一大波八卦，你要不要听？

我：好呀，好呀！

女儿：小 E 有男朋友了，小 F 跟小 G 好了……

我：这么多八卦，有你的没？

女儿：保证没有。

我：有也没关系，我这么如花似玉的女儿如果有男朋友，我会暗自窃喜。

女儿：啊？

我：因为我的女儿发育正常啊！

女儿：呃……

我：你这偶像剧看得这么入迷，我好担心呀！

女儿：担心什么？

我：担心你上当啊！我告诉你，偶像剧和现实不一样，偶像剧里那样唯美的爱情现实中是没有的，妈妈当年就上当了。

女儿：谁骗你了？

我：琼瑶阿姨。

女儿：呃……

对于这些在信息爆炸时代长大的孩子，一些敏感话题无法绕过，我们更无法竖起一道屏障来不让孩子接触，那么，坦然面对，正面引导，或许才是好方法。因为这是他们的时代，更是他们的生存环境。

（四）

我：宝宝，小长假出门玩耍去？

女儿：好呀，我想去上海。

我：我查了一下行程，你需要在周五下午请半天假。

女儿：不不不，我要上课，不去玩耍。

我：你怎么变成传说中别人家的孩子了？

女儿：呃……

我：宝宝，妈妈送你两本书，一本是《泰戈尔诗集》，一本是叶嘉莹选编的《给孩子的古诗词》。

女儿：（很冷淡的样子）诗啊，放那儿吧！

我：宝宝，有了这两个利器，你就会变得很牛。你会在春天的时候说，"花褪残红青杏小，燕子飞时，绿水人家绕"，而不是停留在三岁时那句，妈妈，你看小燕子从南方飞回来了。

女儿：（欣喜状）原来是玩儿腔调的利器啊！

我：……

读万卷书，不如行万里路，从很小的时候，我就开始带着女儿开始我们的自助之旅，哪怕耽误一两天的课也在所不惜。旅行不但增长了我们的见识，还培养了她的生活能力。如今，历史、地理课变成她的强项，应是得益于旅行以及课外书。

（五）

我：宝宝，今天家长会老师表扬你了，给了你学习进步奖。

女儿：（淡定状）哦！

我：这个奖含金量很高的，比第一名都骄傲呢！

女儿：啊？

我：人生是一场长跑，不在乎一城一池的得失，今天优于昨天，永远在进步，才能漂亮地跑完全程。

女儿：哈……

我：宝宝，同学们在一起谈论妈妈们吗？

女儿：谈啊！

我：那如何评价你的妈妈呢？

女儿：他们说你是我们班最好的家长。

嗯，完美！

作者简介

　　张小土，本名张丹艳，媒体人，现供职于新华网天津频道。

171

请放下手机，恭送姥爷

李桂杰

　　两周前，铁头的舅舅送我老父来北京，吃过中午饭，老父坚持要和铁头的舅舅一起回天津。告别的时刻，铁头正卧在沙发上目不转睛地玩手机，"舅舅再见，姥爷再见！"他头也不抬地喊了一句。

　　我轻轻走到他跟前，严厉而小声地说："请放下手机，恭送姥爷！送到门口，目送下楼，再回来！"他见状，似乎也意识到了问题的严重性，赶紧把手机游戏暂停，光着脚丫子追到家门口和姥爷握手："姥爷再见！您慢走啊！""好啊，再见！多读书，多运动啊！"老父边说边拎着包下楼。我赶紧接过他老人家手里的包送他下楼。到了楼下，我才听到四楼细微的轻轻关门声。

　　很多人都和铁头一样，手持手机，几乎就魂不附体。耳朵一定聋了，眼睛也瞎了，心门也关上了，对外界毫无感知，忘记吃饭睡觉，忘记黑夜黄昏，也忘记身边的人，你和他说话，哈，完全是对牛弹琴！

　　我们家不允许这种事发生，绝对不允许……

　　我的朋友动辄喜欢用《三字经》《论语》说理，我说咱不用来这个，习惯成自然，在一些情况下必须用家长的威严要求孩子。来客人时，要主动热情地打招呼，客人离开时，要起身恭送，这些都是为人处世的基本礼仪，孩子必须得懂，也必须得做。好在铁头还小，只有十岁，一点就透。

　　送老父到楼下，上车前，老父说："刚才对铁头的教育很好，对孩子不能光追求成绩好，光表扬有才华，修身齐家治国平天下，这些古话很有道理。"
我说："对孩子管教不周，请您多担待。"老父微笑着和我握手，然后上车
离开。

在我们家有很多家规，有几条家规和手机有关。

有一天，老父亲在一个人喝酒，我坐在他对面，陪他聊天。老爸吃饭慢，
喜欢边吃边聊。我拿着手机，时不时地拨弄一下。老爸说到我87岁的姑妈时，
他故意停顿一下说："静海你大姑说了……"说完这句话之后，他就没有了下
文，停住了。我放下手机，盯着老爸的眼睛，他似笑非笑，又说："静海你大
姑说了……"我见状又低下头玩手机，手机里传来各种聊天的声音。老爸又
停住了，不再往下说了。"嘿，您怎么又没下文了？"我又吃惊又不解。我把
手机拿走充上电，呆呆地看着老爸，老爸第三次开口，说："静海你大姑说
了……"他喝了口酒似笑非笑，又不说了。"嘿，老妈，您看我爸，没事说
半截话。"在里屋床上躺着休息的老妈回道："你爸肯定是嫌弃你玩手机，没
认真听他说话。""哦，哦。"我恍然大悟，再次回到饭桌前，认真地看着老
爸，说："您说吧，我认真听。"老爸第四次开口："你大姑说了……"见我听
得很认真，终于把话说完。

老爸总是说，家长就是孩子的镜子，因此在我们家要求铁头做到的，大
人也必须做到，比如与人说话时不要玩手机，再比如吃饭之前要放下手机，
还有吃饭过程中不准摸手机，睡觉不准把手机弄上床，玩手机时间不宜过长，
等等。

规矩很多，但都得执行。

手机已经成为生活中一件不可或缺的物品，面对手机的态度就是我们的
生活态度。有了手机，忽视身边人，缺少礼仪，没有了起码的教养，那等于
自己的人性被绑架。每个当父母的，教育孩子都要从生活中的小事做起，不
能睁一只眼闭一只眼。如此，孩子才能成长，父母也才能进步。

作者简介

李桂杰，《中国青年报》记者，诗人，著有《突然天蓝》《流星的冬》《对视月光》《不会尘封的记忆——百姓生活30年》《好宝宝妈妈自己教》等。

莫为利己失公德

廖苇芳

带女儿在北大校园玩，路边停了很多共享单车。初次使用还是有些复杂的：下载程序，用户注册，手机验证，交付押金，扫描开锁。

女儿突然说："这辆车的锁是坏的！你看，它没有锁，并且还锁不上了。"说完，还用手拨拉拨拉了几下那把坏了的车锁。

"那程序下载太麻烦了，要不你免费骑骑这辆车算了？"我逗她。

女儿白了我一眼："妈妈，怎么可以这样做人呢？省一元租金，公德心就丢了！有些人把共享单车骑回自己的封闭小区，甚至把车锁撬掉，把车占为己有；还有些人把它们卖到废品回收店。你常和我说，莫为利己失公德，这些人就是为了蝇头小利失去了公德心。我要打电话给自行车管理机构，给他们报修。"

听了女儿的话，我向她投去了赞赏的眼神。

孩子小时，自然不懂什么是公德心，也听不进大道理，但适时告诉她什么可以做，什么不可以做，其实就是在她内心播下了一颗公德心的种子。

带她走在马路上，看到别人吐的痰，丢的纸团垃圾，放任不管的宠物排泄物，我便问她："这些东西让人看了舒不舒服？这些人图自己方便这样做对不对？我们能不能这样做？"驾车在高速路上时，看着路边飞速后退的景色，我便给她讲打开车窗往外丢垃圾的危害。待她大了一些，每次旅行前她都会带上车用垃圾袋，从来没有乱丢过垃圾。

那次送女儿上课外班，来到小区自行车棚取车，发现一辆车随意地横放，挡住了里面我们排放整齐的车。我费了很大的劲，才把自己的车推出来，还碰倒了旁边的几辆车，只得把自己的车推出后，又返回去一一扶起。

　　我便与女儿说："你看，这辆车的主人为了自己方便，随意停放，看似是小事，却给别人带来了很大的麻烦。这就是没有社会公德心的表现。"

　　从那以后，性格火急火燎的女儿也学会了每次停车时把自己的儿童自行车摆好。

　　女儿长大一些了，我便和她约定，每天洗完澡后小衣服小袜子自己要及时洗完。女儿是个书迷，一看起书来，什么事情都能放下，每天洗澡的时间也恨不得争分夺秒，洗袜子的事自然也拖了下来。等到第三天，我提醒她每天该做的事情没有做，她说："我忙着呢，积到明天我就洗。"

　　知道她拖拉是有小心思的，想等到我看不下去，来帮她动手做这件事。我坐在她身旁，轻声和她讲："宝宝，你这样不注重卫生，是没有社会公德心的表现！"

　　一提到公德心，女儿的眼睛从书上挪开了，疑惑地问我："这只是我个人的事，和社会公德心又有什么关系？"

　　"家庭也是一个小社会，你不讲卫生，脏衣服不及时洗，看完书不放回书架，做完作业不整理好写字桌，看似是你自己的事情，可是这会让住在这个房子里的其他人不得不忍受环境的脏乱差，不顾他人感受，也是没有公德心。以后要上高中、上大学，住集体宿舍，你觉得是及时清洗衣服，注重卫生的人受欢迎，还是脏衣服乱丢的人受欢迎呢？"

　　女儿听罢，放下书本，安静地洗衣物去了。

　　我相信，这些习惯，会让她以后成为一个受集体欢迎的人！

　　20年前，我离开学校迈入社会，到新的单位实习有诸多不适。因为那时手机和公用电话都不太普及，单位在郊区，外出打电话又很不方便，便偶尔用办公室的座机给父母打打长途聊聊天。每次报完平安，我想和父母多聊一会儿，父亲都会催促我早些挂电话，说："这电话是单位的电话，聊久了，单位也是要付不少电话费的，虽然这个钱没有让你自己付，也没有扣你的工资，但人要有集体感，有公德心，不能因为不是自己的就造成浪费。"的确，公德心，不是做给别人看的，是自我内心的一种约束，是一种良好的素养，是为人处世的根本！

我们一起去单位实习的有不少同学，结果那个月办公室的电话费激增，一台电话的话费竟然高达两千多元，这个数额在那个年代是高得离谱的。后勤部最终去电信局把所有的通话记录打印了出来，对超长时间的通话记录一一查核。超长时间通话之人不仅被勒令负担话费，而且还给人留下了没有公德心的极差印象。

莫为利己失公德。父亲传承给我，我传承给女儿，女儿还会往下传吧。

作者简介

廖苇芳，专栏作家。曾与李桂杰合著《我要生二胎》。

内不欺己，外不欺人

王海珍

那天下午，我去学校门口接心语。

放学时间到了，学生们一波又一波地出来了。心语也和同学一道走出学校大门。

出了校门，往家走的路上，有一个叔叔拿着气球站在路边，手里还有一个小小的类似弹弓一样的玩具，他一边摇着气球一边挥舞着玩具朝我们喊："小朋友，来，送你一个气球吧，还有玩具呢！"

心语被吸引了，朝那个叔叔望过去，我知道这是某个机构促销的方式之一，用小气球和玩具来换取家长的联系方式。然而孩子看着气球上面的卡通公主，脸上充满了渴望，一溜烟儿就跑到那个拿气球的叔叔跟前了。

我站在一边等着，看着心语在叔叔那里填了表格，拿了气球和玩具，喜滋滋地跑向我："妈妈，你看气球好看吗？还有玩具。"我点点头，想着怎么给心语说，尽量别拿商家赠送的东西，因为有时接到陌生的没有必要的推销电话是一件很烦的事情。我还没张口，心语先给我说了："妈妈，你是担心你的手机号码泄露吧，我把你的手机号码填错了一个数字，是故意的，这是我的同学教给我的方法，这样，既可以拿到玩具，又不用填手机号码，嘻嘻。"她还沉浸在用错误的手机号码换取了玩具的"成就感"中。

我听了心里"咯噔"一下，用错误的信息换玩具？这是个严重的问题啊，比之前我想要给她聊的那个话题更重要，我定了下神，用非常郑重的口吻对她说："心语，这件事情，我必须和你认真地谈一下，你用故意填错电话号码这样的方式获得商家赠送的玩具，这事情做得非常不对。第一，你撒谎了，没有做到诚实，诚实是一个人最重要的品格之一，有了诚实守信，才能得到别人的信任和尊重。第二，因为你的不诚实，那个辛苦工作的叔叔被戏弄了，他拿到了一个非正确信息的电话号码，当他哪一天拨打这个号码的时候，有可能会骚扰到另外一个与这件事情一点关系都没有的人。"

"我以为这样，你就不会接到陌生骚扰电话了。"心语小声嘟哝着。

"心语，那你有没有想过，这样一来，别人有可能会接到陌生电话，这样会给别人的生活带来困扰呀？而且，最最重要的，你没有做到诚实，如果今天撒一个无伤大雅的谎，那明天就有可能撒一个弥天大谎。而且，还有重要的一点是，内不欺己，外不欺人，真实地面对自己，诚实地面对他人，这是做人最基本的原则。"我继续郑重地告诉心语。

"哦，知道了。"心语点点头。

"如果你真的很想要那个气球，你可以填我的真实电话号码。"我对心语说，"这是诚实的一个小小的例证，希望你以后不管遇到什么事情，都能做到诚实守信。"

"好的，妈妈，我知道了。"心语再一次点点头，向我保证，"我会牢牢记住您的话。"

后来的一段时间，推销各种课程的广告电话打来好几个，我知道，这是心语填了我的真实号码，她很诚实地面对她的内心，她没能抵抗商家的小礼品的诱惑，但她也很诚实地填了我的手机号码。

我也并没有教训她以后见了那些拿着小玩意儿的商家推广远远避开，因为我知道好奇是孩子的天性，看着五颜六色花花绿绿的各种小玩意儿他们总想知道是什么。我在几次观察她拿到的小礼物后，着意给她买了一堆，包括气球、吹泡泡工具等，后来她在路边看到那些拿着小礼物前来推广的商家也不再去填信息换礼物了，因为她已经对那些礼物有了免疫力。

诚实，是一个人一生最温厚纯净的底色，诚实地面对自己，诚实地面对世界，如是，才能收获一个诚实的世界。

诚实，也是父母亲给我的教育。这也是我家的家风之一。在我很小的时候，我的爸妈就告诉我，一个人说一百句真话，但如果说一句假话，那么其他一百句真话也会被别人怀疑为假话。是的，谎话就像鞋垫底下跑进来的石子儿，尽管一丁点儿大小，但会硌人，硌得人走路不舒服。

诚实是一个人在社交生活中最有效的通行证。诚实地面对自己，与自己做最诚实的沟通，才能与这个世界诚实地相处。内不欺己，外不欺人，两者互通，彼此呼应。我想，这是家风应该承担的重任。

作者简介

王海珍，《中华儿女》杂志社编辑记者，中国传记文学学会会员。出版有《车库咖啡》等著作。

我的家风

张玉芳

"月光光，秀才郎，船来等，轿来扛。一扛扛到河中心，虾公毛蟹拜观音。观音脚下一朵花，拿给阿妹转外家，转去外家笑哈哈……"

很小的时候，奶奶就抱着我，反复念这些朗朗上口的客家童谣。懵懂无知的我奶声奶气地跟着，并不知道这里头讲的是什么。

上幼儿园了。记得那时的自己特别淘气，上课不是画小人画，就是跟邻桌玩。幼儿园"毕业"那天，老师出了几道数学题考我们，我连"1"都不认得，自然就扛个"大鸭蛋"回家。妈妈看到我的试卷，并没有责骂我，而是温和地说："阿妹啊，娃娃家要认真读书，才能读出身来！不然，一辈子钻泥坑。"

我的父母是普普通通的客家人。客家人的心里头，"孝"与"勤"是最重要的字眼。成长的岁月里，我从没听他们讲过文雅而富有深意的话，说得最多的还是那句："要认真读书，才能读出身来！"这朴实无华的话语是沉甸甸的期待！

农村的孩子从来都是一边学习，一边干活。那时家里洗碗、做饭、洗衣、挑水……这些农活我全包了。但劳作之余，我不忘读书。我对书的渴望不亚于面对一桌丰盛饭菜时的巴望。农家的孩子没有条件也没有胆量让父母从可怜的生活费里拿出钱来买课外书，所以我想尽办法借来看，有时甚至用帮人干农活的方式来换得一本书。

记得我们村有几个与我年纪差不多的女孩子，她们还没读完初中就辍学了，有的出门打工，有的成了缝纫工。那是缝纫工最时兴的时候，还没到村口便可以听到"嗒嗒嗒"的缝纫机声，而我的父母却执意让我上学。每当一声"阿妹——"后父母推门进来，看到我正捧着一本书看得津津有味，他们便会悄然退出我的房间。我也憋着一口气，平日里极是用功。从小学到初中，成绩一直居于班级前列。初中考师范那会儿，我不仅全校第一，还在全市报考的师范生中位居第一。不苟言笑的父亲头一回笑得咧开了嘴，他兴冲冲地打了个电话给香港的大伯，那份骄傲我至今记忆犹新。

我上师范第二年，奶奶不小心从台阶上摔了下去，原本虚弱的身子更是雪上加霜。父亲执意辞去原来稳定的工作，专心照顾奶奶。后来，奶奶出院了，父亲又四处找工作。记得有一回，妈妈煮了两个鸡蛋，我奇怪地问："今天又不是谁的生日，为什么煮鸡蛋？"妈妈说："给你爸用。"晚上，父亲回来了，我抬起头一看，发现他的两只眼睛肿得像两颗桃。原来他找了个电焊的活儿，却因为近视，嫌那个防护罩隔着看不清楚，就裸眼去焊，结果可想而知。而那鸡蛋，就是敷眼睛用的……

那一刻，我心里涌出阵阵苦涩。奶奶的病，医院早就下了"病危通知书"，可是爸爸硬是不愿意就此放弃，他拿出所有的积蓄，把奶奶送到了更好的医院。奶奶的病是好些了，可是家里也因此欠下了一大笔债。

最艰难的时候，家里穷得连买肉的钱都没有，更不要说九百多元的学费了。那时便有个老板，托人捎信来，说借钱给我家还债，条件是让我别再读书了，"卖"给他傻儿子做媳妇。父母一口回绝了。

我的父母不懂什么教育学、心理学，算不上常人眼中那样优秀的父母，但是他们的言行举止，我都看在眼里，记在心中。二十多个春秋里，我从一个无知的孩子渐渐变成一个勤勉、谦逊、孝顺的人。感谢他们，给了我生命，也让我明白了人生的真谛。

而今，我已是一个母亲。我很欣慰：我的小妞成绩虽不是数一数二，只是班级前列，但至少有自己喜欢的事情——画画、弹古筝、阅读。有的孩子到了青春期，会更加叛逆，不愿意跟父母交流，甚至觉得父母太落伍。但庆幸的是小妞上了初一，仍愿意与我分享她的快乐与悲伤。有时即使我没询问，她也会滔滔不绝地跟我讲她的老师和同学。遇到我不舒服，她端茶捶背，完全是一副"贴心小棉袄"的模样。

小妞的语文一直是强项，尤其是作文。学校每年的现场作文竞赛，她总能拿奖。很多人向我取经，我说作文不用教，多阅读就可以。他们要么不信，要么认为我有意藏着掖着。我说我真的不屑于用各种玩具、美食来引诱她上钩。我只是觉得，要让孩子爱上书，首先自己也得是一个喜欢阅读的人。直到现在，我的床头还是始终会放一本书。工作之余，我还会偶尔写些小说、散文等。这当中只有一部分成了铅字，但是我从没停下写作的笔。每次我沉浸在书的世界里时，小妞也会坐在一边捧着一本书，饶有兴味地看。

至于学习古筝，也不是我强迫的。记得一天，我在欣赏古筝曲。她走过来，说这是什么，真好听。我说，这是我们中国的民族乐器——古筝，你看那弹古筝的女子，长发飘飘，多么灵动秀美。她心动了，吵着要去学古筝。我有点为难地说，学古筝不容易，三分钟热度可不行。她恳求我说一定会坚持下去。我只好"勉强"答应了。没想到这一坚持就是几年，如今她每天回到家，雷打不动地要练习弹奏。有人问我，是想把小妞培养成名家吧？我摇摇头，我只是觉得，每个人在一生中，至少要懂一样乐器，也希望等有一天她长大了，与朋友玩乐时，不会因为什么都拿不出手而感到自卑。

我的父母，像千千万万个平凡的客家人一样，勤勤恳恳、踏踏实实。风风雨雨中，他们相伴着走过了一个又一个春秋，虽然他们并没有告诉我，应当秉承怎样的家风，甚至，他们连"家风"两字的含义也无从解释。可是我却从他们身上学到了许多许多。如今，我也将会像他们一样，少一些指手画脚，多一些真心陪伴，让孩子在平凡的点滴中感悟生活、热爱生活。

作者简介

　　张玉芳，广东省梅州市兴宁实验小学语文高级教师，梅州市曲艺家协会会员，广东省小小说协会会员。

儿子两次挨打

张赛琴

儿子要上小学了，我给他立下三条规矩：第一要诚实不撒谎；第二不能拿别人家的东西；第三是答应了的事，就必须做到。违背其中一条，就得挨打。儿子不理解第三条规矩，问怎么做，当时正吃午饭，我指着墙上的挂钟问："你说，几分钟可以吃完这顿饭？""10分钟。"儿子回答得很快。"好，"我点着分针说，"这根长针，往下走过两大格，你就得吃完饭。若没吃完，就要狠打一记屁股。"孩子一听，赶紧拿起饭碗，一边看着钟，一边赶紧吃饭。果然，不满10分钟他就把空饭碗递给了我。我亲了亲他的脸，摸了摸他的脑瓜，以示称赞。

之后，儿子基本遵守规矩。他答应放学前完成作业，就从没有背过书包回家。最有趣的是，他答应考试成绩不低于90分，就从来没有考过100分，当然也没有低于89分。

但是，到了三年级期末一个大雪天的下午，他被我狠打了一次。

那天很冷，上午开始下大雪。到中午时分，校园里已是银装素裹，满眼都是绒绒的白雪，儿子从没有见过大雪，异常兴奋，一心想要扑进雪地玩。可是，我担心他棉鞋棉裤弄湿了没法换，就对他说："要听话！千万不可进雪地玩雪，否则脚要冻伤的。"儿子看我骑车子要外出开会，连连说："我不玩雪，我做作业，我多做寒假作业……"儿子回答得十分乖巧。

下午四点半，我刚迈进校门，不得了了！儿子在雪地里玩疯啦！他和几个已经毕业的初中生打着雪仗，喊声震天响。我大声地把他叫到面前，就见他满头雪花，满脸通红还淌着水珠，棉裤棉鞋都是湿漉漉的，站定后两脚前后左右都是水。我看着心疼，但更生气，拿过一把鸡毛掸帚，就朝他左腿狠狠打了下去，"啪"一声响，他一个趔趄，身子歪了过去；我对着他右腿又狠狠打了第二下，他赶紧往后闪。我在气头上，举起鸡毛掸帚又朝他小腿打下去……一旁的老师惊呆了，夺过我手里的掸帚，把儿子藏到角落，说："他人还小！不懂得湿鞋冻脚的道理，校长，你怎么下手这么重……"我转过去，一把把儿子抱过来，按在椅子上，一面为他脱去湿棉鞋，一边严厉地说："你是答应我的，不去雪地玩！你做不到，就是该打！该打！"孩子抽泣着，流着眼泪听我一遍又一遍地训斥，眼神里一分惊恐，九分后悔。

从那以后，若是我提出要求，他总要仔细想过才给说法。凡答应了的，一般都能做到。比如，洗自己的鞋袜，整理床铺，每日读书半小时，节省零花钱，等等。我也让他提要求，比如，带他看电影，接送同学来家过生日，买电动玩具，等等，凡答应了的我也一定做到。

儿子后来在作文《我的母亲》里，清晰地记叙了当初玩雪挨打的事情。他在文章里说："这件事，给我的记忆太深刻了。君无戏言！从此，只要是我答应了的，就一定做到。"老师给出了评语："向你母亲致敬，好一个撒切尔夫人！"

儿子第二次挨打，是在小升初的一次选拔考试之后。

那是临近小学毕业的选拔考试。通过考试，要遴选出参加全国数学竞赛的学生，其中的前100名学生，可以直接升入重点中学读书。这无疑是一次特别关键的机会，我内心里多么希望他能考试获胜啊。

来到考场，偌大的校园里浩浩荡荡大几千人，人头攒动，气氛紧张。我担心儿子害怕，就悄悄地对他说："考试题目会或不会，你不要怕；考得好或考不好，你也不要怕，你只要认真考就好！"他听着，眼神里闪过一丝喜悦，点了点头，就进了考场。

语文、数学、外语三门，一共要考三个小时。没想到！一个半小时后，从一个教室里走出一个孩子，我一看，啊？儿子居然已经交卷离场了！

牵着他的手，我俩从几千双眼睛的关注中穿过。有一些人啧啧称赞：瞧这孩子多聪明！才一半时间就能交卷，太厉害了！可我听着，心里咯噔咯噔打战，刚出校门我就轻声问："能考取吗？"儿子也轻声回答："50% 考取，50% 考不取。"哇！这回答真够哲学的，太忽悠妈了。我心一冷，完了！

果不其然，一星期后成绩公布了。儿子成绩比录取线低了三分。我一看，气不打一处来。三分啊！芝麻粒大小的差距，若用余下的90分钟认真答题，这差距能落下吗？我一边生气一边回忆当时的情景，整理出他的三个问题：一是没把考试当回事儿，随随便便就交卷；二是只记临场交代的前半句，后半句让他认真考的话压根就没有进耳朵。三是明知考不取，还轻松得像没有事一样。浮躁至极！不打不行！

回到家，儿子站在我面前，低着头，脸色煞白。

我拿过一把木尺，语气冷冷地："今天要狠打你三记手心，要打得让你终生难忘！第一记，打你听话不完整。第二记，打你考试态度马马虎虎。第三记，打你'50% 考取，50% 考不取'的混账理论。"说完，我突然捉住他的左手心，狠狠地打下去，"啪"一声响，儿子手心里顿时暴起一道红印痕。儿子不敢缩回手，却痛得失声大哭，瑟瑟发抖。我虎着脸，把木尺子重重地砸在桌子上，"还有两记手心，留你自己打，要重重地打！"说完，我退出房间，关上了房门。

我走进自己的房间，努力地平复着失落的内心。过一会儿，就听得儿子房间里传来两声响亮的声音，他到底打没打自己，不得而知。我留下两记手心不打，确实是因为心疼他，关上房门不去看，是不想伤了儿子自尊心。

打完以后，我把全套的毕业复习卷放上儿子书桌，他默默地自觉地复习了半个月。

不久之后，儿子参加了第二场比赛。参赛前夜，我给儿子写了一张小纸条，递到他手里。他默默地看了几遍，然后对折又对折，郑重地放进上衣口袋，又轻轻地按了按。第二天，他揣着那张纸条，在我的目光中进了考场。

还是三个小时考试，我忐忑不安地候在场外。

考试结束，孩子从考场里走出来，表情轻松。没有等我发问，他就很正式地说："妈，这次考试我有80%的把握。"回到家，他赶紧告诉我："妈，你写的纸条，我看了三遍。监考老师以为我作弊，把纸条拿过去一看，笑了笑，又塞进我口袋，还摸了摸我的头。"说完这番话，儿子把纸条从口袋里掏出来，那纸条上端端正正写着："宝贝，妈妈相信你！一定要静心考试！"在第二句下面，他画下了两道红线。

一周后，录取名单发榜，儿子名列前茅。

我们母子俩相约，要保存好那张宝贵的纸条。二十一岁那年，他要漂洋过海留学，整理行囊时，他要了那张发黄了的小纸条，说："这是留学的护身符。"

儿子如今已经出息了，我想起这些往事，就情不自禁要说："妈妈当初打你，其实心更疼……"他总是轻声接过话头："我懂的。"

作者简介

张赛琴，江苏省语文特级教师，教育部"国培计划"第三批授课专家，《语文教学通讯》封面人物。中国语文报刊协会的第一届"作文擂台赛"杰出擂主。曾在多家作文报刊上开设作文教学专栏，发表文章100余篇。曾出版《21世纪我们怎样教作文》《新体验作文》《作文好玩》等著作，编著《读进去写出来》《阅读新概念》《天天好文》等多套阅读丛书。

礼　物

佟俊梅

　　我常和儿子讲，儿子是上天送给妈妈的最好的礼物，尤其是我们不可回避地谈到我和他爸爸的离婚。我说："虽然这是个不完美的结局，但是妈妈依然对和你爸爸一起走过的日子心存感恩，因为没有和你爸爸的结合，世界上就不会有你。"

　　说儿子是上天送给我的礼物不是溢美之词，而是发自内心的感叹，因为儿子对我的关心和呵护以及给我的生命带来的感动，太多太多。

　　记得儿子很小的时候，看到一些越来越自私的独生子女，我就告诉他要学会孝顺，懂得感恩，懂得分享，从分享好吃的开始。后来，这逐渐变成一种家规，儿子也渐渐学会了用感恩的心去拥抱这个世界。

　　儿子上小学后，我意外地收到了他送给我的第一份生日礼物。那是个别致的钥匙扣，坠着一个戴有水桶帽的粉色玩偶，可爱极了。这可是他从每周仅有的一元零花钱里攒下钱买的，当他蹦跳着把礼物送到我手心，我不禁落泪。我对孩子的表现大加赞赏，并顺势告诉他一些人是他生命里应该永远感恩和孝顺的，那就是爷爷奶奶、姥姥姥爷，还有爸爸妈妈。我还告诉他有一些日子是必须记住的，如生日、父亲节、母亲节等，表达感恩和孝顺的方式有很多种，可以用金钱也可以不用。在以后每个特殊的日子里，我们都会收到儿子的礼物和祝福，一朵小花、一个发卡、一个柠檬杯、一个打火机、一双袜子、一张自制的贺卡以及一幅用心画成的画作。这些无不让我们感动、欣慰、骄傲、自豪，儿子的爷爷奶奶也常常向邻居炫耀，幸福之情溢于言表。

生活不是一帆风顺的，2008年10月，我和孩子爸爸和平分手，为了成全他的幸福，我扛下了这个家庭的全部重担。刚满11岁的儿子和我一起生活。经历了情感的跌宕，我本就糟糕的身体变得更糟，但迫于生计，我又不能休息，因此，每天繁重的工作，常常累得我腰酸背痛。帮我拔罐、给我按摩成了儿子的必修课。当儿子柔软的小手在我背上暖暖地移动，多少累、多少委屈就都跑到九霄云外去了。

当时还处于离婚痛苦中的我接到孩子爸爸的一个电话，已忘记是什么原因，只记得放下电话那一刻，我无法控制地号啕大哭，儿子就坐在旁边的沙发上，当我哭得几近崩溃的时候，听到儿子说："妈妈不哭，要学会面对！"

我抬起头，儿子的话像惊雷，炸醒了我，我惊讶于这句话竟来自一个11岁的孩子。我大张着嘴，错愕地看着他，他默默地帮我擦去泪水，像个大人。

其实，在一场婚姻的破裂中，最受伤的是孩子，儿子心里需要承受的压力和悲伤是难以想象的，但是儿子却用他小小男子汉的身体为我扛起了一片天。儿子的"学会面对"，成为我生活的座右铭，之后无论遇到什么困难坎坷，只要想起这句话，我都会重新鼓足勇气，信心倍增。

我和儿子，不仅是一个战壕里的英勇战士，而且也是亲密无间的好朋友。我们分享快乐也分担痛苦，在人生路上并肩前行。那时我常常加班到深夜，十分疲累，但当我一进家门，就会被儿子暖暖的爱融化。门口的五斗橱上摆着威化饼干、牛奶和作业本，还有一张字条："妈妈，我太困了，等不到你回来就先睡了，作业我都写好了，需要妈妈签下字。知道妈妈回来一定饿了，就吃点威化，喝点牛奶再睡。妈妈晚安！"

有这么一句话："上天为你关上一扇门的同时，也会为你打开一扇窗。"当上大学的儿子跑了十条街给我带回天津的特色美食；当远在丽水的儿子无法归来，通过快递给我寄来生日礼物；当儿子放假回来微笑着和我拥抱，我便更珍惜上天赐予我的这份独一无二的礼物了。

我在反哺的幸福中沉醉。

作者简介

　　佟俊梅，女，笔名佟俊儿，1970年生，辽宁人。现为抚顺市美术家协会会员、中国国土资源作家协会会员。曾出版个人诗集《草尖上的眼睛》、诗歌合集《中国九人诗选》、诗画集《佟俊梅诗画集》。

陪伴之后的"仰望"

陈之秀

曾国藩是近代史上有争议的人物，但其对子女的教育却留给了后人很多可供借鉴的内容。曾国藩家训中提到，可从三个地方看一个家庭的兴败。

第一，看子孙睡到几点，假如睡到太阳都已经升得很高的时候才起来，那代表这个家族会慢慢懈怠下来；第二，看子孙有没有做家务，因为勤劳、劳动的习惯影响一个人一辈子；第三，看后代子孙有没有在读圣贤的经典，因为，"人不学，不知道"。

曾国藩的家训，是我在看有关曾国藩的书籍中知道的，也曾与丑丑（爱子乳名）分享过，并常以此告诫并引导他。

丑丑刚来到这个世界时，像一棵小树苗一样，在我的精心呵护下一天天长大。然而，在他成长的过程中，我为他立下过许多规矩。

从他两岁开始，我就规定他每晚必须按时睡觉，早晨按时起床，不准睡懒觉，这个习惯基本延续至今。

我还注重培养丑丑爱劳动的习惯。告诉他，家是我们大家的，你作为家中的一员，应做一些力所能及的事情。因此，四岁时，他"承包"了扔垃圾的任务。八岁时，他在假期里一个人去卖了报纸。通过卖报，他学会了总结经验，知道在什么地方卖、卖报纸时怎么说。上初中时，他承担了洗碗的家务，甚至学着做饭。高中住校后，他周末回家负责洗碗，还能自己洗自己的衣服。

192

我也善于培养丑丑学习的兴趣。在他幼儿时期，每天晚上睡觉前，我都要给他讲故事。后来，他认字了，我就给他买小人书看。渐渐地，他喜欢上了阅读。书读得越多，他的求知欲越强，在阅读中他找到了乐趣，已由最初家长的引导、推荐，变成了自己选择图书阅读。

除了吸取前人的经验，我也有自己的一套教育方法。

教育孩子，有时要"狠"。丑丑三岁时，那是十二月底，气温异常低，感觉非常寒冷。那天，丑丑看到同伴有一个"奥特曼"的小玩具，拿来玩后，想占为己有。我告诉他，玩具是人家的，玩完了要归还人家，他不同意，反而气愤地将人家的玩具扔到了地上，自己则在地上哭闹并打起滚来。一气之下，我将他从家里拖到大门外。他居然又在地上哭闹并打起滚来，还把鞋子脱掉了。我当没看见似的进了屋。几分钟后，他爸才去看他，扮个"红脸"，将他带回来，并告诉他他的行为不对。自那以后，他再也不在地上打滚了。他也知道了，人家的东西再好也是人家的。

上小学时，丑丑觉得很新鲜，可一周后就不想去了，还装病说肚子疼。我断然拒绝，说只要不发烧，就得去上学！他又问，要是下雨呢？我回答他，下刀子也得去！这家伙狡辩说，刀子把你儿子戳死了，你就没儿子了。我说下雨就不想上学，这样的儿子没有也罢。后来，我给他讲《义务教育法》，告诉他："小孩到了年龄就要接受义务教育，不去上学，是违法的，家长也是违法的，就会被带走。那样，你一个人了，没人照顾你，你怎么生活？"丑丑似懂非懂，屁颠屁颠去上学了，还嘟囔着说："法律还管上学。"自那以后，他明白，法律是不能违反的，以后再没提不上学的事。

为避免他养成贪玩、做作业拖延的习惯，在丑丑刚上小学不久的时候，我还与他定下规矩，要求他写作业要讲质量和速度，同时，要求他不认识的字不要问我，去查字典，字典是不说话的老师。我保证只要他在规定的时间内，保质保量完成作业，绝对不擅自给他加学习内容，他可以自由安排时间玩。他遵守了规矩，我也遵守规矩。我们在互相遵守中亲密相处，和谐成长。

上了初中，这小子性格愈发开朗，多才多艺，长相还帅气。他在学校的朗诵比赛中获得一等奖，运动会上夺得200米和1 000米赛跑冠军，在艺术节上担任主持人，是校刊的编辑，还是班长和学生会干部，所以赢得了许多女生的喜爱。

一次给他洗衣服时，无意间在他的衣兜里发现了一封女孩子写给他的情书。我虽然心里一惊，却没像其他家长一般如临大敌，而是动之以情，晓之以理。对他说，年龄还小，要以学习为主，不能在奋斗的年龄选择潇洒，不然，自己会越来越弱小，越来越让人看不起。他最终接受了我的意见。

丑丑一路以来的表现令我欣慰和自豪。他12岁就在报刊上发表文章，获得全国中小学生作文比赛一等奖，和同学们一起夺得了北京电视台"SK 状元榜"节目比赛的冠军、北京大中学生建筑设计比赛一等奖，而且他还用流利的英语口语接待了 APEC 青年领袖访问团和意大利教育代表团对学校的访问。

人生幸福莫过于看儿长大、望子成龙，在此期间，父母只需要帮孩子把水浇在树根上，修剪其长歪了的枝条，待有一天他长成参天大树，站在树下，微笑着、安心地仰望。

作者简介

陈之秀，笔名蓝月，四川渠县人，现定居北京，媒体从业者。在工作期间采写了大量深度报道和名人专访，业余时间创作的诗歌、散文、小说被收入多种文集。已出版有长篇小说《成都情史》《我能不能复活》《黑夜的眼睛》《走向都市的女人》。

陪伴读书

何 郁

几乎每一个做父母的，都对孩子的未来有一份憧憬和期许，但该把什么传给孩子呢？

一个好身体，当然是第一位的。因为，即便孩子在后来的人生中真的一事无成，但只要身体好，做父母的也能心安。

第二位的是什么，或许就不太好统一。比如诚信、朴素、勤俭、正直、勇敢……但在我看来，读书应是最重要的。

我坚信，在经典里，上述的诚信、朴素、勤俭、正直、勇敢的做人品质一应俱全。真正会读书的人，不会太穷，心灵亦会真善而通达。

常想，父母百年后谁来陪伴孩子，谁可成为孩子可倚之师友？唯有经典最可靠。留万贯家财，不如留一墙诗书；留银行卡若干、房屋数间，不如留一颗聪慧的会思考的大脑。爱读书，乃尚好家风矣。

女儿的书房就是她的卧室。她很小就和我们分开睡，因为自从置办属于自己的书房后，那里就成了她的乐土。她发挥想象的力量，静静读书思考，偶尔在那里私会同学闺蜜。看她的样子，不亚于一个高贵的公主。一个小女孩的独立，从拥有一个自己的书房后就开始了。

家里到处是书。除了书柜里、三面墙的书外，我还故意把书放在随手可以拿取的地方，沙发边、床头柜上、电脑桌前，甚至马桶旁边，特意营造一种随手拿书看的氛围，帮她养成一种随手翻书看的习惯。

读书是培养孩子专注力最有效的方式之一。专注力，是影响一个人为人处世的重要因素。大凡有成就的人，其专注力必好。

有次与小学老师朋友聊天。她说你知孩子上学后的竞争力是什么吗？就是坐得住。她说，我教书几十年，最大的发现就是看到，凡是屁股坐得住的孩子，上学后就会学习，否则，再聪明也白搭。

我惊出一身冷汗。多少孩子，小时了了，大时不佳。究其原因：坐不住呀！

之后，我和妻子商定，以后上街，要多把孩子往书店里带，往图书馆里带，要少带孩子去商场，那种富丽堂皇和灯红酒绿，会乱了孩子的心性。

久而久之，习惯成自然。一到放假，女儿就会嚷嚷去书店看书。女儿在书店就像羊儿欢快地奔向青青草原一般。于五花八门的书间，或席地而坐，或紧靠书架，或站立纹丝不动。那次，女儿身穿一件绿 T 恤，蹲坐在五彩斑斓的书前，后面米黄色的书架，和女儿一起构成了一幅美好的图画。她专注的神情把我打动了。

一次，突然听见女儿哭了起来，吓我一跳。问其缘由，原来她正在看《苦儿流浪记》，她抽泣着告诉我说故事中人物小雷米太可怜了！

看到女儿一脸泪水，我的心随之融化。在岁月的长河中，在女儿的成长里，我也一脸泪水。

有时间，与孩子多读书吧！没时间，也与孩子多读书吧！

作者简介

何郁，北京市语文特级教师，北京作家协会会员。现任北京市朝阳区教研中心语文教研员。曾参加多种语文教材的编写和审定工作，出版专著多部，其中有诗集《在有用与无用之间》，文集《中国古代哲学十五讲》《高考作文18讲》等。

最好的爱是陪伴

李三清

我喜欢网上购物，所以经常和送快递的人打交道。有一次，我买了几本书，送快递的是一个大姐，还带着一个两岁多的小男孩。

大姐衣着朴素整洁，皮肤黝黑，喜欢咧着嘴笑。小男孩瘦瘦弱弱，见人时怯生生的，直往后躲。

我问大姐，怎么带着孩子出来送快递呢？她笑笑说，家里没人带，我就带出来了。说完，她把小男孩放在电动车后座上，骑着车走了。看着他们远去的背影，我感觉有点心酸。

后来，大姐又给我送了几次快递。有时，我要寄东西，也会特意找她。渐渐地，和大姐熟悉了，我才得知，她老家在贫困山区，丈夫在建筑工地打工。为了带孩子，她只能找个送快递的活儿，天晴还好，下雨天，母子俩经常淋得一身湿。她起早贪黑送快递，孩子没有机会和别的小朋友玩，所以胆子小，怕生人。

大姐说这话时，脸上满是愧疚的表情，眼角都湿润了。她没文凭，没手艺，却坚持将孩子带在身边照顾陪伴。我不禁惭愧得无地自容。老公一个人上班，我全职在家带孩子，却经常抱怨孩子拖累了我的事业发展，没能实现我的自我价值。

我脑海里浮现出生活中很多片段。有时，我正专心致志地坐在电脑前敲打一篇文章，孩子跑过来，要我和他玩赛车，我会大声呵斥他，妈妈正忙着写文章呢，没时间陪你。有时，我正在厨房洗菜，切菜，准备晚餐，孩子跑过来，要我和他一起看动画片，我会说，妈妈正忙着做饭呢，没时间陪你。有时，老公在家加班，孩子在旁边吵，老公会说，爸爸正忙着工作，没时间陪你。

送快递的大姐让我茅塞顿开：对孩子来说，大房子、精美的玩具都不重要，最好的爱是父母全心全意的陪伴。

从那以后，只要不下雨，我每天上午都带孩子在小区里和小朋友们玩耍，参与他们的活动。无论多忙多累，晚饭后，我们一家三口都去附近的公园散步。一路上，我们教他认花识草，找蚂蚁，捉蛐蛐，给他讲解交通规则。我们在公园里和孩子追逐打闹，嬉戏欢笑。听着他银铃般的笑声，看着他欢呼雀跃的模样，我心里像蜜一样甜。

周末，我们陪他在游乐场坐旋转木马，荡秋千，玩滑滑梯，开碰碰车，划船……刚开始，他会害怕，不敢玩，慢慢地，他卸下防备，玩得乐不思蜀，还招呼我们和他一起疯玩。

渐渐地，孩子的身体素质越来越好，很少感冒生病。刚两岁半，出门就都是自己走，不用我们抱。孩子的性格也由原来的内向自闭变得外向开朗，面对陌生人也不怯懦，和小朋友也相处融洽，懂得分享玩具和零食，不欺负比他小的孩子。他以前说话一直比较迟缓，性格变开朗后，胆子大了，话也变多了，口齿也变得清晰了，还学会了唱儿歌、念唐诗。

很多年轻的父母，为了给孩子创造好的物质条件，要么把孩子丢给老人、保姆照顾，要么每天行色匆匆，顾不上孩子的变化和成长。其实，对孩子来说，最好的爱，是多一点时间陪伴。

作者简介

李三清，籍贯湖北省红安县，现居湖南省张家界市。湖南省作家协会会员，睿特写作培训网校讲师，当过记者、编辑。

孩子需尊重

水纤纤

很多父母会遇到这样的情况，忙碌了一天回到家，看到孩子只顾着玩，不做作业，或者把家里弄得一团糟，打烂了花瓶……

你是不是有股发火的冲动？忍不住要痛骂做错事的孩子一顿，认为这样就会让孩子不再犯同样的错误。

殊不知，你对孩子使用语言暴力，会给他造成不良的心理影响。在家里遭遇语言暴力的孩子，会变得没信心、叛逆、消极、懦弱。这样的结果，是任何一个家长所不愿意看到的。

前几日，去一个同学家做客。她同时邀请了几个朋友，都带来了各自的孩子。我们聚在桌子前喝茶、吃水果、聊天，孩子们就在一边玩游戏，欢笑声充溢着整个大厅。

同学家的孩子是一个八岁的男孩，一不小心把比他小四岁的弟弟推倒弄哭了，小弟弟的胳膊还磨破了皮。小弟弟的妈妈闻声而来，手忙脚乱地帮孩子清理伤口，温柔地安慰"肇事"男孩。男孩妈妈却叉着腰，开始数落自己的儿子："你这个混蛋，怎么这么调皮呢？我的脸都被你丢尽了，成绩又差。你什么时候才能让我省点心啊？！"

男孩狠狠地白了他妈妈一眼，眼神里带着愤怒和委屈啪地关上了房门。

"你还发脾气！我怎么会生出你这种蠢货？"男孩妈妈当着我们的面，把孩子损得一无是处，让他的自尊心受到了严重的伤害。

我听得背脊阵阵发凉，她怎能以羞辱孩子的方式进行教育呢？于是，我悄悄地从门缝里偷看那个孩子，看到他坐在床头抱着膝，倔强又委屈的小脸深深地埋在了膝盖上。我突然感到很心疼，想起自己也曾经用语言深深地伤害过孩子。当时因为琐事心情不好，孩子又到了叛逆期，我就对他说了一些难听的话，现在感到很后悔。

面对孩子做错事，很多家长都会觉得伤透了脑筋。说重了，怕伤孩子自尊，说轻了，又怕他不当一回事。当然，如果是孩子无理取闹，或者做了违反原则的事，父母就不能一味地去迁就他了，否则只会让孩子变得更加任性和不听话。

孩子的坏习惯是从小养成的，所以当孩子第一次做错事时，父母就应该要严厉地管教，但是不能使用语言暴力。你可以没收他喜欢的玩具，以不给他看电视作为惩罚，但一定要让孩子明白什么是错误的行为，并及时纠正。

我们必须要承认，不是孩子骂了就能教好，我们只是还没有足够的耐心与方法。"教好一个孩子"的方法有很多种：直截了当地告诉他，你认为什么是应该的，什么是不应该的；听他说他自己做错了事情的感受，别总以你自己的角度与臆想去武断评价；当他遇到问题时，要站在他身后支持他，用温柔和坚定去守护你的规则，指出他的错误，但不必张扬，不要乱给他贴"标签"；当他做对了事情时，别吝啬对他的认可和赞美，要记得肯定他每一个微小的进步。

教导孩子要尊重父母的同时，我们也要尊重孩子。沟通与理解多始于尊重；争吵与误解多源于轻视。希望当孩子做错事时，身为父母的我们能再多一些耐心与尊重。

作者简介

水纤纤，广西作家协会会员，南宁市作家协会理事。鲁迅文学院西南六省（区、市）青年作家培训班学员。有作品一百多万字发表于报刊以及计酬文学网站。已出版长篇小说《凤凰纪事》《一代女御厨》，即将出版《7招唤醒女神气质》《飞越时空爱上你——战国之恋》。

永不言弃

常海军

我的家族人口较少，没有家谱传世，也没有传统的家风家训。但有一种"永不言弃"的精神，始终伴随着家族成员努力前行。

父亲20世纪50年代高中毕业后曾报名参军，却因政审不合格，未能如愿，后来只好考大学参加工作了。1959年8月1日，大哥呱呱坠地。为了纪念这个特殊的日子，父亲为自己的长子起名"建军"，希望他将来能当兵，并由此组建"家庭部队"。遗憾的是，迫于生计，大哥后来"内招"进了矿山，当起了煤矿工人。

我是老二，父亲为我起名"海军"。大学毕业时，某炮兵学院前来招收学生兵，我以"优秀毕业生"的身份被母校推荐，也被军校看中，可叹我血型特殊，且面部有明显的伤痕，体检不合格，而与军人失之交臂，只好弃戎从文。

老三"陆军"与老四"空军"，学习优秀，体格健壮，少时偶觉，曾为父亲带来过希望。可1976年一场地震与洪水，造成他们同时夭折。父亲的希望再次成为泡影。老五"东军"，取"毛泽东的军队"之意。可怜他先天心疾，发育不良，只好留在父母身边彼此照应。

父亲的心愿未能实现，就用特殊的方式来弥补缺憾。从"建军"开始，他就让我们兄弟穿军式童装。20世纪70年代时，我们兄弟已排成梯队。逢年过节，父亲让我们按照各自的"兵种"着装，俨然一个军人之家。此外，父亲还在每年的8月1日召集"五军"聚会，共庆"建军节"，共过"军事日"，借此表达他对军人的崇敬和向往。直到后来两个儿子夭折，三个儿子天南海北地工作，才不得不中止。

尽管如此，每年8月1日，父亲还是会给我们兄弟打电话，召开电话会议，进行"网上阅兵"。父亲这种永不言弃的精神，像一块烧红的烙铁，烙印在我的心灵深处，给我的灵魂打上了深深的烙印！

我读高中的时候，母亲和年幼的五弟东军已随父亲"农转非"，进城吃商品粮，大哥也早已在煤矿工作，只有我还在老家读书。那时，父亲所在的煤矿，有最后一次内招机会，父亲回家和我商量，是内招当工人，还是继续读书，参加高考。

那个年代，能够内招当工人，跳出农门，是许多人梦寐以求的事。大概也正因为如此，父亲才回家征求我的意见。那个时候，从小酷爱读书的我，正做着读大学，然后当记者、当编辑、当作家的美梦，因此面对父亲的询问，我毫不犹豫地回答，继续读书，参加高考。

父亲语重心长地说，你要想清楚，这是单位最后一次内招，如果招工进煤矿，你就可以离开农村，再也不用担心以后没工作而留在老家种地。我倔强地告诉父亲，哪怕以后留在老家种地，我也要继续读书。父亲看看我，咽下了后面的话，继续供我读书。

第一次参加高考，因为偏科，数学才考了二十多分，我落榜了。父亲得知消息，二话不说，进城给我买回了一本历年的高考数学试题集，让我将上面的考题做三遍，将不懂的地方想方设法弄明白。

第二次参加高考，我这个文科生比同校理科生的数学还考得好，顺利地成了一名大学生。

为了实现自己的梦想，读大学的时候，我已经开始在《洛阳日报》发表作品，成了校园里一个小有名气的作者。大学毕业后，我以优秀毕业生的身份被分配到洛阳医专党委办工作。但是从小就做着文学梦的我，在父亲永不言弃精神的鼓舞和影响下，不安于按部就班的生活，工作之余，依然勤奋地写作，不断发表作品，一步一个脚印，坚忍不拔地朝着自己的文学梦跋涉。数年之后，通过自己的努力，我终于梦想成真，成了一名作家，一名记者，后来还做过两个期刊的主编。

我的爷爷曾经吃过没有文化的亏，为了改变家族的命运，在我父亲结婚之后，他还想方设法贷款送我的父亲和母亲继续上学。我的父亲成了村里第一个大学生，我的大姑、小姑读了师范，就连小叔也读到了高中毕业。

父亲永不言弃的精神大概来自爷爷。他又将这种精神传给了我。如今，我的女儿在法国留学读博，她也有了一个可爱的女儿。生命就像一条河。我相信，女儿会潜移默化地将我们家永不言弃的精神传下去。若干年后，我们的外孙女也会拥有她自己渴望的人生。

作者简介

常海军，笔名长江，中国作家协会会员，广西作家协会副主席，南宁市政协文史委副主任。曾任《儿童创造》杂志社总编、《红豆》杂志社社长、南宁市文学艺术界联合会副主席、南宁市作家协会主席。出版独著作品集3部，合著作品集28部，在《人民文学》《奔流》《儿童文学》《儿童时代》等报刊上发表作品数百篇。获陈伯吹儿童文学奖，广西文艺创作"铜鼓奖"。

传　承

黄　珂

　　带着儿子在外吃完晚饭后，回到儿子学校门口，等他骑回白天放在路边停车点的自行车。看车的人离儿子放车的地方不近，甚至可以说那个人当时根本注意不到儿子取车的位置，如果存在侥幸心理的话，儿子完全可以不交保管费而直接骑走自己的车子。

　　我静静地在一旁观察着，只见儿子推出自行车并没有就近走下台阶作一溜烟儿状，而是径直走向那位看车人，递上备好的五角钱，远远地我看见儿子的双唇在街灯下做出"谢谢"的嘴型……

　　在那样一抹夜色中，我着实觉得儿子的形象远超他一米七五的身高，儿子真的长大了。

　　教育家苏霍姆林斯基曾说："每瞬间，你看到孩子，也就看到了自己，你教育孩子，也是在教育自己，并检验自己的人格。"在为儿子的行为感到欣慰之余，我也在自省——在我们成人的思维世界里，有时候真的会存在某种侥幸心理。

　　由儿子主动交看车费我首先想到的就是，偶尔会看到停车场看管汽车的人追着一部疾驰而去的汽车，乞求似的只为要回那几块钱看车费，有时甚至同时会听到旁边有人小声嘀咕："车都买得起，干吗还不交停车费？！"语气里满是鄙夷。

　　有一次去买菜，那个小摊儿的生意不错，当我拿到称好的菜并数完摊主找的钱时，发现多了几块钱。也许是因为买家太多，摊主忙得算钱算昏了头。我的侥幸心理便开始作祟，还回，还是昧掉？我和"我"瞬间开战，多出来的几块钱又可以白白地多买一把菜咯，转念又想，卖菜的人每天起早贪黑地营生真的不容易啊！

将心比心，短短几秒钟的时间内，退回多找的钱的那个"我"最终胜出！回家后，我把这个"小插曲"告诉了先生和儿子，得到了家人的一致点赞。我想，这应该也是对孩子的一种现身说法吧。

父亲是山东人，我和弟弟从小都"沐浴"在他严厉的孔式教育之中，父亲尤其强调做人不能撒谎，不能贪小便宜，其实就是现在所说的"诚信"和"格调"。

小时候，因为爱极了毛茸茸的小动物，我曾把院子里一位姐姐家的猫咪偷偷地抱回家，想据为己有，当听到它的主人满院子凄凉地呼喊着"咪咪，咪咪"时我也无动于衷，我甚至还把猫咪捂进被窝中，不让那位姐姐听到它"喵喵"的回应声。后来，父亲发现了我的鬼祟行迹，立刻"勒令"我把小猫还给姐姐并诚恳道歉，然后，再在我屁股上留一个巴掌印儿以告诫我要铭记教训而省言行。

走上工作岗位以后，我主要从事阅读推广文化活动的策划执行工作。这项工作除了日常筹谋，具体的活动大多要在节假日开展，有时候我会因为事情太多而疲惫不堪，在与母亲的通话中难免有些小小的情绪，母亲则对以四字：吃亏是福。然后她会笑着开导我说，工作做得多是一种学习和积累，自己学会调剂便好。想想也是，童年住平房大院时，我常常一个人抡起扫把就将院里十几户人家的门前收拾得干干净净，那时候压根儿不认为多做工是吃亏，只觉得畅快淋漓，只觉得快乐无比，长大后怎么就变得有些本色流失了似的，反而还要向儿子学习了呢？

儿子如今已经是个15岁的翩翩少年了。在父母面前，孩子永远是孩子，但在家庭教育中，就算心里一直觉得孩子没长大，做父母的也应该让孩子有一些秉持主见的自主行为。孩子也许会做一些"让我欢喜让我忧"的事情，

206

但孩子毕竟是一个人格独立的个体，只要常督其改错订正即可。"吃苦头长记性"也是成长中一个必需的过程。孩子可以有自己的想法和作为，至于这种想法和作为效果如何，关键还在于孩子是否接受了家庭环境，亦即家风传承的持续良性影响。

作者简介

　　黄珂，中国图书馆学会会员、南宁市作家协会会员、南宁市文艺理论家协会会员、南宁市青少年科学技术协会理事会理事。发表诗歌、散文、教育类文章和新闻通讯近700篇（首），策划主持阅读推广活动千余场，创办朱槿花女子读书沙龙。

勤俭与面子

陈 纸

我是独生子，但在记忆中，却从来没有沾上过作为独生子的娇宠。一年到头，家里也就是年底请一次裁缝来做几件过年穿的衣裤。父母请裁缝做的衣服很少，母亲一两件，父亲更是一两年难有一件。

父亲勤俭。常挂在嘴边的话：还能穿，还能穿。他去世时，上身穿的是一件掉了两粒纽扣的衬衫。半年后我到城里，带了一个枕头，里面塞的是父亲生前穿过的旧衣裤。枕着它入睡，我总会很踏实，这个"旧衣枕"伴我很多年。

母亲勤俭。小时候我上树掏鸟窝，不小心将衣裤挂破了。母亲不给换新的，让我自己用针线补了再穿。我不知道当时的针是如何穿着染了委屈与泪水的线将衣裤缝补好的。一直记得，屋外大雪纷飞，母亲在灰黑的卧室里就着窗外透进来的一束亮光纳布鞋。母亲亲手做的布鞋厚实、结实、暖和，一双鞋我一穿就是三四年，到了初中才穿上解放鞋，参加工作领了工资后才自己买了第一双皮鞋。

我也勤俭。父亲生前话不多，但每一句都能触动我。他说的另一句话：只要勤快就饿不死人。我谨遵父命，认真读书，努力写作，诚信做人，静以修身，俭以养德。虽然淡泊和宁静得还不太超脱，但我却以勤俭的心做了许多有用的事。

我没有参加高考，却因为有写作特长，成了当时中国青年报刊界唯一一位高中学历的记者和编辑。后来，又通过两年半的自学，我拿下了广西师范大学汉语言文学专业的学历证书。

如今，家庭生活好了很多，平日还有不少稿酬进账。忽然发现，是勤劳俭朴让我有了读者点赞，有了社会地位，有了今天的心志。

我也劝儿子勤俭。有一次儿子问我，你也算是一个作家，平时交朋结友也多，为什么不买一辆轿车，这样也有脸面？

我知道他的用意。他也想像其他同学那样，被父母开着轿车，风光或低调地到学校门口接。我回答说，脸面是自己给自己的，不是靠别人的打分。一个作家的脸面是好作品，一个学生的脸面是好成绩。

我跟儿子讲，无论何时，都不能忘记勤劳俭朴，不管将来读什么大学，从事何等工作，面对怎样的环境，勤劳俭朴都是你一生的脸面。

勤俭，是致富的秘诀；奢侈，是衰弱的起点。父母将勤俭传承给我，我把勤俭传承给儿子。我当然希望儿子将来也能把勤俭传承给他自己的孩子。如此，我们脸面十足。

作者简介

陈纸，本名陈大明，中国作家协会会员、广西作家协会理事，鲁迅文学院第八届中青年作家高级研讨班及第七届全国中青年文艺评论家高级研修班学员。发表长篇小说《下巴咒》《逝水川》《原乡人》，出版中短篇小说集《天上花》《少女为什么歌唱》《玻璃禅》《问骨》等。

昆明街头那场雨

周淑艳

2014年暑假，女儿初中毕业，我们一家三口外出云游，赴滇转浙入闽，从川流不息的丽江古城到淳朴幽静的闽东山村，从澄净如玉的泸沽湖到烟波浩渺的瓯江。我们在温州街头的榕树下悠然散步，也在寿宁廊桥上闲看锦鲤游泳。从祖国的西南到东南，行程万里，自然景观、人文古迹、时尚潮流、民风民俗，逐次入目入心，堪为一场盛宴。

我自以为，这收获颇丰的旅行，会成为女儿成长中一段尤为珍贵的经历。然而，女儿念念不忘的却是昆明街头的那场雨。

夏季的昆明是湿润的，那是一种明亮的湿润。那天，昆明用她特有的沥沥细雨迎接我们。我们到昆明的唯一目的是去翠湖公园。小学语文课本里有一篇课文叫《老人与海鸥》，讲的是一个真实的故事。昆明一位独身老人爱鸥至深，省吃俭用将每月退休金的一半用于喂食来翠湖过冬的海鸥，"老人每天步行二十余里，从城郊赶到翠湖，只为了给海鸥送餐，跟海鸥相伴"。老人去世后，当人们将老人的照片置于湖畔时，惊现群鸥吊唁守灵的奇观。后来，市民自发捐款在翠湖边为老人塑了一尊雕像。女儿对那一课印象尤为深刻。作为小学语文老师，每每教到那一课，我都心生温暖和感动，拜谒"海鸥老人"成了我们母女共同的心愿。那一天，在老人塑像前，在沥沥细雨中，我们向老人的雕像深深致敬，多年心愿终于达成。

游完翠湖时已近黄昏。我们住在机场附近的宾馆，想回去就要出城老远。

彼时，正是下班高峰期，又逢着雨天，竟无论如何也打不到车。试着给宾馆打电话，问能否帮忙找车。对方痛快答应，要我们静候。

没了后顾之忧，我们便在公园对面一个报刊亭边悠闲地看街景。偶然与报刊亭内的老板目光相遇，那位大叔指了指旁边大伞下的长椅，示意我们坐。我们拱手致谢后，坦然坐下，一柄大伞遮出了一方晴空。坐在陌生的街头，我的内心一片祥和。马路上人来车往却毫不喧嚣。雨中的人们没有显出慌张和匆忙，脚步从从容容。街道并不宽阔，车辆按序徐行，没有刺耳的鸣笛，没有惊心的急刹，即便有车意外熄火，后面的车辆也都耐心等待，没人催促。五颜六色的雨伞错落绽放，在街上起伏流动，正小声地演奏着一支舒缓、动人的乐曲。

在那座初识的城市，在黄昏的街头，我们看昆明的雨不急不缓地下，看昆明的人不慌不忙地行，感受着那座城市的善意与随和，心中有说不出的闲适、自在。或许是那种闲适与自在慢慢浸润于女儿心头，或许是昆明人淡定从容的生活态度契合了女儿的内心，那寻常街景对她的影响竟超过了万千名胜。

又一个暑假，我们回乡下老家踏踏实实地住了一段日子。女儿很小的时候一直在那个叫瓦屋的村庄里生活，对那里的一草一木、一家一户、猫狗鸡鸭都熟悉得很。尽管女儿已经长成大姑娘的模样，乡人见了她还亲切地唤她的小名儿。平日闲暇时，我已经很难将长成大姑娘的女儿从手机里拉出来了，但那天，我让她随我到附近的村庄转转，却没费多少口舌。骑上电动车，我带着她去看望一个个熟悉的村庄。村庄密集，骑行从一个村到另一个村不过三五分钟。我们边行，我边给她讲那些村庄的过去，讲我清苦而丰富的童年。里庄村外，女儿曾经在那里上过学的学校校舍已显陈旧，小学生都已搬到现代化的教学楼里学习。教室前的那棵树已经变得高大粗壮，女儿记得她当年曾把一只沙包扔上天，沙包落在那棵树的树杈上，怎么摇晃也下不来。路庄村是一个特别小的村庄，那里有我要好的伙伴，五年级时，她曾把煮熟的鸭肉带到学校，我们在自然课上偷偷分吃。大友堡村小学校已不存在，原址上建起了民房，我小时候在那学校里读过三年书，工作后在那里教过两年学，过了二十年那村的百姓见了我还会打招呼。

女儿随我在那些与她隔代相连的村庄穿行，听着那些并不遥远的故事，安稳而喜悦。此后每天，我们都会骑着电动车四处转一转，摸摸秧上的西瓜，摘摘架上的西红柿，去邻村赶集，到闸口看水流南去。这个生活在霓虹闪烁的钢筋丛林中的孩子爱上了这样的生活，她说这是幸福的模样。但我知道她和她的未来都不属于这里，这一代的孩子有更为广阔的世界。

我希望女儿将来不论走过多少路，看过多少风景，都不失对平凡与安宁的感知，不失对善良与乡情的热爱，不论身处何种境地都能永葆一颗欢喜的心。哦，昆明街头的那场雨也要一直明亮地下下去。

作者简介

周淑艳，女，小学教师，天津市作家协会会员，《运河》杂志副主编。

今天该怎样做父母?

刘晓珍

当下中国社会，凡是家里有孩子的，哪个父母不关心孩子的教育、成长？但是具体到怎样教育孩子、让孩子怎样成长，又公说公有理，婆说婆有理。大体分为两派：一派严厉抨击应试教育，说戕害了孩子，孩子本性天真活泼，该给孩子"快乐童年"，让孩子释放天性，自由生长；另一派主张孩子需管理，严格些也不要紧，没有哪个树苗是不斧正就长成材的。我该算是"严格"派。

我的孩子是男孩，四岁时他父亲还是军人，周日几个同事约了出去吃饭，他听见闹着要去。几个人出去是喝酒，这种场合带个这么大的孩子显然不合适。我说："咱们不去，我在家里给你做好吃的。"孩子不依，自己找出套干净衣服换，还说出门要穿得干净些，就要跟着去，到饭店吃得好。他父亲换了便装要走，他紧跟上，告诉他不能去，但他不依不饶怎么也劝不住，还抱住他父亲腿。他父亲生了气，拉他屁股暴打。他还不依，我便把他推进卧室，从外面挂上锁。丈夫是在他撕心裂肺的哭声中去聚会的。中间丈夫不放心，来电话问他还哭闹吗，我说没动静了，打开门看，哭累了自己睡着了。丈夫回来看见他肿起的小屁股心疼不已，我说打了就别心疼，关键要让他知道规矩。

我平时对他要求较严，吃饭时不许他在菜盘子里挑拣喜欢吃的，只准夹靠近自己位置的部分。五年级时学校组织到外地进行夏令营，一个星期。一周后他回来了，人晒得黑，脸也拉着，不高兴地抢白我："都怨你，平时教育我要守规矩、有教养，可倒好，吃饭时十人一桌，像肉丝炒蒜薹、肉丝炒雪里蕻、鸡蛋炒西红柿，总有几个动作快的下手挑肉丝、抢鸡蛋，我一周基本都没吃到肉和蛋。"我问一桌有几人抢，答曰六七个。不抢的是少数？我们现在的家庭明明过了缺吃少穿的时期啊，怎么会把孩子教育成这样子？我笑说这样恰恰说明我教育你的没错，你讨厌不让人、疯抢的，如果你也这样，你们同龄人在一起都这样，你们怎样相处？儿子皱眉想想，说："是啊，要是都是这样一群人聚在一起，该讨厌死了。"

不赞同我对孩子严格教育做法的大有人在。一次坐公交车时，一个老奶奶从幼儿园接四岁多的孙子放学，老奶奶站着，把位子给孩子坐着，问在园里一天都吃了什么，当听说中午是肉卷，一个人只给俩时，奶奶关心地问："你没饱吧？又找老师要了吗？"孩子说："老师发前规定一个人只给俩，再想吃就吃馒头。"奶奶说："你举手再要啊。"孩子说："举了，没用。"奶奶气愤地说："啥幼儿园？我们交了钱，还规定量，不管饱！赶明儿再吃你喜欢的包子、肉卷，分得不够你就举手，老师不给你就一直举着不放，胆子要大，别让老师的话给吓回去！还不行，下回奶奶找他们去，为啥不让孩子吃饱？"我看着那个体重明显超标的小孩子，心里一阵悲哀，家长培养出这样不守规矩、一点亏都不肯吃的孩子，大了能好吗？

在地铁、公交车上，常常能看见分明是祖孙的一老一小。老人背着书包，一只手还要拿着装零食的小兜子，如果有了一个座位，老人会招呼孩子赶紧坐，自己站着；挺大的孩子空着手，安然自得地坐在座位上，丝毫没觉得替自己背负重物的爷爷奶奶姥姥姥爷站着有何不妥。

孩子再大些，成人了，进入单位，早晨早到了把电脑一开，打游戏、购物、网聊，看着比自己老的同事打水、扫地、拖地，心安理得，丝毫没想过对于打扫办公室卫生这种事情，作为职场新人的自己是否该动动手，似乎那是和自己毫不相干的琐事。回到家，享受着父母端到跟前的饭菜，还嫌这个菜不合胃口，那个饼不松软，丝毫意识不到这是在啃老。该成家了，父母出钱买房是应当应分，谁让房价高得自己根本承受不了？你养了我不给我买房怎么成？等到结了婚有了孩子，老人给子女照看孩子成了天经地义，不给照看反而天理难容。经常听到媳妇、女儿埋怨婆婆、妈妈带孩子带得不中自己意，却丝毫没意识到那已经隔了一代，父母根本没有带的义务。

　　每每看到这样的年轻一代，我都在心里暗问：新一代成长成这种样子，究竟谁之过？

作者简介

　　刘晓珍，天津市作家协会文学院第五、六、七届签约作家。在《北京文学》《青年文学》《大家》《山花》《红岩》《天涯》《广州文艺》《解放军文艺》《作品》等杂志发表小说几十篇，作品被《小说月报》选载。

像个孩子似的

李耀岗

儿子出生之后，一直与我们在一起，从小不点儿开始到渐渐长大，甚至已经快要赶上我的高度，让我总觉得孩子正在加速向成人迈进，在加快脱离我们羽翼荫庇的步伐。

孩子的快速长大，有时候也会加剧我作为父亲的小小恐慌：当他越来越有主见，并不服从于我这个父亲的权威时，我该如何面对一个急剧生长变化的孩子。那些关于父亲与儿子成长关系的教育理念，就像是关于孩子成长的预判一样，加剧着我的不安。

诸如，爸爸的素质有多高，孩子就能飞多高；父亲的现在决定孩子的未来；穷爸爸，富爸爸……

所以，我不得不小心起来，认真面对如何做一个父亲，如何对待一个渐渐成长、越来越具叛逆精神的青春期的男孩子的问题，好像自己这边稍有一点闪失，就会耽误孩子的未来一样。

对于父母和孩子来说，都是第一次扮演人生中父母和子女这样的角色。没有谁是先知先觉的人，我们都是凭自己的生活经验，由着自己的性子，本色出演。

或许，初为人父，初为人母，初为人子，我们彼此都入戏未深，尚无经验，难免磕磕绊绊，但等到进入角色之后，却大都可以施展开来，顺利演好自己。扮演父母子女这样的角色似乎并不难，但是想要在演出中出彩，就需要不断领悟角色，把握角色本身的秘密。

与同学、朋友交流，话题总是绕不开孩子。有的朋友的意见比较中肯，有的同学的看法颇有道理，但议题常常都不免集中于：我们为什么不能用孩子需要的方式去爱他呢？

做了父亲的朋友义正词严："你的今天，孩子的明天。你今天对孩子喊，就别怪他明天对你叫；你今天对孩子没耐心，就别怪他明天对你不耐烦；你今天训孩子不如别人优秀，就别怪他明天怨你不如别人爹妈有权势；你处处苛求孩子完美，就别怪他自卑懦弱；你习惯打骂孩子，就别怪他崇尚暴力或奴性十足；你自己界限不清，就别怪他不负责任。"

做了母亲的同学一往情深，表示父亲应该给孩子他能懂的爱和真正的爱，并回忆起她自己的父亲："是老爸讲的故事陪伴我长大，给我鼓励，让我自信，是老爸一直坚定地相信他的'丑小鸭'终会变'白天鹅'。是老爸在我小时候背着我逛街、看电影、逛公园……在那个生活并不宽裕的年代带我到市里唯一的一家冷饮厅吃冰淇淋，他却满足地坐在旁边看我吃。小时候发高烧，半夜总是老爸给我喂水喂药，做我最爱喝的西红柿鸡蛋汤。"

我们都希望等孩子长大后，他们的回忆里充满了亲情的温暖，而不是来自亲情的伤害。我们和孩子一起相处的时光其实并不多，等他们远走高飞之后，你会发现抓在你手里的那根线终究无法牵住他们。与孩子在一起的时光是人生中亲情浓郁的瞬间，它给足了我们善意、美好、感动和爱的理由。而善意和美好其实是在一起的，有善意的人不舍得踩踏、毁坏美好的一切。所以，我们应该把心放下来，学会认真与孩子相处。任何一种状态的生命，不管是植物、动物，还是我们的孩子，都应该被祝福，陪伴他们健康快乐地成长，就像呵护一朵花开放一样，对待孩子需要这样艺术的眼光和胸怀。

我想起了在孩子尚小的某个时刻：我调整椅子，让坐在椅子上的自己的高度与孩子一样，孩子在周围嬉戏，目光所视高度与我一致。原来孩子的世界就是一个放下架子的世界，尘世的烦恼都抛在了大人们的高度，我仿佛也回到了孩子的世界里。

那一刻，心无喧嚣。我也是"孩子"，那些高我一头的虚伪与崇高，与我无关。所以，作为家长，像个孩子似的，就是与孩子一同成长，用孩子的方式去爱孩子，用心为孩子付出时间、付出经验、付出耐心，这样我们不仅可以见证一个生命的成熟，而且还可以余出闲暇时光来欣赏一个生命的成长。

像个孩子似的，就应该以宽容的眼光看待孩子的成长，看待他的诸多不合时宜，控制住家长莫名其妙的烦躁和不安。像个孩子似的，对父母来说也许是不错的选项。

作者简介

李耀岗，笔名竹杖芒鞋，男，1972年生，天津作家协会会员，曾发表小说、诗歌、散文若干，出版散文集《时光的温度》《竹杖芒鞋》。

爱他，就激发他

邹元辉

新年来临之际，我年仅四岁半的儿子可谓是出尽了风头，不仅在全国儿童蜡笔画的考级中一次性通过了二级的考试，而且有两幅作品被当地少年宫选中，悬挂在电影院中展览。现在儿子认识的汉字多达三百个，算数已能准确算出连加或连减的答案。

记得儿子两周岁时，看着同事的小孩都早早地进入"学海生涯"。我也匆匆到书店购买了一套识字卡片，摊在桌上冲着儿子叫道："顺顺，快过来，我们开始上课学习了。"

小家伙刚开始觉得挺新鲜的，高高兴兴地跑了过来，双手一背，笔挺地坐在了小板凳上。可才认了三四个字后，就十分干脆地把卡片一推，说："我不要学了，我要去玩了。"无论怎样哄他、吓唬他，都不奏效。怎么才能培养起儿子的学习兴趣呢？

和爱人商量后，我决定不采用"填鸭式"的灌输方法，而是先从给儿子营造良好的学习氛围着手，从"要他学"向"我要学"转变，去引导他养成主动学习的习惯。

于是，我和爱人每天晚饭后，就轮流去图书馆看书。没几天，儿子就满脸疑惑地问道："爸爸（或妈妈），妈妈（或爸爸）去哪里了，为什么不陪我玩了？"我们便用同一种答案答复儿子："妈妈（爸爸）去图书馆看书了。"

时间一久，儿子就开始对那图书馆充满了好奇心。终于有一天，儿子晚饭后，提出去图书馆的要求。我们故意磨上两三次后才作出"让步"，带儿子去了图书馆。

在浩瀚的书海中，我先给儿子挑选了几本画报。刊物上那一张张绚丽多姿的精美图片，让孩子大开眼界。雄伟的天安门实景照片比他爸爸我之前讲述的更为直观、更为壮丽；各种憨态可掬、从未见过的小动物图片更给儿子带来了诸多的惊奇。一个小时很快就过去了，儿子首次如此长时间地连续看书。

之后每晚去图书馆看书成了儿子的必修课，渐渐地，他在不知不觉中感受到读书的趣味性，开始融入图书馆那静谧而浓厚的学习氛围中。后来，他又逐渐完成了从只看图片向学文字的转变。求知欲攀升的过程中，短短的三个月时间，儿子便掌握了近六十个汉字，并养成了每天晚上看书学习的习惯。

画画是儿子的一项爱好和特长。最初根本没想过让孩子学画画。原因很简单，因为我和爱人都是"画盲"，无法指导孩子画画。可半年前，儿子在做数学加法题时，突然对我说："爸爸，今天我不想做数学题了，我想画画。"

我疑惑地递给了他一张白纸，儿子接过后，就伏在案上认真地画了起来。虽然画线弯弯曲曲，但总体还能看得出来是只小鸡。儿子高兴地对我说道："爸爸，今天老师教我们画小鸡了。"

之后，每晚画画又成了儿子新加的课程，对他的那些"抽象画"，我不但不指责，反而时不时地对一些能看得懂的"杰作"予以充分赞赏，助力他想象力的自由发挥。另外，我还适时在暑假前，给他报了假期美术学习班。没想到，儿子居然没有遗传我们的"画盲基因"，上交的多幅作业都被老师作为优秀范例讲解。"无心插柳柳成荫"是一种意外的快乐。

父母都有望子成龙、望女成凤的夙愿，但能够成龙、成凤的孩子毕竟只是少数。尽量不要替孩子设置过高的目标，更不要给孩子预先设计好成长的轨道。那种"填鸭式"的知识灌输方法绝不是通向未来成功的捷径。

当我们理解了"权威不是真理"这句话的真谛后，就会把一颗平常心融入孩子的日常生活中，决不粗鲁地干涉孩子的兴趣。

父母以身作则，有意引导和帮助孩子，少几句责骂与唠叨，多几句赞赏和鼓励，将横眉竖眼幻化成殷切和善。这是一种激发，如同给孩子打开一个能量开关。靠着那些能量，我们的孩子将成为能够克服困难、战胜自我、奋发图强的小英雄。

作者简介

邹元辉，男，1970年生，浙江省作家协会签约作家，鲁迅文学院第十五届中青年作家高级研讨班学员。发表作品120万字，著有长篇历史小说《雄镇海战》《水师管带》和中篇小说集《回眸》。

写给儿子：与责任和感恩同行

冀卫军

转眼间，当年咿咿呀呀学语的你，即将跨进"男子加冠"的年龄，步入大学的校门，迎来人生最美的花季。

有着数千年传承的"成人礼"，是中国优秀传统文化中最重要的礼仪之一，它意味着一个人的生理和心理都走向成熟。作为一个父亲，面对你的一天天成长，我既感到焦虑，又感到欣喜。

已过不惑之年的我，没有卓著的智慧和学识，也没有显赫的地位和权势，有的只是一颗一直关注你、呵护你成长每一步的心。尽管，我没能给予你聪慧过人的禀赋、富足殷实的成长环境，也未能让你享受物质的极大满足和挥金如土的奢华生活，但我却让你成了一个善良、自立、豁达的少年。

纵然，我的人生有过不少的辛酸、缺憾，但我却从未想过把你当成我的私有财产，当成我的复制品或衍生品，把你当成实现我人生未竟追求的替代品或宣泄的工具，强加我的思想和梦想于你。因为我知道，世界是多彩多姿的，自然是百花满园的，人生是五彩斑斓的，每一粒种子、每一个生命都有它绚烂的梦想和迷人的风采。同时，社会是不断发展变化和前进的，那些用"新瓶装陈酒"的思维方式和行为习惯是不合时宜的，我唯有学习，保持与时代同步，才不会让我们彼此之间出现隔阂以至无法交流和探讨。

当然，作为一个父亲，我给予你必要的尊重和自由，但这并不代表我对你没有私心、没有要求。

我出生在农村，家里兄弟姐妹五个，生活拮据。雪上加霜的是，父亲在我三岁时撒手人寰，是母亲独自扛起了全家生活的重担。我自懵懂的童年起，就开始经历人情冷暖和世态炎凉的洗礼。生活的困苦和精神的苍白，不但没有击倒我，反而让我变得更加顽强和刚毅了。

在母亲和兄弟姐妹勇于担当的实际行动的感召之下，我养成了吃苦耐劳、勤俭节约、自强自立的性格。中学时期，记不得有多少次，为了节省五角钱的车费，我不得不独自用脚一步步丈量从家到县城中学15公里的路程；记不得有多少次，我因为没有白衬衣和蓝裤子，无法参加学校组织的歌咏比赛等集体活动……

如今，回首过去那些貌似难堪和丢脸的事，我没有丝毫的抱怨和羞愧。

生而为人，我们都要怀有一颗感恩的心，对待万事万物。如果没有母亲十月的艰辛孕育，没有父母无微不至的照顾，没有老师的谆谆教诲，没有他人直接或间接的帮助，没有阳光雨露的滋润，没有粮食的喂养，没有先辈艰苦卓绝的探索……一个孤立的生命，就会像一颗尘埃一样，瞬间烟消云散。

生而为人，父母有义务抚养我们长大成人，老师有责任为我们传道、授业、解惑，社会有义务帮我们掌握谋生技能、提供工作渠道。反过来，作为一个人，我们都有自己的父母，并将有自己的子女，有自己的梦想和追求，这就意味着我们也需要承担相应的责任。我们要矢志不渝地继承先辈留下的敬老爱幼的优良传统——赡养父母尽孝道，抚养和教导子女成为社会的有用、有益之人；在索取社会给予我们的可以让我们健康、幸福、快乐的各种资源的同时，我们也要用自己的勤勉为社会创造价值和财富，用自己的才智造福家庭、社会和人类，推动社会不断阔步前进。

生而为人的价值和意义，不在于你拥有了多少财富和好的名声，而在于你为社会和家庭做了多少值得称赞的事情。

我就把《钢铁是怎样炼成的》里保尔·柯察金的一句话送给你，作为成人礼的礼物——"人的一生应当这样度过：当回忆往事的时候，他不会因为虚度年华而悔恨，也不会因为碌碌无为而羞愧。"

作者简介

冀卫军，陕西商洛人。陕西省作家协会会员、中国诗歌学会会员、中国散文学会会员、鲁迅文学院第二十四届中青年作家高级研讨班学员。有诗歌、散文、小说在报刊上发表，出版散文集《四眼看世界》。

写给我热爱读书的孩子

李 娟

亲爱的辰阳：

今天是你十六岁的生日，妈妈不想送你任何礼物，就给你写封信吧。

你五岁时开始阅读。有时，我在家里读书，你也搬着小凳坐在我身边，捧着一本书，读得津津有味。温暖的阳光洒在你身上，你穿一件红色小上衣，蓝色的牛仔背带裤，一双小手捧着书，白嫩的手指认真指着一本唐诗："鹅鹅鹅，曲项向天歌，白毛浮绿水，红掌拨清波。"语声清脆，如珠落玉盘，又似雨打荷叶，泉水叮咚，宛如天籁。妈妈忽然明白，原来世间最美好的声音是你琅琅的读书声。

你渐渐长大，七岁时开始喜欢《福尔摩斯探案集》，暑假里整天捧着书细读。我忙着在厨房做饭，就听见你大喊着："妈妈！"我连忙答应着，一时间，你安静了下来，又沉浸在惊心动魄的故事里。我想，一定是书中的情节惊吓了你，你才失声唤我。我走过去摸摸你的大脑袋，一头黑亮亮的短发绸缎一般。你仰起脸冲我笑了，刚掉了一颗门牙，可爱极了。你那时候常对我说："我的理想，就是长大了做像福尔摩斯一样的大侦探，伸张正义，除恶扬善。"

你十岁，开始对历史类的书产生浓厚的兴趣，读《中国上下五千年》，讲给我听，讲得有声有色。我问："你读到哪里了？"你回答："东汉末年，天下大乱。"

225

那些日子，你还迷恋上了《三国演义》和《水浒传》，对其中的人物如数家珍。十岁时能读原版的《三国演义》《水浒传》和《古文观止》。我问："读得懂古文吗？"你笑着说："能啊！古文真是简洁，我们要写一大段话，古文一句话就说清楚了。"

十二岁，上初中一年级，你写了第一篇文言文作文《告别童年》，文采斐然，不失古风。语文老师对你赞赏有加，在班里朗读了你的作文。于是你回家来对我夸口："我现在的理想是长大了研究国学。"我问："你难道不做大侦探了？"

后来，你渐渐能读书柜里的书籍《哈利·波特》《鲁滨孙漂流记》《三个火枪手》《巴黎圣母院》《老人与海》，也读鲁迅、丰子恺、叶圣陶、老舍、汪曾祺等作家的作品。那年过端午节，我买回了咸鸭蛋，你尝了一口说："妈妈，你买的咸鸭蛋就是汪曾祺笔下难吃的咸鸭蛋。"我问："汪先生怎样写的？"你说："蛋白不细嫩，发干、发粉，吃起来像嚼石灰一样。比起汪曾祺故乡的鸭蛋，那可差远了。"我笑了，好像你真吃过高邮的咸鸭蛋似的。

好书如芳邻，自幼和大师为邻的孩子，可以养成良好的阅读品位和阅读习惯。一个人阅读品位的高低，也决定了他视野的宽广程度和思想境界的高低。

读书，原来是一阵风吹醒一片云，是一颗心灵去唤醒另一颗心灵。

我常带你去书店，不建议你买那些"畅销书"。我认为那些书就像一个个浓妆艳抹的女子，打扮得时尚靓丽，却没有深厚的文化内涵，"快餐"品质，决定了它们只能是一次性消费品。那些"畅销书"是漂泊在时光河流上的泡沫，一转眼就消失了。真正经得起岁月打磨的书，一定是能让人内心洁净，给心灵以光亮和温暖的书。

我希望和你同龄的孩子们能远离网络阅读。纸质书阅读和网络阅读的差别在哪里？网络阅读没有质感和温度，也没有灵魂，带不来你内心的安宁。网络阅读仿佛一个忙着赶路的人，步履匆匆，行色匆忙，这样的阅读是浏览和观光，走马观花。可是，我们匆忙的脚步、急促的心到底在追逐什么？一切都是因为"快"，一个"快"让阅读的美好意味尽失。真正的阅读是灵魂的阅读，留出让人思考、遐想的空间。一本书若不能引人回味和沉思，不能给心灵以雅洁和美好，就是不值得阅读的。

我常推荐你读丰子恺的书，他的画和随笔尤为温暖和天真。一位终生保持纯净天真之心的人，最后皆成大家。这样的人还有王世襄，一个顽童一样的老人，他将世间可以玩的，如蛐蛐、蝈蝈、风筝、空竹、鸽子、明代家具等等，都玩尽了，也写尽了。一位将生之乐趣携带一生的人，文字里也一定饱含着人与天地万物之间深深的情意。

作家孙犁暮年时写过一段话："我一向认为，作文和做人的道理是一样的：一，要质胜于文。二，要有真情，要写真相。三，文字、文章要自然。三者之反面，则为虚伪矫饰。"

这是孙老总结的关于修养和作文、做人的道理，简单朴素，却字字真切，够我们受用一生。

我还推荐你读沈从文、孙犁、史铁生、苇岸、德富芦花、东山魁夷、法布尔、安徒生等作家的书。他们的文字充满自然之美和精神之美。他们都是大地的赤子，无论尘世如何喧嚣，总有他们为人类守住精神的家园。

孩子，我希望家里的书你能渐渐读完，好书如同芳邻，陪伴你、滋养你慢慢成长。可以让你从中感知生命的愉悦、精神的光亮、灵魂的静美。好书中的文字可以传达人世间美好的一切：智慧、良知、悲悯、至善、信仰、爱。唯有好书，能活过时间和未来。

作为一个母亲，我时常在想，教育是什么？教育是让一个小生命对万物敏感。教育也是在一张人生的白纸上严谨地作画，而不是肆意地涂抹。教育更是给人一个清白有节制的人生。教育是让孩子学会爱，学会搜集和感知世间的美好事物。别忘了去细细聆听春之鸟鸣，夏之蝉语，秋之雨声，冬之雪音。其实，许多人，不是在七十岁以后才失聪的。

教育不应该是做蛋糕，不应是让所有的孩子成为一个人。而是，让每一个孩子成为他自己，做独一无二的自己。

一个人自幼就要有一颗善于审美的心灵，分得清美和丑，善与恶。而现在的人，审视美的能力和意识正在悄悄丧失，审视丑的好奇和猎奇心却比比皆是。尼采说："与怪兽搏斗的人，要谨防自己变成怪兽。"是的，你的心若简单，世界就简单；你的心若美好，这个世界就美好。因为，一个人的审美观何尝不是一个人的世界观！

孩子，读书不要想着实用，也不要有功利心。读书只是谋心，只是为了自身的修养。邂逅一本好书，如同邂逅一个善美之人、一颗善美之心。那么，读最美的文字，做最真的人。

岁末，我们俩的散文一起在辽宁省委宣传部举办的"书香青春"征文比赛中获奖。孩子，妈妈不仅愿意陪伴你渐渐长大，更愿意和你一起眺望未来。

人常说，一方水土，养一方人。祝愿书籍的净土，养育你，永葆你一颗干净、善良、坚毅、明亮的心灵。祝愿你，我热爱读书的孩子，茁壮成长，长成国家的栋梁！

永远爱你的妈妈：李娟

2016年11月24日

作者简介

李娟，陕西人，《读者》《格言》杂志签约作家，专栏作家。曾获第五届冰心散文奖、首届孙犁文学奖。著有散文集《品尝时光的味道》《光阴素描》《决不辜负春天》等。

与儿子书：走到大学的门槛前

沈毅玲

儿子：

从你出生到现在，妈妈与你朝夕相处了18年。如今，你考上大学，就要离开生你养你的故土，离开形影相随的妈妈，开始独立自主的大学生涯。18年弹指一挥间，仿佛在一瞬间你就走到了大学的门槛前。

此时此刻，妈妈有着千言万语要向你诉说。我就先从高考本身说起吧。

一年一度的高考大戏，随着各个批次的招生录取工作结束而落下帷幕。临场的发挥，志愿的填报，每一环都可谓跌宕起伏，惊心动魄。如今，硝烟散尽，历经洗礼的莘莘学子走到了各所大学的门槛前，意气风发。

几家欢喜几家愁，手里攥着名校热门专业录取通知书的考生心花怒放，品尝着人生第一役的胜利果实。高考失利或志愿填报失误，录取结果不尽如人意的考生却灰心沮丧，仿佛还未开战就被宣告了失败。环顾周遭，名校名专业的毕业证，确实给人生的起步铺下了良好的基石。

但是，此时妈妈想要告诉你的是，人一生的成功和顺畅与否，似乎并不能由一纸文凭来决定。

朋友圈盛传一段话：其实文凭不过是一张火车票，名校的软卧，普通本科的硬卧，专科的硬座，民办的站票，成教的在厕所挤着。火车到站，都下车找工作，才发现老板并不太关心你是怎么来的，只关心你会干什么。

同事的阿舅，哈佛大学数学专业博士，复旦大学博士后，在本该回报父母、回馈社会的时候，却因严重缺乏交际、处事的能力而赋闲家中，会读书却不会学以致用。我同学的女儿成绩优异到被牛津大学以全额奖学金录取，却容不下母亲肚子里的弟（妹），直至父母妥协才罢休。

儿子，妈妈和你一样，从记事起，接受的教育就是好好读书，知识改变命运。历经沧海，我们才渐渐明白，所谓知识改变命运，是以能力的养成为前提的。知识本身并不会改变命运，唯有积淀为深深的智慧、转化成独特的人格魅力，才可以拓宽前路、改变命运。不管从事哪个行业，其实到最后拼的都是人品。大学文凭，只能证明你积累了一定的知识，走好人生这条路，是需要好的智慧、性格、社交能力等多重因素的支撑的。

而大学正是踏入社会前最好的缓冲期和练兵场。

我的大学同学云，多年的外贸工作经历练就了她熟练的英语口语，世界各国的行走积累了她丰富的阅历。后来公司关闭，云失业。她从口语辅导带几个学生起步，不到两年的时间，便建成了一家大型教育机构。教学过程中，她善于思考，深感教学不能生搬教条，学生的兴趣等心理作用也起着主导作用。她再次投入心理学的学习与研究之中。顺利取得心理咨询师证书后，她与朋友合作的心理咨询室即将开张，而这一切并不是只靠一张名校心理学专业的毕业证书就能实现的。儿子，记得前几年妈妈还告诉过你，当初妈妈和云就读的学校名不见经传，中文这个没有技术含量的"万金油"专业更是受尽奚落。如今云却以一次次华丽的转身作出了最有力的回应。在校时的云就广读名著，积极参加演讲、文学创作等各种社团活动，还毛遂自荐做了市级广播电台的嘉宾主持，等等。一寸光阴一寸金，四年足以让一个人重生。

儿子，妈妈最后想告诉你的是，人生处处是开始，随时出发的勇气，不轻言放弃的执着，不虚度光阴的自律与明智，可以让最青春的你在最美丽的年华里练就纵横四海的才学和技能，结交肝胆相照生死与共的知己，在人生的画卷里涂抹出最亮丽的色彩，书写不留遗憾的人生。

我相信，若干年后，蓦然回首，你会由衷地欣赏和感谢曾经年轻的自己，也会体悟到妈妈对你说这些话时的良苦用心。

千言万语不足以表达我心之万一。

　　顺祝

秋安！

爱你的妈妈

作者简介

　　沈毅玲，女，中国电力作家协会会员，著有个人文集《窗台上的铜钱草》，现供职于江苏省电力公司宜兴市供电公司。

用心陪伴，习得"幸福方程式"

胡　旭

初为人父的我对有关孩子的一切话题都很感兴趣，听朋友讲育儿经，读关于儿童成长教育的书籍。我享受孩子到来时的那份喜悦，渴望收获陪伴孩子成长过程中的那份期待和圆满。

前段时间看电视剧《虎妈猫爸》。电视剧中两代人之间由于教育理念存在明显差异，面对孩子的教育问题，爆发了一系列的碰撞和冲突，引起了我的关注和反思。我还推荐朋友看这个剧。因为朋友离婚了，孩子归他。令朋友苦恼的是他的孩子开始暴饮暴食，又不爱运动，学习成绩也直线下滑。我跟朋友的儿子有过几次接触，也发现了他的一些变化。我十分担心他会因为家庭原因造成的心理创伤，不能正确完成内在意识的独立和人格的完善，这对他的成长极为不利。

而今，生活节奏快，压力大，很多有小孩的家庭，夫妻双方一边要工作，一边要照顾家庭孩子，根本忙不过来，孩子一般要靠爷爷奶奶外公外婆来帮忙照顾。有一件事情给我的印象深刻。同事5岁的女儿第一次来我们办公室，同事临时有事外出，让我照看她。我边做事边和她聊天，她说了许多自己的小秘密，这些秘密连她父母都不知道，还让我一定要保守秘密，我们聊得十分愉快。这让我想起《窗边的小豆豆》中小林校长与小豆豆初次见面，二人畅谈长达四小时的情景。然后，我们晚上一起出去吃饭，出了办公室门她就一直拉着我的手不松开，吃饭时不跟她父母坐一起，硬要坐到我身边，不然就哭，不吃饭。饭后分别时，她跑过来紧紧抱住我，邀请我去参加她的生日聚会，小手还不停地在脸上抹着眼泪。

孩子的世界是空灵的、纯净的，可以是画家的调色板，丰富多彩；可以是飞翔的鸟儿，自由自在；可以是一泓清泉，沁人心脾。我们应该好好保护孩子的世界。

我开始思考有关陪伴孩子成长的问题。儿童教育专家孙瑞雪指出，人之所以有别于动物，是源于人生而拥有"精神胚胎"，提出"爱和自由，规则与平等"的教育理念。我们需要在陪伴的过程中给予孩子完全的爱和安全感，让其在爱的陪伴中去成为他们自己，拥有独立的人格，习得幸福和快乐，乃至自我的成功。所以，我们对孩子的成长和自我的行为要有恰当的反思和节制。总之，从孩子来到世界那一刻起，我们便不应以爱的名义束缚孩子，不应将成人世界的价值观强行灌输给孩子，而应给予孩子足够饱满的爱和足够大的自由空间。

孩子刚来到这个世界，所能依靠的只有父母，也只能通过啼哭来表达简单的需要，比如饿了要吃奶，渴了要喝水，尿了要换舒适衣服，父母一旦离开视野，他们就没有安全感了。待到慢慢长大，他们又能通过言语和行为，表达更多的需求和较为复杂的情感。孩子的成长充满神奇，陪伴孩子成长的过程本身也很有趣。作为父母的我们，在孩子身心健康成长过程中，扮演的角色非常重要，需要随时随地关注，并适时给予孩子爱和安全感。

如果孩子得到这份满足，孩子将在稳定可靠的氛围中去发展他自己，认识这个对他来说完全陌生的世界，才会放心地走进社会，探索未知。如果得不到这份满足，也许就会像我朋友的孩子那样，通过暴饮暴食来填补，甚至采取一些极端方式，引起父母关注，以找回那份安全感。给予孩子爱，或者对孩子的成长进行有效干预，主要靠父母，而最柔软和温暖的方式，是陪伴。潜移默化，细雨无声，父母自然会成为孩子最好的人生导师。

陪伴的方式如何，给予的陪伴是否充分，都直接影响孩子的成长效果。有的孩子拥有健康快乐的童年，在和谐的环境中平静而充实地成长；有的孩子童年遭遇不幸，在灰暗且缺少温暖的环境中成长。最终，有人性格开朗，坚强乐观；有人内心封闭，胆怯自卑；有人脾气暴躁，极端暴戾。对于一些童年生活不幸福的人来说，即使后来有了高学历，好工作，甚至建立了自己的家庭，其内心可能也还是会无法平静，因为童年缺失的安全感和幸福感是知识和能力难以弥补的。这对他们获得内心的平静和对幸福的感知能力将产生极大的阻碍。

所以，父母需要和孩子一起建立一个被爱和安全感包围的成长环境。虽然父母的生活环境、认知能力、成长经历等因素，很大程度上决定了他们自身的思想高度，以及对孩子成长的关注程度。尽管父母陪伴孩子的方式不一，有的无微不至，有的显得笨拙，有的甚至不知所措，但是父母真心的爱和陪伴，都会是孩子最好的精神食粮。

更为重要的是，在陪伴孩子的过程中，父母会成为孩子们习得"幸福方程式"的榜样。而作为父母的我们，也将在陪伴孩子的过程中，重塑自己的童年，找回自己内心的缺失。

作者简介

胡旭，男，四川南充人。中国电力作家协会会员，四川东坡区散文学会副秘书长。有诗歌、散文、摄影作品载于各级报刊。

彩虹桥

徐　波

　　曾几何时，小区所在的平城路经过北水湾没有桥，要过河必须绕道而行。后来，这里架起了一座斜拉索式的彩虹桥，车水马龙，川流不息。日间，在蓝天与白云的映衬下，彩虹桥不乏巍峨雄壮。入夜，在各式光线的交织中，显得绚丽蜿蜒。刚建成时还有几分新奇，可是几年过去，这样的场景似乎已经司空见惯，每次经过也只是经过，不会再有初见落成时的赞叹，常在此处浸淫的摄影师也几乎穷尽了拍摄的角度，对它渐渐失去了兴趣。

　　天热的时候，马上要上幼儿园中班的儿子开启了一个每天六点左右起床晨练的模式。外面的世界其实对小孩子充满着诱惑，只是我们习惯了把自己连同心灵整天关进钢筋混凝土之中，在不知不觉间，连同自己的孩子也渐渐习惯了这样的封闭。早上，草地上还有晶莹剔透的露水，不早起的人是看不到的。折起小草的一片叶子让儿子观察，那露水虽小却圆润饱满，在阳光的折射下映射着周围的世界。"人生苦短，譬如朝露"，虽然小小的儿子还没法参透这句话的玄机，但如果没见过这样的露水，没触摸过清晨的气息，又怎么能够想象得出朝露精彩而短暂的意味？人生在世，开始有认知时，就对世间万物充满好奇，婴儿阶段的儿子，各种逗趣的表情、简单的玩具就能引起他的兴趣。小小班时，老师让捡不同种类的树叶，树叶上的花纹会引起儿子长时间的观察。那一年油菜花开的时候，儿子拿着在田间采下的一串金黄，乐开了花……

但是，多数时候，我们将自己长时间地限定在一定的范围内，在钢筋混凝土铸成的"牢笼"中，在世间烦琐的来往中消耗着自己的生命，看着孩子一天天成长，看着孩子毫无征兆地重蹈自己的覆辙，而无能为力。

　　现在很多人热衷于出国旅游，走一走看一看，东南亚、欧洲、美洲，走得越远越好，在古迹前驻足，在名胜中留影，连同放飞的心情，晒在"朋友圈"里获得点赞无数。要走出去的心情，仔细想来和孩子对未知世界的好奇是一样的，只是大人更多的是对司空见惯的一种逃离。旅游不走回头路，每次都会去不同的地方，很少有去了一次再去几次的机会。

　　孩子的视角，也让我明白了，其实放飞心情并不一定要坐着火车飞机出去。清晨的陈家山荷花公园大石碑上，有许多鼻涕虫，我和儿子找来几根小草去逗弄鼻涕虫的触角，轻轻一碰，那触角就缩进去，过一会儿又伸出来，几次反复，儿子欢快不已。以前还发现有蜗牛，看着蜗牛驮着房子慢慢爬，逗它的触角时，跟他讲蜗牛的触角上有两个国家为了争夺地盘而打仗的故事，听得儿子一愣一愣的。"那么小的地方，有什么好争的！"是啊，那么小的地方有什么好争的，可是现实生活中有多少人在这样的地盘上争名逐利呢？后半句不讲，我只是淡淡地说："以后不要和小朋友争玩具，自己有的玩具要多拿出来分享。"虽然，周围的自然环境是被破坏后修整的，但聊胜于无，早上除了蜗牛、蝌蚪、蚯蚓、蜈蚣、螳螂、蚂蚁外，还有各式各样的花草树木，正所谓"一花一世界，一叶一菩提"，每一样小东西我们只要细心观察、用心感悟，都会觉得很有意思。平时的匆匆步履，早把这样的乐趣碾碎。

　　后来，我们渐渐走得远一点，去了上大校区、紫藤公园、南城墙公园、环城河绿带、盘陀子公园、远香湖……时间充裕的时候，还会绕着环城河走半圈。一路走来，看不尽的沿途风光，逗不完的鸟兽鱼虫。路不在远，景不在有名，走出去将心打开，就能收获无穷乐趣。

　　上次在远香湖，碰到一大巴士停下，下来一车从市中心过来观赏的游人，而我们离得那么近，又有多少时候能带着几分悠闲，花个把小时来走一走、看一看呢？

庄子说人们"终身役役而不见其成功，茶然疲役而不知其所归"，好像没有停下来的时候，却好似穷尽一生都在计算得失的迷惘中。以前在旅途中，曾看到有人对再好的景点都提不起半点兴趣，一日三餐外，就闷在宾馆看电视睡觉，也许这就是"终身役役"的典型征候吧。

有一次，下了整晚的雨。第二天清晨，地上还是挺湿的，可是雨已歇，有放晴的迹象。我们坚持来到陈家山荷花公园，那时荷花还盛，摄影者们专注地将焦点对准那花蕊、花瓣。教儿子一招太极"灵龟望月"，提气向上的过程中，仰天而视，一道彩虹横跨天际，闯入眼帘！那是一道完整的彩虹，七彩纷呈、气势磅礴，儿子看得入了迷，只见那彩虹与彩虹桥交相辉映，吞吐日月。我36岁，儿子6岁，在同一时间、同一地点第一次见到了完整的彩虹！这是多么值得纪念的事情啊！如果没有坚持晨练，如果没有一双发现身边之美的眼睛，又怎么会有机会看到那样美丽的彩虹？

非常可惜的是，当时没带手机，无法将那样的美景拍照留下来。荷花池边，摄影者还在专心拍摄荷花，我提议儿子去请摄影者帮我们留张影，同时也算是提醒摄影者不要专注于荷花池而错过转瞬即逝的彩虹。可是，儿子还是腼腆羞涩，多次鼓励都裹足不前，直到提示他彩虹即将消失时，儿子才急得拉着我来到了摄影者的面前。

在我的一再鼓励下，儿子终于与素不相识的摄影者交流，摄影者欣然答应下来，给我和儿子与彩虹合了张影，只可惜那时彩虹基本消失于天际，效果并不理想。拍完，摄影者说："刚才你们没来的时候，我就已将彩虹与彩虹桥的合影拍下了，只可惜现在拍出来的效果太差了。"

眼前的彩虹桥架起来后，两岸的交通得以连接。人与人之间的沟通和交流也如彩虹桥一样，如果早一点走出心灵的困局，便不仅能看到稍纵即逝的彩虹美景，而且还能将那美景留存下来。明白了这个道理后，儿子开朗了许多，出大门忘带门禁卡，会大声对着远处的保安说："叔叔，能不能帮我们开一下门。"眼前的那扇铁门，随即徐徐打开……

我相信，儿子将来的人生记忆中会有那道彩虹。即使没有在照片上留下任何痕迹，那道完美的"彩虹桥"也将在儿子的心中架起。

作者简介

徐波，全国公安文学艺术联合会会员，长期从事公安宣传工作，曾在《东方剑》《人民警察》等全国各类报刊上发表各类文章数百篇。

不以规矩，难成方圆

曹国柱

　　我这个人比较老派，总固执地认为居家过日子其实和治理国家是一个道理，必须要遵循一定的规矩，什么可以做什么不可以做，应有一定的判断，不能太随心所欲，不然的话，轻则被别人说缺乏家教，重则就会走上人生的歧路。

　　树苗要趁早育。这是没有文化的母亲小时候经常对我说的一句话。这句话其实是有生活道理的。树苗小而稚嫩时，长歪了一点还可以纠正过来，一旦长到碗口粗再想把它扳过来就难了。于是女儿出生有一点懂事后，我就开始跟她立规矩了。比如规定吃饭要坐着吃，吃完了才能走，不能边走边吃。出门前必须说外公外婆再见，进门要叫外公外婆好，不能没有礼貌。（我小时候母亲常对我说："叫人不折本，舌头打个滚。"）在饭桌上吃饭，夹菜时必须在自己面前夹，不能把筷子伸到别人面前去，喝汤吃饭时不可以发出很大的声响，要看着菜的多少吃，不能光顾自己吃饱而不管菜够不够，要懂得照顾别人。睡觉前要把脱下来的衣服叠放整齐。诸如此类，不一而足。

　　对于这些规矩，女儿刚开始做得不是很好，也被我骂过不少回，甚至还被我打过几次屁股。众所周知，在行为心理学中，人们把一个人的新习惯或理念的形成并得以巩固至少需要21天的现象，称为"21天效应"。也就是说，一个人的动作或想法，如果重复21天就会变成一个习惯性的动作或想法。在立规矩过程中，我坚持赏罚分明，做错了就惩罚，立壁角、坐思考椅……做得好就给予奖励，贴贴纸、戴小红花……在我的恩威并施下，女儿慢慢地接受、认同，并做得像模像样了。

有一天晚上，我与女儿在床上玩耍时，她侧身从抽屉里拿出那个她早已很熟悉的小盒子，轻车熟路地从里面取出一个琉璃海星。对于她这个动作，我早已司空见惯了，因为家中抽屉里的东西不知多少次被她取出放回。这个"海星"不仅是一件装饰品，而且被我赋予了更深层次的意义——一件奖品。当女儿好好坐着、认真地吃完饭，我就会奖励她戴"海星"。原本以为，今天她拿出来只是玩玩而已，没有想到，她居然笑嘻嘻地将"海星"戴在了自己的脖子上。我很好奇，问她为什么要给自己戴上"海星"，她的回答让我倍感惊讶。她说，因为今天宝宝在幼儿园里很乖很听话的，吃饭吃得好，所以给自己奖励戴"海星"。我惊讶于一方面，她不知何时学会了使用"因为……所以……"这样的因果词句，另一方面，她居然学会了自我奖励。我在惊讶之余也很感动，忙把女儿搂抱在怀里，连称宝宝真聪明，做得很对，当自己取得一点小成绩时应该给予自己奖励。

仔细想来，其实，自我奖励何尝不是一个规矩呢。

日出日落，云卷云舒。时间像流水般悄无声息地流逝，眨眼间，女儿上了小学，到了该定学习规矩的时候，于是我和她"约法三章"：一是写字姿势要端正，字体要干净整洁。无论是汉字、阿拉伯数字还是英文，每个字都要写得干净整洁，如果写得不好就擦掉重写。二是数字计算要认真，减少差错。计算是数学学习的基础，宁可慢一点，也要保证正确率，做错的题目要抄在错题本上以后重新做。三是养成课外阅读时标注的好习惯。在阅读时要用笔标注不认识的字和词组，并摘抄其中的精彩句子和段落。因为语文成绩的提升就是依靠平时的积累。

令人欣慰的是，女儿成绩虽然算不上好，但学习习惯还是被我成功地"逼"出来了。

对于女儿的将来，我不奢望她成龙成凤，但要求她必须有个良好的生活、学习习惯，以后无论走到哪里，至少不能被别人指着脊梁骨说缺乏家教。

矩不正，不可为方；规不正，不可为圆。恪守规矩，乃是做人做事的根本。修身、齐家、治国、平天下都应如此。

作者简介

曹国柱，1977年生，上海市作家协会会员、全国公安作家协会会员，现供职于《人民警察》杂志社，从事编辑工作，作品散见于《人民公安》《东方剑》《啄木鸟》《新民晚报》等报刊。

一切都是最好的安排

——写给即将参加高考的孩子

杨梅莹

亲爱的钧儿：

十八年前的某一天，你在我忐忑不安的期许中与我如期相约，我们从未谋面，但是并不陌生，见你的第一眼，我欢喜得如春风里绽放的花朵。

"哦，一切都是最好的安排！"看着你粉雕玉琢般的小脸，我对自己说。

我们彼此没有选择地选择了对方，接纳、包容并深爱着彼此，爱得那么赤裸坦荡，那么深刻彻底，没有瑕疵与造作。我陪你成长，你陪我快乐。在行进的路上，虽然我们有过不愉快，但是那些都无法淡化我们的爱，它们成了我们的往事、故事，并将定格成为我们母子独一无二的共同回忆。我们携手共同创造的生活，该是你我生命中最美丽的风景。

高考在即，作为你的朋友、老师、母亲，我内心与所有的高考生家长一样，涌动着忧喜酸甜。想你十二年挑灯苦读，只为今朝。虽然说"金榜题名"是人生一件大事，但是它也绝不是你实现理想的唯一方式，成绩固然重要，兴趣和理想更重要！好成绩不一定能实现理想，但是理想的实现一定要通过努力！就像我常给你讲的教养和教育的区别，接受过高等教育的人不一定有教养，没有学历的人也未必没有教养，教养来自养成的习惯，一个人可以不接受教育，但是绝对不能不接受教养。

作为高考考生，你要客观地看待考试，无论结果如何，付出过努力过，就要坦然面对，人生所遭遇的困难和失败，在当下或许难以接受，但在以后的某一时刻，你可能会突然回头发现，原来这样才是你今生最好的安排！时间是唯一的，在某个时间点遇到某件事或者某个人都是对的，是人生不可缺失的画面。无论是喜是忧，是狂风暴雨还是春暖花开，这一切无须拒绝。就微笑面对吧，不要埋怨，因为所有的匍匐，都是在为你之后的高高跃起而热身；所有的丢失，都是在为你更多的拥有腾出空间。

但凡考试，就会有"金榜题名"和"名落孙山"。自古到今，曾有无数"落榜生"坚信"天生我材必有用"，而创造出一片自己的天地，成就一世英名，如写下不朽巨著《聊斋志异》的蒲松龄；历经二十多年编成《本草纲目》的著名中医学家李时珍；落第后在实业上建功，被誉为"中国实业之父"的盛宣怀……

钧儿，高考犹如千军万马过独木桥，有成功者自然也有失败者，高考状元是站在无数考生肩膀上的佼佼者，然而，我要说，在我眼里，所有参加高考的考生都是好样的！能够从天真烂漫的儿童变成青春阳光的青年，花样的年华在窗外阳光、雨丝、白雪、绿树、繁花的交替中流逝，时光荏苒，孤独寂寞，寒窗苦读坚持到今天就是最大的成功！

并不是说高考不重要，或者说好成绩不重要，有坚定的理想信念又有好成绩，无疑是锦上添花，能更好地实现理想。但高考只是你当下阶段该承担的职责，顺势而行，不必苛求，一如平常，因为每个人都有自己发展的时区和起点。

撇开高考的话题，我更想跟你聊聊"三观"，因为你已经成长为一个有独立思想、有爱心、有正义感的青年。

养成读书的好习惯。利用一切可以利用的时间积累和储备知识，虽然你从小喜欢读书，读过不少书籍，但是那些远远不够，要知道"书中自有黄金屋，书中自有颜如玉"，尤其是那些经典名著，它们之所以成为名著，是因为它们经过时间的淘洗和历史严格的筛选，证明了它们存在的不朽价值。每一部名著都是一座精神矿藏，有历史的深度和文化反思的力量，它们永恒的艺术魅力与文化底蕴，能够提升阅读者的文化修养，并使他们获得情感体验与生活感悟。

学会感恩与敬畏。要感谢在成长路上为你付出以及帮助过你的同学、老师、亲人，还有那些曾在不经意间送给你温暖的陌生人，以及这个社会给你的一切滋养。正如我日常给你讲的一样：只管好好做人，不要担心吃亏和失去，一切都有最好的安排！泰戈尔曾经说过："你今天受的苦、吃的亏、担的责、扛的罪、忍的痛，到最后都会变成光，照亮你的路。"另外，在感恩的同时，你还要学会敬畏，敬畏自然，敬畏生命，敬畏法纪，心中时刻要有道德、伦理、科学、法律的准绳，做一个有爱心、有温度、有担当的人。

把深入生活当作人生必修课。一棵小树成长为参天大树，那是因为泥土所赋予的营养。根扎得越深，树的身躯就越伟岸挺拔。所以，抽时间深入农村、牧区、社区开展实践活动吧，农牧区才是我们每个人获取精神和物质营养的根本，那里有我们书本上学不到的知识。还记得你九岁那年暑假，你提着小桶走街串巷卖茶叶蛋的情景，你说那次的体验你收获颇丰，令你难忘，我欣喜于你的勇敢。亲身体验方得体味和阅历，才能更好地学习和工作，读书写作以及工作也才不会"纸上谈兵""水中捞月"。

有选择地恋爱，不盲目跟风。我们曾无数次谈论过"恋爱"这个话题，我认为情窦初开的少男少女，对异性的心动和爱慕实属正常，但是我坚决反对早恋，对爱情懵懂的你，这时需要树立正确的人生观，要去多读书多参加实践活动，为迷茫不成熟的爱情减压。恋爱是非常美妙的，但是它必须严肃，决不能随意和随便，更不能跟风追求！如果遇到钟情的女孩，交往未尝不可，但前提是在她成为你妻子之前，一定要自重和尊重她人，不要为她和你自己未来的人生埋下沉重的伏笔。

钩儿，我相信，你在最美的年华，可以创造出最美妙的生活；你用最美的光阴，可以拼出最优的成绩。高考只是你人生时区的一点光阴或者一个转折，再或者是一个起点，相信，努力了，一切都是最好的安排！

还有许多话要跟你说，但是高考在即，暂时写到这里。

母亲

写于2017年6月1日

作者简介

杨梅莹，女，原籍山东烟台，成长在新疆。中国电力作家协会会员，新疆作家协会会员。

你将在我的视线里越走越远

郭　香

亲爱的儿子，你长这么大，我第一次以写一封信的方式来和你进行交流。一直以来我很努力地学习做一个合格的母亲，但每一个孩子都各不相同，在做家长的路上我没有可以参考的案例，至于合格与否，我不敢给自己妄下断语。所幸我们的沟通一直很通畅，在很多时候我只是你的"小郭"，这让我感到很欣慰，也希望这种关系可以延续。今天和以往的嬉笑打闹、言传身教不同，我想和你谈一些"高大上"的问题，作为一个四年级的学生，你可以有自己的理解！

我想和你谈谈"善良"。有人说善良是一种选择，而我想说，善良是做人的底线，善良是一切美好的源泉！正如"人之初，性本善"所言，每个人在做最初的自己时，都拥有一颗向善的心。但生活不是风平浪静的港湾，人总会经历不同的风霜雨雪，总会有这样那样的磕磕绊绊。在竞争面前，在利益关口，在生死考验之前……不同的选择造就了不同的人。此时善良就会发出自己的光芒，太多的纠结，太多的顾虑在善良面前将迎刃而解，溃不成军。所谓的道德沦陷将画上一个完美的休止符。一个人拥有善良，就拥有了所向披靡的利器，拥有了心安理得的宁静。

我还想和你谈谈"爱"。爱是一个广博的字眼，有血浓于水的亲情之爱，有志同道合的朋友之爱，有耳鬓厮磨的男欢女爱，有"先天下之忧而忧，后天下之乐而乐"的苍生大爱……但我想告诉你的是：爱是一种能力。有的人一生都学不会如何去爱。不懂得爱自己可能会剑走偏锋、轻贱生命；不懂得爱家人可能会妻离子散、兄弟反目、父母心寒；不懂得爱朋友可能会孤苦伶仃、寂寞终老；不懂得爱天下苍生，可能会愤世嫉俗、自暴自弃……懂得爱，付出爱，才有可能收获爱。爱也是一个很温暖的字眼。心中有爱的人，不论贫穷还是富有，身旁将春风和煦，世界将五彩缤纷。

第三个话题叫"奋斗"。人最美好的时光在哪里？是在路上，是在奋斗的路上！有人会觉得功成名就后一览众山小是多么志得意满！富可敌国、挥金如土的大手笔是多么酣畅淋漓！电影《美人鱼》里有一首歌告诉我们：无敌是多么空虚，无敌是多么寂寞！……当然，并不是每个人在奋斗后都能有皆大欢喜的结局，我们大部分人只是普通人，做最普通的事，过最平凡的日子。但不管是凡人还是伟人，一生总得有一些奋斗的经历，简单的学习工作也好，繁杂的事业也罢。当垂垂老矣，回首往事，想起自己也曾激情豪迈，想起自己也曾叱咤风云，便会觉得，人生不曾虚度！

还有一个话题是"责任"。身为人，面临着不同身份的转换：为人子女，为人师长，为人夫妻，为人父母……每一种身份都得承担这种身份所赋予的责任。不管男人女人，肩上扛着的，背上负着的，心头压着的都是责任。面对责任，逃避不是办法，只有迎难而上，坦然面对。或许路途几多坎坷，或许也会流血流汗，但人生的每一个微幸福，每一次感动，不都是在困境拨云见日之后，不都是在负重前行豁然开朗之时体会到的吗？没有压力就没有动力，责任就是化腐朽为神奇的催化剂，没有责任的压迫，你都不知道自己到底有多少潜力。越是优秀的人，他身上所背负的责任越多、越重！

最后咱们来面对"失败"。或许应该说是挫折。什么是失败？一道难题没有破解？一次任务没有完成？一场比赛败北？一份友情终结？一个机遇错失？一桩事业破产？一段婚姻瓦解？称得上失败的事情太多太多：一点自卑、一些鲁莽、一次逃避、一份唐突、一点狭隘、一些自我……但我觉得没有真正意义上的失败，每一种经历都是一种收获，或许你只是没有成功。失败、挫折不应该仅仅与颓废、消沉、一蹶不振、退避三舍为伍，它更应该和经验、教训、历练、成长在一起，最终厚重每一个人的人生。

亲爱的儿子，一封信里都是一些"高大上"的名词，我不想去作太多的解释。人生里有很多事情，谁也不是谁的老师，好多事情得你自己亲自去做，去感受，去领悟。我只知道你应该怀揣一颗善良的心，播撒广博的爱，毅然扛起属于你的每一份责任，努力去奋斗，翻过一座座失败铺成的大山。你将在我的视线里越走越远！

作者简介

　　郭香，女，供职于山西天星集团，发表小说、散文、诗歌等文学作品多篇。

爱和尊重是两码事

周晓娇

前天，天气很热，电动车的车胎偏偏又瘪了。推车走好远，我才找到一间修理铺。这间修理铺在一所中学隔壁，师傅说修好得需要一个多小时。

师傅在忙碌，我看见那所中学大门敞开着，就走进去。今天刚好是这所学校高一新生报名日。报名处的前面排着一条长龙，站在队伍中的全是学生家长，场面实在壮观。报名进度很慢，炎热的太阳下，家长们个个满头大汗，孩子们却悠闲地坐在校园的树荫下，一边看手机，一边喝着饮料解暑。

我看见一位家长已报好名，走过来对女儿说："你的宿舍在五楼。"

那宝贝女儿头都没抬，却问："有电梯吗？"

那位母亲小心翼翼地说："我问过了，说没有。"

女孩还是没抬头，挥手说："不住！"

"在学校，不住行吗？"母亲说道。

"你平时不是很能干吗？找熟人疏通，让我去一楼住。这些还要我教，啰里啰唆的，烦不烦人！"

那位母亲，转过身，用手袖擦额头上的汗，然后又擦了一下眼，低着头走了。

女孩还在嘀咕说："切，这么笨的人也有！"

这种场景，看了后令人心里发堵。我已经没有看的兴趣，于是走回修理铺来。这时，修车师傅的儿子拿着伞向他走来，那个小男孩大约七岁，长得虎头虎脑，很是招人喜欢。小男孩唯恐父亲被毒辣的太阳晒着，撑着伞为父亲遮阳。我心里泛起了一波涟漪。

我没惊动这对父子，悄悄地站在远处看着。

车胎补好后，看见师傅站起来，用充满慈爱的目光注视着儿子说："谢谢！"

我心里嘀咕，他怎能对自己的儿子说谢谢呢？这显得太客气生分了！好吧，你不夸，我来帮你夸。

于是我走过去夸了他几句。师傅见我夸小男孩，微笑着没说什么。小男孩被我夸得有些害羞，跑进铺子去给父亲倒水。

我好奇地问师傅，说他的孩子这么乖，为何不开口夸一句。师傅笑着说："我刚才不是说谢谢了吗？"

我说："谢谢也算夸？那叫礼貌客气。"

没想到师傅否定了我的观点。他说："孩子不能夸，夸多了，就像父母天天给孩子吃糖，孩子会长蛀牙，还会胃痛一样，许多毛病就出来了。"他还告诉我，夸孩子，不如学会礼貌地尊重孩子，夸是浮的，礼貌地尊重是实的，尊重就是对他人源自内心最真诚的感恩，是得到别人认可后的回馈。师傅见儿子拿水出来便不再跟我说话。我没有想到那个小男孩也给我倒来一杯水，而且很有礼貌地递给我。接过那杯水，我心里又激起了一波涟漪。

师傅喝完水又开始忙起来，小男孩还是站在一边为父亲打伞遮阳。

我悄悄骑车离去，而内心却一直不能平静，许多感慨在心头激荡着。我想，不知刚才那位母亲，如果听到这位父亲说的这番话，心里会有何感想。那个女孩如果看见小男孩为父亲打伞遮阳，她会为自己对母亲的态度感到羞愧吗？

当今的父母都在讲教育，而得到的结果却像托尔斯泰《安娜·卡列尼娜》中的那句话一样："幸福的家庭都是相似的，而不幸的家庭各有各的不幸。"细细想来，生活中听到、看到、遇到的那些幸福的故事的确都是相似的，都是平淡无奇的，而只有那些不幸的故事才有"人物命运"的跌宕起伏，才可以让我们在触摸到命运的多变之外，各有各的体会。为什么呢？这大概是所有人都曾有过的疑问。

父母对孩子最初的教育，都是从一个"爱"字开始。但很多父母似乎忽略了爱是讲限度、讲原则的。没有得到尊重的爱，叫滥爱；滥爱会衍生出溺爱。孟子说："爱人者，人恒爱之。"这句话中的爱，是双方互相尊重的爱，人要学会尊重别人，这样才能得到别人尊重。

在一个家庭里，父母和孩子懂得互相尊重，一家人才会和睦相处；当父母对孩子的爱变成一种溺爱，在这种已扭曲的爱的教育下，孩子就会变得自私，眼中只有自己，没有他人。

那位被女儿辱骂的母亲，是为女儿做了很多，但是她没有得到女儿应有的尊重；女儿不尊重母亲，可能是因为从小在人格上就没有得到父母的尊重。显而易见，这些被父母宠坏的孩子心中对父母有多么不满，不被尊重在家庭中造成的伤害正慢慢显露。

尊重别人，也是尊重自己。让我们爱的教育从爱的基石——"尊重"开始吧！

作者简介

周晓娇，海南省儋州市作家协会会员，在报刊上发表过小说和散文，其中发表在《家教博览》2003年第4期的《下棋教子》被中国知网选为范文。

妈妈的黄瓜头儿

王也丹

曾经看央视著名节目主持人张越主持的一期《半边天》特别节目。打开电视时，张越正在采访一个女孩，女孩在谈她的妈妈。

"在我的记忆里，我们家的生活一直都比较艰难。小时候，每天清晨，我和妈妈一起到菜市场捡别人丢弃的菜叶。妈妈把所有的菜叶都捡起来，回家后洗净，那就是我们一家人的青菜。那时的妈妈留给我的记忆永远都是穿着厚厚的棉袄，手冻得通红……"

在这种艰难的日子里，女孩一点点长大，上小学、初中、高中。

张越问："这种艰难困苦的日子让你很自卑，是吗？听说，有一阵你想自杀？"

"是的。"女孩平静地说，"在同学中间我一直抬不起头来，我吃的、用的、穿的，永远都是最差的。我在班里沉默寡言，学习也中等。上高二那年，突然觉得生活没什么意思，就想了结自己的生命。"

"你妈妈当时知道你的这种想法吗？"

"不知道。"

"那是什么使你又改变了想法？"

女孩的眼里突然盈满了泪水："那天，我想最后看一眼妈妈，就来到妈妈的修车点儿。妈妈从工厂下岗后，就靠给人修车维持生计。在那一溜修车师傅当中，仅有两位是女人，妈妈就是其中一个。我看到妈妈旁边的柱子上比别人多挂着两样东西，一副羽毛球拍和一个饭盒。"

"你知道它们是干什么用的吗？"

"以前不知道，以前我很少去她那里。我问妈妈，妈妈说，羽毛球拍是在没生意的时候和别人一起锻炼用的，总是坐着会发胖。旁边的阿姨就插嘴说，你妈妈总拉着我和她打球，你看我现在苗条多了。说完她们还一起笑了起来。"

"那饭盒呢？是妈妈的午饭吗？"

"不是，那是一盒黄瓜头儿——吃黄瓜时掰下来的黄瓜尾巴，妈妈都留了下来。"

"做什么用的？"

"妈妈说用来美容，没事的时候她就用黄瓜头儿擦自己的脸。"女孩的泪水一下子流了出来，"我突然发现我的妈妈一直都是很爱美的，虽然我们很穷，可我从未见她愁过，她一直都是很乐观的。"女孩有些哽咽了，"我想如果我死了，就太对不起她了……我在她那里坐了一会儿，就回到了学校，从此再没有产生过这样的念头。"

女孩现在已经上了大学，她说，是妈妈的黄瓜头儿挽救了她，是妈妈教会了她对待生活的态度。

电视里响起深情的音乐，手拿遥控器的我被深深打动了。在女孩平静的叙述中，我想象着她的妈妈该是怎样一个不平常的女人！一个被生计所迫、过着贫困生活的、用黄瓜头儿美容的女人！

女孩的妈妈被请上来，一位普通的四十多岁的女人，脸上有着岁月的痕迹，不漂亮但眼里却有一种坚定的光彩流溢出来。

主持人问妈妈的想法。

妈妈说："我虽然给不了孩子物质上的享受，但我要让孩子明白生活的乐趣，要让孩子知道，快乐是靠自己寻找的，无论遇到什么，都要乐观地面对。"

也有很多苦恼但却从不在女儿面前愁眉苦脸的母亲，也有很多困难但却永远乐观向上的母亲！电视画面切换到母亲的修车点，母亲抱着双臂孤零零地坐在那个小马扎上望着来往的行人，脚边是一盆结了薄冰的水。有寒风吹过，有雪花飘过，那是冬天。

我看到主持人的眼里有泪光。

我看到女孩的眼睛再一次流泪。

我看到母亲的嘴角有一丝微笑。

所有的人都沉默了，那一瞬间。

主持人问女孩："听说你现在已经走出自卑的阴影，准备考研，是吗？"

女孩笑着点点头，满脸的阳光与自信："是的，妈妈给我写过许多信，鼓励我和周围的人交往，不管是男生女生，还是喜欢的不喜欢的人。我发现了和人交往的乐趣。"女孩又说，"我本来不想考研，是妈妈一直鼓励我考。"

主持人问妈妈："你觉得孩子能考上吗？"

妈妈说："不管能不能考上，我都要让孩子试一试，这样才不会有遗憾。我告诉孩子，心想多远，就能走多远……"

我再一次被震撼了，多么了不起的母亲啊！没有多高的学历，更没有多少金钱，然而，她却用最朴实的话语让孩子知道：每个人的心灵都是能够远行的，心想多远，就能走多远！这位平凡的母亲所给予孩子的，是孩子终身受用不尽的最为宝贵的财富啊！有了这种财富的孩子还有什么不能战胜？

女孩和母亲从台上走下去了，深情而婉转的歌声渐渐响起。

我久久不能平静。

都说孩子是祖国的未来、民族的希望，许许多多的人为现在的孩子所显露出来的弱点与缺憾担忧，但却很少有人提及母亲。现在想来，"二十一世纪的竞争其实就是母亲的竞争"这句话，是多么有道理！作为母亲，作为家长，在物质极大丰富的今天到底应该给予孩子些什么呢？

女孩的妈妈依旧在修车，女孩的妈妈在闲暇时依旧用黄瓜头儿美容，女孩的妈妈长得不漂亮，但在我眼里，女孩的妈妈却是那么美，那么美……

作者简介

　　王也丹，女，北京作家协会会员，密云作家协会副主席。发表小说、散文作品百余万字，部分作品被《读者》《小说选刊》等刊物上转载，出版有小说集《落地生根》。

读书与喝茶

董海霞

我对女儿的学习成绩要求不高，从来不紧张，哪怕期末考试来临，每天晚饭后我们俩要做的第一件事也还是看报纸，而不是做卷子。看报纸是为了浏览当天新闻，了解社会时事。除学校老师安排的必读书目，她还跟着我看《小说月报》《青年文摘》等杂志。

升入中学后，女儿依然自由散漫，成绩不好也不差，老师都提醒我该抓紧了。我虔诚地答应着，却不会抓。6月份，女儿初一寒假写的一篇小作文《剪纸的艺术》竟然发表在《美文》杂志，这对孩子是个不小的激励。此后，她每天只要有时间就顺手写点儿东西，有诗歌、有散文，品读一下，味道还是有的。

我问她："你最喜欢写什么？"

她不谦虚地说："什么都喜欢，什么都能写好。"

又是一个如我一样自信之人。

生活是片自由的海，每个人都应该在这里随意遨游。生活是片辽阔的天空，每个人都应该在这里自由飞翔。不要指定唯一航线，也不要规划活动区域。

我欣喜，说："好！不用担心你将来饿肚子了，不读大学也有饭吃了。"

孩子却说："我的理想是将来成为对社会有用的人，过衣食无忧、悠闲自在的生活，不读大学行吗？"

我说："只要现在努力学习，你的理想就是将来的现实，就是你的人间烟火，生活常态。如果目前只贪图玩乐，这一切将永远是梦想。书中自有黄金屋，书中自有颜如玉。但不读大学也能找到工作，也是柴米油盐满满当当的一生。"

她笑问："不上大学找什么工作？"

"可选择的余地很多呀，不讨厌有人对你指手画脚就去饭店当服务员或者去超市干理货员、收银员。追求自由，就当自己的老板，可以卖个煎饼、水果啥的。都是为人民服务，为社会作贡献。比如说卖煎饼，按一天200个的量来计，首先是为200个饥饿的人解决了如何填饱肚子的问题，这是社会贡献也是劳动价值。经济方面呢，按每个5元的价格，原料成本、人工成本等刨去2元，还剩3块，这是利润。一天200个，收入是600，刨去每月四五天碰上恶劣天气不能出摊，月收入也能超过10000元。读书，读到博士毕业找份工作，收入可能还没这个高。"

孩子毫不犹豫地说："那我也要读书，过我想要的生活。"

我说："这就对了，人只有多读书才能活得充实、快乐！当然，不是说卖煎饼就不快乐。他们可能更快乐，因为欲望少，就少了许多烦恼。但是，生活质量是有区别的，比如，下雨了，读书人会很悠闲地端坐书房，捧一本书，泡一壶茶，风雅又悠闲，享受那种'闲坐喝茶静看书'的意境。而卖煎饼的就会烦躁，因为不出摊他算计的是这一天又少赚了多少钱。雨雪天，对他，是损失而不是享受。

对于一个不读书的人来说，卖煎饼是他的现实，独坐幽帘抚琴读书是远在天堂的梦想。只要现在努力，将来你的现实就是每天没有必须要做的事儿，没有必须要见的人，一切都随意又淡然，却不愁没钱花没饭吃没事儿做。"

生活质量决定着一个人的生命质量，这就如同读书与喝茶。一个没读过书的人不一定不幸福，生活不一定缺少精彩，劳作、赚钱、生儿育女，人生同样堪称完美。只是他的幸福点与读书人不同，多是物质的。

喝水与喝茶也是同样道理。水的功能是用来解渴，但当人有了一定的生活基础，追求就上了一个档次，要喝茶，泡了茶的水就有了不同的味道和内容，就有了风雅和情趣。喝茶与喝水的功能区别不大，不一样的是情调，喝茶是悠闲的、清雅的，富有情趣的。

喝水必是渴了，喝茶必是闲了。

不读书照样可以活得精彩，就如同不喝茶也死不了人，但生活却缺少了滋味。

读书多了，就等于上了一个台阶，站得高看得远。达到一定高度就可以俯瞰众生，就有了自己的看法和见解，也就是常说的思想。当一个人对某件事形成了思想，就足可以在史书上留下重重一笔了。

树皮野菜能充饥，王公贵族偏要吃山珍海味，是同样的道理。

学生读书，大人上班，人生的每个阶段分工不同，但也没必要太刻板，读书的孩子完全可以暂时离开书本去看一看这个多彩的世界。

有了这番探讨，孩子已经爱上了读书学习，她每天回到家里，不用我督促，就认认真真写作业去了。

她自己学会抓自己了。

作者简介

董海霞，籍贯山东诸城，毕业于解放军艺术学院文学系。北京市作家协会会员。在《解放军文艺》《橄榄绿》《小说界》等文学刊物上发表作品多篇，并有作品被《中篇小说选刊》转载。

你能"教"给孩子什么?

祝小祝

我们这辈独苗苗好不容易迎来了"二孩"政策,大部分人也及时响应国家号召。可问题是,对于孩子的教育你认真思考过吗?也许会有人回答:教育的事情交给学校好了,老师会教好的。如果正在阅读的你真是这么想的,只能说,你离"合格父母"还是有段距离的。

前段时间,有朋友跟我抱怨,自家三岁的娃学会玩手机,基本上给玩具都不管用,一旦把他手里的手机抢走,立马满地打滚。虽然她满面愁容,我却看见她一边跟我说着话一边玩手机,那个瞬间,我也不知该作何反应。

很多父母会将孩子的种种不是怪罪给学校,怪罪给老师,怪罪给孩子,唯独不怪罪给自己。

我们常常羡慕那些出生在书香门第或是艺术家庭的孩子,觉得人家的孩子连呼吸都是优雅过于常人。的确,在那样良好的品质、道德、习惯的熏陶下,孩子受到的影响比我们单纯的"说教"式教育要有用得多。父母这种"行为式"教育才能够真正地融入孩子的生活里。

大部分中国父母都将孩子当作"命根子",视为自己生命的延续,期望自己一生未完成的理想能在孩子的身上得到实现。所以在中国,孩子一出生就背负着两代人的人生,既压抑又无法实现自身价值。

人生价值并不完全体现在你在学校学到多少知识,而是更多体现在你举手投足间的教养。

女儿三岁多，每次出门玩耍，即使手里拿着一袋子玩具，但只要看到她喜欢的其他小朋友的玩具，她就会慢慢靠近准备抢夺，这时的我就会一把抓住她要落下的手，把她拉回来。她俨然是个"小人精"，只要她外婆在旁边就会哭闹撒泼，因为她知道她外婆一定会护着她，责备我。果不其然，母亲会抱怨："干吗那么较真，这个年龄的孩子不都是这样的吗，有什么好大惊小怪的！"母亲说这番话时，我看到女儿偷偷地瞥了我一眼，一副胜利在望的样子。我说："三岁看老，不纵容孩子的坏习惯，我们不能被人侵犯，但也绝不能侵犯别人，这是我们能教给她的基本教养。"母亲听完之后不吭声了。

走出校园这么些年，我发现，除了那些智商能力超群的同学不需要拼情商之外，大部分混得不错的都是拼人品。而人品，与成长环境、家庭教养密不可分。

其实我们这代人成为父母之后，绝大部分人会不经意间延续老一辈人的方式，把大部分精力放在培养孩子的各种能力上，恨不得一见面就开始比赛，比如什么时候抬头，什么时候开口说话，什么时候开始走路，什么时候开始数数，什么时候开始背诗，云云。但这类父母都忽略了最重要的部分——帮孩子纠正每一个时期里不该有的不良习惯：暴力、抢夺、刁蛮。

我特别认同一个观点：穷养也好，富养也罢，唯教养不可或缺。

孩子不是我们的工艺品或附属品。在不纵容孩子坏习惯，不磨平孩子个性的前提下，让他成为一个有教养的人，对于我们，对于社会，都是最好的责任延续。

曾看过这么一段话：言教再多也不如身教有效。可惜的是社会上有数不清的父母，其身不正却希望自己的孩子不要行差踏错。你希望孩子讲礼貌，你就不要在孩子面前"出口成脏"；你希望孩子爱学习，你就尽量在孩子面前拿起书本而不是玩看手机或电视；你希望孩子有理想有追求，你在孩子的面前就要体现出你的追求和努力。父母是原件，孩子就是复印件，父母的优缺点都会毫无遗漏地体现在孩子身上甚至被放大。

我们不要老是把眼光放得那么高，关注点也别老是放在"别人家的孩子"

身上。切实地感受孩子的感受，直击孩子的需求点。要知道，教育不是简单的三两事，作为父母的我们和孩子都需要不断地学习，一生就这么一次机会，希望不要留下任何遗憾。

作者简介

　　祝小祝，"85后"宝妈，一个喜欢与人分享育儿经验和健康养护心得，喜欢旅行，并不断在瘦身与美食之间挣扎的人。

女儿是梦想的天使

李　勋

　　"爸爸，那您为什么不用袋子把梦装上、扎紧，不要把它放出来……"这是女儿朗朗八岁时，我向她讲述夜间做过的一场噩梦时她的机灵回答。幼小孩童一下脱口的语言，不禁令人大吃一惊。

　　2010年10月，处在多梦年龄、刚刚经历过高考的女儿，信誓旦旦地向我发话，表达她大学毕业后要做一名特级面包师的意愿，但还未等我亲尝到她精心制作的面包，转眼间，她竟和她妈妈一起背着我偷偷在网上报名参军了，接下来就是忙着体检、政审、等待录取结果……那年年底她有幸穿上绿军装，成了一名骄傲的女兵。

　　又过了一些时日，她因受不了训练的艰苦，常常吵着闹着要离开部队返回家乡。当初入伍时的很多美妙想法被她一股脑地丢掉，她想成为中途退却的"逃兵"。说真的，那时每每接到女儿近似哭泣的电话，我心中也动摇过，一个女孩子且年龄那么小，让她远离家人我也实在放心不下。但一转念我马上又调整思维宽慰女儿，向她讲述我入伍参军的经历，也是十七八岁的年纪，和一群战友在孤零零的小岛上守卫祖国海礁，条件十分艰苦。回忆那段苦尽甘来的军旅人生，我用温言细语感化她。

　　也许是我作为一个农民儿子的坎坷人生经历，也许是我一直坚持飞向大海的蓝色梦想，也许是我对梦想坚持不懈地追求的经历，感化了一样有着多彩梦想的女儿，她表示无论如何也要尽好当三年兵的义务。

2012年春节刚过，开始放飞军营梦想的女儿，像一只轻盈的小燕子般很是乖巧地飞到了我的面前："爸爸我想考军校，请支持我……"

看着女儿的变化，我满心欢喜，一口应允下来："好，为我心爱的女儿加油，让你飞得更高更远吧，但愿军队有可供你驰骋的天空……"那个阳光正好的上午，我们父女俩一起坐在部队操场外那块青青草坪上，在蓝天下促膝谈心，快乐放飞心中那美好的愿望。

接下来我鼓励女儿在训练间隙复习文化功课，联系送她去军区教导大队参加考前培训，指导她填报志愿，陪伴她参加军考，直到最后一波三折地被录取，我们那段日子的紧张程度不亚于参加一场激烈而严肃的高考，心都提到了嗓子眼。

在女儿奔赴重庆就读军校的日子里，我们父女俩不仅鸿雁传书，而且还时常电话传情，相互鼓励，诉说衷肠。

又是一年春绿时，校园里紫燕纷飞，临近女儿2015年6月分配之时，我飞到沙坪坝区歌乐山下，几多焦虑惆怅，化开校园上空那白色的云，染白了为女儿的分配操劳的我的头发。好在离开重庆的那天下午，懂事的女儿不断宽慰我说："爸爸，我不在乎分往哪里，要是去偏远西藏会更好些，那里有蓝蓝的天白白的云，还有广袤无垠的沙漠，正是放飞青春的好地方……"临别时，也许是因为我那满是不安的心绪，我分明看到女儿那柔柔的满含期待的眼神，充满了对我的体谅与爱怜。

时光飞逝，在分配到武汉一个部队后的两年时光里，女儿被锻炼成了一名英姿飒爽的排长，作为一名军事主官，她带领全排刻苦操练，在三尺机台上书写荣光，展现一代铿锵女兵的风采。今年春节期间，她带领全排取得优异的军事成绩，上了《解放军报》和中国军网，同时她创作的军旅诗歌还被知名媒体选载。

在女儿出生、成长、成熟的二十多年的诗梦岁月里，为了尽心尽力放飞女儿心中的梦想，我用最大的理解去读懂她，几乎没有与她红过一次脸。一个眼神，一句暖心话语，一个体贴关怀的细小动作，都装在我们彼此的心里。

前几天，我突然接到在汉口的妹妹打来的电话，她在电话中向我倒苦水，诉说她儿子"每天要这要那、想这想那"，如何不听话。提到儿子写在笔记本中的一段话"李梅，我的第一大仇人、仇人、仇人、仇人……"，她更是絮絮叨叨地表示不想要这个儿子，满口的"我该怎么办"。我听了之后，狠狠训斥了妹妹一顿。说实话，我早就对她平时管教孩子的欠妥作法不满了，也不止一次提出过"抗议"。每次看到她一巴掌下来，打在外甥的身上，我心中总会禁不住一阵阵地疼，而气愤的妹妹总是嚷嚷着不打不成器，人家都是这么管教孩子的云云。

也许从小没读过几天书的妹妹，还天真地相信"棒棍底下出孝子"的道理，殊不知这是封建社会遗存下来的教子家风，如今真的不足取了。

我在电话中劝诫妹妹一阵后，又叫她把电话转给外甥接听，在对话中我娓娓叙述他妈妈从小把他带到大多么艰辛多么不容易，并对小外甥进行心理疏导，外甥在电话那头发出了一连串"嗯嗯嗯"的满是信服的答复声。

童年时的孩子，脑子里有很多想法，有一下填不满的欲望。我们这些做大人的，不要一下泯灭他们过于天真烂漫的性情，要让他们展开尽情想象的翅膀，放飞其本来的梦想，然后像放风筝般，适时做一个轻轻的牵引，把他们拉回正确航道，帮他们找寻到属于他们人生的理想坐标。

换言之，就是让孩子们尽情腾飞在多梦的天空中，然后帮着他们找到那个梦想的出口，让他们经历或者感受"春蚕吐丝"的过程，在慢慢的成长中磨炼他们的心智，这才是我们为父为母应该做到的，或者说是该温习的一门教子育人的功课。

有位诗人说过："梦想也是一个很奇妙的东西，如果有一天你被她打动，并与之相亲相爱，直到她成为你的那个天使，她将会同你一起慢慢长大变老，成为你人生风雨征途不可或缺的至亲……"亲爱的家长们，让我们在自己的那一方田地中，满怀希望和憧憬，教导和引领孩子们一路撒下梦想的种子，在田园里辛勤耕耘，用想象的翅膀、创造的智慧、劳动的汗水，一起收获那流光溢彩的迷人景致吧！

作者简介

李勋，中国电力作家协会、湖北省作家协会会员，在《诗刊》《人民文学》《星星》等发表作品千余篇，作品被收录在《青年文摘》《读书文摘》，曾获文学大奖40多次，出版专著多部。

孩子们

郭昭亮

读到这样的话：一个人养成好习惯，会一辈子享用不尽它的"利息"；要是养成坏习惯，就会一辈子都偿还不清它的"债务"。

很多父母都希望孩子成龙成凤，但最终却未能如愿。为何？关键在家庭、在家教、在家风。

家庭是培养习惯的学校。有人说，一个母亲的影响抵得上一百所学校的老师。我深表赞同。优秀孩子多有优质家长，问题孩子多有问题家风。

父母和谐相处，孩子必然通情达理；父母整天吵闹，孩子必定脾气暴躁；父母对老人不敬，孩子也定会上行下效……

父母既是孩子的模板，又是第一任老师，其一言一行都在引领着孩子向前走。

"十佳母亲"艾利说："在这个社会上唯一没有人监督、考核的就是父母，生了孩子就是爸妈，至于够不够格没有人管。"

有的孩子说，他从小就天天看父母打麻将，最先认识的字是"东西南北中"。父母在很大程度上决定着孩子的命运。即使家庭一贫如洗，只要有善良、慈祥、会教育的父母，鸡窝里照样能飞出金凤凰；反之，金窝里也只能造就败家子！

古训有"万般皆下品，唯有读书高"。在饱受饥饿困苦的时期，我家孩子尚都在懵懂中，我当时干脆直白地说："读书能让你们将来吃饱肚子！""吃

266

饱肚子"对饥饿的人来说是最有诱惑力的。

那时我能做到的，就是给孩子们讲古今中外的读书故事。

长子说，有一个故事像刀刻一样烙印在兄弟姐妹的头脑中。说的是美国曾有过这样两个家庭：一个是爱德华家族，其始祖是位满腹经纶的哲学家，他的后代大多传承了家族勤学善思的传统，8代子孙中出了13位大学校长、100多位教授、80多位文学家、20多位议员和一位副总统。另一个家族的始祖珠克，是个不读书、缺乏修养的赌徒、酒鬼，他的8代子孙中有300多个乞丐、7个杀人犯和60多个盗窃犯。

孩子们说，这个故事让他们感悟到：读不读书，其结果是有着天壤之别的。既如此，他们读书的热情就被激发出来了。

我与妻子都是老师，常常是手不离卷、读书不懈。孩子的小学由妻子教，初高中由我来教。要求学生做到的，老师只有首先做到，学生才能佩服你、敬重你。如凡是要求背诵的课文，即使是篇幅较长的《孔雀东南飞》《琵琶行》等，我也会首先背给学生听。律己的行为是无声的命令，其号召力无疑是巨大的。

读书的习惯一旦养成，就不等扬鞭自奋蹄了。

一次，妻子让二儿子用柴草烧火做饭，他一心二用，着迷于书本而离开厨房，结果灶膛里的火冲出灶门，点着了灶门外的一堆柴，继而把厨房里的米面、油盐、家具等烧了个精光。考大学的那年，他废寝忘食、一心备考。我们夫妻俩看在眼里、痛在心里，警告儿子："身体垮了什么都没了！"可他听不进去，听烦后就回答："我就是要把梦想变为现实！"

二儿子终于考上理想的英语专业。他毕业后留校任教，后又被调到上海的重点高中任职，并被评为"模范教师"。

社会上的一切财富，无论是精神的还是物质的，都是靠劳动获得的。珍惜劳动果实靠勤俭，勤俭是最好的传家宝。

当年两个教师的工资是供不起六个大、中学生的。为弥补不足，我不得不做起养家畜、挖药材、自做衣服等事情。八口人的衣服由我亲自裁剪，妻子手工缝制。妻子白天教课，夜晚还要一针一针地纳鞋底。

身教重于言传，父母的劳累辛苦，孩子们看在眼里、记在心里，也落实到了行动上。

为减轻父母的负担，孩子们争抢着干家务。他们主动承担起养猪的活计。待猪长大，要赶到10公里外去卖，大人无论怎么赶，猪都不走，可孩子们在前面领路，那猪便乖乖地跟着到了收购站。人们感叹，真是穷人的孩子当家早呀！

孩子们上大学时，不追时尚，衣服、鞋子仍是穿父母手工做的。有热心的邻居劝我们说，让孩子穿好一点，尤其是女孩子。可大女儿却说，只要学习不落后，就比什么都光彩！

生活越是艰难，摆脱贫穷的愿望就越强烈。在哥哥姐姐的影响下，下面读中学的三个孩子也相继考上了大学。巧的是六个孩子都赶上了毕业分配政策，更巧的是他们还都先后从新疆调到了广东。

小女儿参加全国英语自学考试，最后，一年考过了五门。当地教育局局长常把她作为激励年轻教师的范例。来广东后，她还升任成了副校长。三儿子调来广东后一直承担体育教学任务，他撰写的学术论文曾在国家级体育刊物上发表。小儿子获得硕士学位之后，去年以访问学者的身份去了华沙肖邦音乐大学深造。

妻子说，贫穷是我们家的最大财富。儿女们说，好家风催人成才，好家长促家兴旺！

作者简介

郭昭亮，副教授。1938年生于安徽萧县。大学毕业后支边新疆，曾任多所学校的副校长、校长等职。

一则抗战家训

一　见

1937年，日军全面入侵中华大地，中华民族到了最危险的时刻。

四川的安县流传着一个"父义子忠"的抗战义举的故事，动人心弦，感人肺腑。

原安县擂鼓乡有一位25岁的教书先生叫王建堂。他7岁读私塾，13岁跟随舅舅到江油中学读书，19岁进入当时军阀所建的"江彰文学院"读大学。后因学院停办，王建堂辍学回家乡当了一名小学教师。由于他曾随舅舅外出，走南闯北，见多识广，接受了许多进步思想，大家都称他为王老师。

日军全面入侵中华，日军的铁蹄已入侵到了距四川不远的武汉。中华民族奋起反抗！风华正茂的王建堂得知这一消息，义愤填膺，决定邀约几位志同道合的爱国青年去前线抗日。王建堂一呼百应，有百余名青年踊跃报名加入抗日队伍。队伍取名"川西北青年请缨杀敌队"，大家推荐王建堂为队长。

这支"川西北青年请缨杀敌队"来到县城，引起了县政府的重视，县政府在安县为他们举行了声势浩大的抗日誓师大会。就在临行前的誓师大会上，县长当着大家的面，激动地拿出一面用白布做成的大旗，正中写着一个斗大且苍劲的"死"字。

这面旗帜并非外人所赠，而是王建堂的父亲王者成闻听儿子要抗战出征，在家里想了很久而自制的一面家训旗。他专门用邮寄的形式把旗寄给了县政府，当作儿子出征时的礼物。县长将这面白底黑字的"死"字旗展出，

269

刚开始时是死一般的宁静，后来爆发出的是热烈的掌声。众人纷纷致敬，抗战热情被大大激发。

这面不足一米长的白布上，在"死"字的右上方写道：我不愿你在我近前尽孝，只愿你在民族分上尽忠！

左侧则有一段感人至深的家训：国难当头，日寇狰狞，国家兴亡，匹夫有分，本欲服役，奈过年龄，幸吾有子，自觉请缨，赐旗一面，时刻随身，伤时拭血，死后裹身，勇往直前，勿忘本分。父手谕！

这面"死"字旗就是父亲给儿子的一则家训，既体现了父亲对儿子的告诫与规定，又彰显了无数个家庭对祖国守土有责的忠义豪气。1938年3月，四川成都的《新新新闻》报刊刊登了这面"死"字旗，以"模范父亲"为题，报道了四川义民王者成送儿子王建堂出征的感人故事。

这面抗战"死"字旗，是最好的告诫和鼓励；这则抗战家训，激励了无数的后人爱家爱国！

作者简介

一见，原名黎健，四川安县人，四川省作家协会会员，多篇文字见诸国内报刊，著有诗歌、散文专集。

与人为善，一路吉祥

肖 娟

"忠厚传家久，诗书继世长"是中国人经典的家风传统。每逢春节，老妈总不忘叮嘱我们兄妹在大门口贴上这副楹联。今年过年，有书法家进小区写春联，老妈从柜子里找出一盒陈年普洱，吩咐我一定要赠送给为我家写对联的老师。我说人家未必肯收的，他们在替政府做活动，搞惠民工程。老妈言辞恳切地说："这不算送礼，只是聊表咱们的一点心意，人家大老远上门给你写对联，要懂得尊敬人家，做人要知恩图报。"

我了解老妈的脾气，顺从地接过茶叶下楼了。临近春节，求春联的人真不少，红红的楹联、中国结、灯笼处处彰显着传统的年节气象。"爆竹声声辞旧岁，总把新桃换旧符"，门口贴上对联，红运当头，图个吉利。给我写春联的张老师果然不肯接受茶叶，我磨了许久他才勉强收下。之后他又主动给我妈写了"健康是福"四个字，以此祝福我90岁的老妈健康长寿，人寿年丰。

老妈勤劳、善良，是我们家族里年纪最长的，家族里的红白喜事，一定要请到老妈出席，只要有她在场，诸事都顺利，因此老妈还有一个有趣的绰号——"老佛爷"。

"老佛爷"的善良有口皆碑，对俺们兄妹仨的教育是做人要良善、本分。俺爸兄弟姐妹众多，一共有9个，老妈跟老爸结婚的时候，爸爸最小的弟弟才10岁，妈妈像对待自己的亲生孩子一般，将他带在身边照顾，从他上小学、中学开始，直到他参加工作。老妈以她的能干、包容，箍住了一家老小，家中经常是十几号人一起吃饭，人丁兴旺。她时常爱说一句话："本分本分，自有一份，能帮人时搭把手，能饶人处且饶人，尤其不能爱占别人便宜。"

听老妈讲我小时候挺听话，是个乖乖女，倒是越大越叛逆。我笑着回她，兴许是你小时候老压迫我，老是依照你设想的模子塑造我。老妈说女孩子就得有女孩子的样儿，好好读书、好好工作，成家后相夫教子。妈妈是这样走过来的，妈妈的妈妈更是大门不出、二门不迈，以其勤勉持家、老实本分、恪守贤淑的妇德，践行着一个传统女子的规范。

我骨子里是个传统的人，可能是姥姥、妈妈的遗传因子在我身体的某个看不见的地方仍然在顽固地起着作用。离开家乡后我独自一人来到北京，顺理成章地结婚生子。女儿降生以后，看着她的小手小脸一天天长大、长胖，我的心里无限欣喜。在她五六岁的时候，我也曾随波逐流，送她学过钢琴、绘画、古筝、滑冰，尽管心里纠结，但我受不住"不要让孩子输在起跑线上"的到处宣传。每次送女儿去上兴趣班的时候，看见成堆的家长围在一起叽叽喳喳，似乎志在必得，一定要把孩子培养成全能冠军，我就怀疑是否是家长想借孩子来实现自己当年未完成的梦想。好在女儿喜欢画画，每次上完课回来都会跟我说"妈妈，画画像玩儿似的"，并兴高采烈地拿出当天的"作品"给我看。教她画画的老师总夸她有灵气。美术成了她唯一的坚持，我支持了她的选择。

我总想把妈妈对我的教育传递给女儿。妈妈说她读过"曾国藩家训"，第一条是"早起"。天道酬勤，家道门风正直端方的人家，一定不会懒惰。我对女儿说早起是一种好习惯，不管有事没事，早起的鸟儿有食吃。又问女儿，那咱家最有口碑的家风是哪一条？她回答，咱家的人都很善良。她接着说她自己也善良，但不会轻信。我继续"采访"她，你认为妈妈对你影响最大的一点是什么？她想了想，一本正经地回答："你太傻，我只能靠我自己。"呵呵！原本想讨个表扬，不料女儿自己在励志。

父母给孩子的爱，应该是帮孩子早一天独立飞行。这些年我们所有的努力和付出，都是为了女儿能早日自立、自强，早日明白生活之道，并活出她自己的精彩。德养运，善养福，傻就傻点吧，有机会多为他人、为社会传播一点正能量，亦是价值的体现。前些日子"雅思考试"，女儿说她有些累，想约我看场电影。我们按照老办法，以"锤子剪刀布"的游戏，赢取话语权，谁赢了就听谁的。我赢了，她陪着我看《佳人有约》，她说只要我高兴，她就一路吉祥。

我想，我妈，我妈的妈，也都会一路吉祥。

作者简介

肖娟，中国散文学会会员，北京作家协会会员，海淀区作家协会副秘书长，擅长散文、报告文学创作。做过教师、电视编导、杂志编辑。

慈母是先生

赵 威

中国社会素有"严父慈母"之说，又有"养不教，父之过；教不严，师之惰"的古训，将教育之责任寄于父、托于师。其实，相较于父教、师教，母教地位更为重要，人子幼时，与母亲最亲，举动善恶，父亲或不能知，母亲则无不知之，故母教尤切。

慈母是先生，母亲是孩子人生中的第一位老师，影响孩子的一生。东汉时，有个叫陆续的人，儿时看到母亲总是把肉切得方方正正，把葱切成一寸长，不解其理，便问母亲，为何要这样切呢？陆母回答说："这样做菜方正有度，就是教育你做人也该如此啊。"陆续牢记母亲的话，深明为人之道，立志做一个刚正不阿的人。后来，蒙受不白之冤的陆续，虽受酷刑也不违心招认。陆母前来探监，请求狱吏将她做的饭转送给陆续。陆续见后痛哭流涕，说出了自己从小看母亲切菜方方正正，意在教育他要堂堂正正做人的事情。结果，此事感动了狱吏，也感动了皇帝，陆续最终被赦免。

近代著名思想家梁启超曾说："母教善者，其子之成立也易；不善者，其子之成立也难。"梁启超自身的成长成才和梁氏一门的人才辈出，母教发挥的作用举足轻重。梁启超一生匡时济世，为民族强盛鼓与呼，在致力于改造中国社会的同时，也非常重视对下一代的教育。梁启超育有九个子女，个个成才，个个是其百年家族发展历程中的翘楚。其实，梁氏一门的家风早已奠定，梁启超的母亲赵氏便堪称母教楷模。梁母品德极佳，以孝贤闻名，是儿子的启蒙老师，梁启超在回忆录中写道："我为童子时，未有学校也。我初认字，则我母教我。"梁母教儿子读书识字的同时，尤其注重教儿子如何做人。

在梁家，孩子犯错不要紧，只要知错能改，就可以原谅，唯独对说谎不能容忍。6岁那年发生的一件事，让梁启超铭记终身。那次，小梁启超不知因何事说了一句谎话，被母亲发觉。吃过晚饭，梁母把儿子叫到卧室，喝令其跪下，然后就说谎一事"严加盘诘"。令梁启超难以忘记的是慈祥温和的母亲变得怒不可遏，盘问完毕，一把将他摁到膝上，用力打了他十几下屁股。边打边教训道："汝若再说谎，汝将来便成窃盗，便成乞丐！"在梁母看来，一个人犯错并不可怕，可怕的是靠谎言来隐瞒事实，或明知故犯、自欺欺人，还自以为得计，那样的话同盗贼有何区别？如何取信于人？若一个人从小就染上撒谎的恶习，长大后也难有信用可言，将无法在社会上立足，只能向他人乞食。梁母对儿子施以体罚的同时，给他剖析其中的道理，让其明白错在哪里。有话云："一回是徒弟，二回是师傅。""为善容易回头，为恶能回头者十未见其一也。"梁母教子符合"勿以善小而不为，勿以恶小而为之"的千古良训。

反观当下，人们对家庭教育的漠视令人担忧。家长们对学区房、培训班等教育资源的疯狂追逐，可以窥测人们对学校教育的重视程度，以及害怕"孩子输在起跑线上"的心理。其实，害怕输的是家长自己，他们把自己没实现或不可能实现的愿望寄托在孩子身上，望子成龙、望女成凤，把重任推给学校，却恰恰忘记了家庭才是孩子的第一所学校，优良的家风才是塑造孩子人格、影响其一生的关键。"起跑线"只是一条虚构的线，若非要划定这样一条线，则应回到胎教阶段中去。古人对胎教是极其重视的，女子怀孕后，要分房，家里的摆设、挂饰都要改变，以免对胎儿造成不利影响。历史记载，周文王的母亲太任可为胎教典范，"太任之性，端一诚庄，惟德之行"，她怀孕后，"目不识恶色，耳不听淫声，口不出敖言，能以胎教"。太任约束自己的言行、举止、心念，行善事，做好人，重视自己的一举一动对胎儿的影响。所以文王"生而明圣"。

慈母是先生，母亲的言传身教就是家庭之风气的写照，而家风则关系到社会风气之好坏，关系到国民素质之高低。母教文化是我们取之不尽、用之不竭的营养资源，是当下家风建设的重要课题，可以纠正学校教育之偏失。

作者简介

赵威，专栏作家。山东日照人，毕业于中国人民大学清史研究所，现在媒体供职。在腾讯新闻运营历史文化类自媒体"察察堂"。作品散见于《人民日报》《光明日报》等，在《中国纪检监察报》《中老年时报》开设有历史文化专栏。

成为更好的自己

董向慧

在当爸爸之前，我对自己成为一名好爸爸是信心满满的。几年前，我常常幻想这样一个画面：我抱着一个粉嫩的宝宝，看着他在我臂弯里安静地睡觉。两年前，我如愿以偿当上了爸爸。这才发现，幻想中的宝宝和现实中的宝宝，就像"淘宝"中的"卖家秀"与"买家秀"。

你刚出生时，睡眠时间还算多。一岁之后，你就进入了"充电五分钟，通话两小时"状态——白天觉很少，早晨醒得早。你从蹒跚学步到满地乱跑，都需要我寸步不离地跟着。几个小时下去，我便筋疲力尽。最熬人的是夜里，你饿了或者尿床了，一声哭号就如同军令把我从香甜的睡梦中拽出来。而当深夜被你从睡梦中"叫醒"时，我每每怒气直冲头顶，真想狠狠给你几巴掌。这时，只有在心里默念"孩子是亲生的"，我才能压着怒气，哄你吃奶、睡觉。

以前看新闻说保姆虐待婴儿，总想：那么可爱的孩子，怎么就能下得去毒手呢？带孩子两年，我发现自己竟然也会如此暴躁。当你哭闹不止时，当你不好好吃饭时，当你晚上调皮不睡觉时，当你满屋子扔东西时……我真想打你几巴掌。但很快又反问自己，我为什么是这么糟糕的爸爸？

渐渐地，我明白了，你哇哇大哭是因为饿了或者不舒服，想请求帮助；不好好吃饭也许是没有胃口；乱扔东西是在探索未知世界……大人眼中微不足道的事情，对于小宝宝来说就是天大的事情。渐渐地，我学会了控制自己

277

的愤怒、暴躁，开始学着去理解你的行为，也学着去理解那些我以前无法接受的人或事。

谢谢宝宝，你是我的老师。

除了学会理解，当爸爸两年，我的生活发生了很多变化。以前，我会睡到早晨八点钟。现在，早晨五六点钟，你会准时叫我起床。以前，我经常出去吃烤串大排档，现在学会了自己做饭。两年下来，我腰上的赘肉没有了，体检各项指标正常了，还喜欢上了自己换着花样做菜。这过程虽然辛苦，但确是让我的生活焕然一新。

在不知不觉中，你慢慢长大，从牙牙学语到学会喊爸爸妈妈。我也从最初的烦躁愤怒，渐渐学会了如何与你相处。一个月前的一天，我突发奇想，对着你说："来亲爸爸一口。"你从床上噔噔噔地跑过来，在我脸上亲了下去，随后露出满意的笑容。那时，我真正地体会到了做父亲的幸福和满足。

以前总听人说，"不养儿不知父母恩"。在我看来，父母与孩子没有恩赐关系，有的是互相理解、共同成长。当你听到孩子哭声的第一反应不是烦躁，而是看他有什么需求；当你耐心地与孩子一起做游戏，而不是独自去玩手机；当你看到孩子乱扔东西不去生气，而是尊重、鼓励他去探索未知世界；当你瞌睡得不行的时候不去责怪孩子，而是耐心为他讲故事……

这些让我们脱离"舒适区"的事情，都能教会我们如何去理解别人，如何去处理我们内心的愤怒、暴躁，如何去克服我们自身的惰性，从而成为更好的自己。

说到成长，除了要感谢宝宝你，还应该感谢的是宝妈。宝妈在我每个怒不可遏、伸手想打你的时候温柔地劝解："孩子是奔着我们来的，要对他好一些。"作为深受儒家"尊尊亲亲"思想影响的我，这句话让我从另一种角度去看待父母与孩子的关系——那个选择了我们作为父母的宝宝，对我们是多么信任！

人们一直说"家和万事兴"，那么，在父母和子女之间，如何能做到"和"？

细细想来，一味强调父母恩情的思想并不合时宜，因为在父母付出辛劳和爱的同时，孩子付出的是无条件的信任。

父母对孩子，不能一味给予，而是要与之共同成长。这个关于"家和"的道理，我想等你长大了告诉你，也希望你以后能告诉你自己的孩子。

作者简介

董向慧，内蒙古赤峰人，毕业于南开大学社会学系，2011年获法学博士学位。现就职于今晚报社研究所，任主任编辑。著有《中国人的命理信仰》《微博如何改变社会》。

诚以待人，宽以对事

朝　颜

我从小就发现父亲和村里的其他人不一样。他有一群亲如兄弟的好友，时常有来往，遇事互相帮。他经常教育我要"诚以待人，宽以对事"，这在我家，几乎成了金科玉律。

一个好家风的传承，似乎只在春风化雨、润物无声中。我生下女儿存豫以后，也自觉或不自觉地重视引导她建立友谊。耳濡目染中，存豫从小就珍视情谊，喜欢和小伙伴玩。在幼儿园时，她交了不少好朋友，拍毕业照时还哭了鼻子。刚进入小学一年级时，由于性格开朗，她很快便跟小朋友们熟悉了起来。更令人高兴的是，她交上了一个特别要好的朋友——澄宇。她们俩都是班里的班干部，又一块参加了周末的美术兴趣班。存豫每天放学回来，说得最多的就是澄宇了，眉宇间掩饰不住对澄宇的喜欢和信赖。

可是好景不长，有一天，存豫哭着回来说："我再也不想跟澄宇玩了！"

"发生什么事了呢？"我耐心地询问女儿。

原来，澄宇上课时向存豫借了块橡皮擦，用完之后，想丢还给存豫，结果不小心丢到放扫把的角落里，怎么也找不着了。

我连忙安慰存豫："澄宇不是故意的呀！橡皮丢了不要紧，妈妈给你再买一块就是，好朋友之间，可不要因为一件小事情就互不搭理了呢。"

"可是那块橡皮是我最喜欢的，她丢的时候怎么可以不提醒我呢？而且老师叫她道歉她还不肯。"存豫仍然委屈地哭着。

是啊，每个孩子都有自己的内心坚持。存豫非常惜物，对自己的东西珍爱得不得了，每一件文具都收拾得整整齐齐，更不会随便乱丢。我猜如果不是澄宇向她借，她可能还不一定那么爽快地给呢。

我和存豫的爸爸左劝右劝，好不容易哄好了存豫，她终于同意用一块新买的透明橡皮，不再纠结于那块丢失的橡皮了。但是要她继续跟澄宇做好朋友，她却怎么也不肯。

我心想，孩子怎么能如此轻易放弃自己的友谊呢？我想到了向老师求助。跟老师一了解，才知道事情远没那么简单。丢掉橡皮的那节课，存豫哭着告诉了老师，老师要求澄宇道歉，但澄宇认为自己不是故意的，无论如何也不答应，结果平时班里最乖的两个小朋友当着全班同学的面各自哇哇大哭了一场。下课以后，澄宇表示再也不想理存豫了。存豫丢了心爱的橡皮，又没等来道歉，也非常难受。两个好朋友各自"火"气攻心，关系彻底闹僵。更让存豫接受不了的是，澄宇看到存豫有了一块透明的新橡皮，便跟其他小朋友说："存豫的橡皮是垃圾做的！"虽然如此，存豫每天回来，嘴里说得最多的还是澄宇。我明白女儿表面强硬，其实心里还是很舍不得这个好朋友的。

解铃还须系铃人，趁着周末送女儿去美术班的当儿，我等来了澄宇和她的父母。一问，原来她的父母也正为此事担心着呢。她的妈妈说，澄宇非要买一个和存豫一样的透明橡皮擦。显然，澄宇心里也很在乎存豫，所以才会对存豫的学习用品那么在意。只是要她主动和好，一下子不好意思开口而已。我想，这时只要给她们一个台阶下，也许问题就迎刃而解了。

我们把两个小朋友叫到一块，问："你们还想做好朋友吗？"她们都不好意思地笑了。接孩子回家的时候，我们惊喜地发现，她们已经和原来一样亲密无间了。

第二天，澄宇送给存豫一块很大的粉红色橡皮，存豫喜欢得不得了。

我问："你现在还生澄宇的气吗？"

"不生了。"存豫说。

"你接受了人家的礼物，应该怎么做才好呢？"

存豫歪着头想了想说："我也想送礼物给她。"

女儿找啊找，找出了一支图案特别漂亮的，一直舍不得用的铅笔，打算回赠给澄宇。午休的时候，存豫还特地做了一张贺卡，在上面画了两个手拉手的小女孩，然后用拼音写道："我决定，我们永远都做好朋友！"

从那以后，两个孩子一直一同玩耍，互相帮助，共同进步，成了一对真正的好朋友。

"诚以待人，宽以对事"，孩子用行动践行了我们的家风。我愉快地揽过女儿，在她脸上印下一个吻："存豫，待人友善，你的朋友会越来越多的。"

作者简介

　　朝颜，原名钟秀华，鲁迅文学院第二十九届中青年作家高级研讨班学员。作品见《人民文学》《诗刊》《散文》《青年文学》等刊。获"井冈山文学奖"等多种奖项，作品多次被《散文选刊》选载并入选多种选本。出版有散文集《天空下的麦菜岭》。

你的孩子顶嘴了吗?

吴长占

很多家长难以忍受孩子顶嘴，感觉自己的权威受到了挑战。顶嘴是青春期逆反的表现。根据现代心理学研究理论来看，青春期逆反的特征，主要表现为人格上寻求独立、挑战权威，因此青春期被称为人生的"第二反抗期"。逆反是青春期的人际关系现象，之所以称为"现象"而不是"问题"，是因为它是这个时期应该出现的，如果不出现，那就说明可能成长滞后了。从这个意义上说，父母不但不应难受，反而应该高兴，因为孩子在成长。

小宇和妈妈就是因为这个走进了心理咨询室。妈妈说近来小宇对父母的态度发生了巨大变化，开始不听话、顶嘴、遮遮掩掩，还私自把校服裤子改瘦了，学习成绩下滑……

13岁的小宇刚好在青春期。表现出心理上寻求独立，对父母的依赖程度明显减轻，开始有主见等的特征，尽管他的主见在父母看来还很幼稚，但是在他的精神世界和现实圈子里，这样的主见可以让他感到自信。当父母拿家长身份和经济权力相要挟和"教育"他说"我们吃过的盐比你吃过的米都多……""作为你的父母我们有权利……""供你吃供你穿……""我们都是为你好……"这样的话的时候，他越来越难以忍受，越来越强烈地反抗，以致声言离家出走。父母一肚子的苦水，说他不知好歹，不懂感恩。他说父母不理解人、管得太宽。

青春期逆反听起来似乎是青少年的问题，而实质上需要调整的往往是家长。父母需要检视自己是否有陈旧的家长制观念，并且要想办法破除，然后放低姿态，平等对待孩子，给予尊重、信任，让孩子平稳度过这一焦虑而矛盾的人生阶段，成长为自信温和的人。实际上，个性得到充分尊重的孩子是不存在青春期逆反的。

家长要明白成熟是个过程，不可能一步到位。在青春期之前，孩子需要看护、指导乃至命令，到了青春期就要逐渐放松，尽管这种转变可能不是一个轻松愉快的过程。在孩子的独立意识逐渐出现的同时，父母需要逐渐放松家长意识，尊重孩子的意见和自主权。有的父母说："已经够尊重了，小的时候就经常征求他的意见，但是现在还是出了问题。"对于这样的表述，如果深入询问，往往会发现平等是表面的，那种"平等"含有很多强势引导和方向控制，对于儿童是必要的，但是现在孩子有了新的变化，这种表面的平等就失效了。我们倡导"陪着孩子成长"，是说我们的态度和方法要与时俱进不断调整。

典型的情况是家长不放心而继续控制，这时摩擦就会发生，因为孩子对不信任充满愤怒。不少家长焦虑和控制的原因往往是其早年的心理创伤，成年后已深入到人格层面，这需要他们接受长时间的心理帮助才能松弛下来。对犯错的担心和对孩子的控制只能限制他们的成长，因为成长是在不断的试错过程中发生的。过度严格控制下长大的孩子可能平安不犯错，但是被限制之后造成的成长缺陷将成为其终身的痛苦。

孩子的自主尝试可能失败或出糗，家长要避免指责和嘲笑。有的家长会说，"看，不听老人言吃亏在眼前"，这实际上仍是在试图控制，会加重孩子的挫败感。有利于成长的话应该是："有主见是最重要的！没有关系，我们来看看到底哪里出了问题。"

家长要做孩子最信赖的伙伴乃至同盟。青春期孩子面对重大问题时仍然对父母有依赖，想要征询父母的意见，即使自己已经作出了决定，也希望得到父母的支持和鼓励，这正是父母走进孩子内心的机会。反过来说，如果想要对孩子施以积极影响，也必须先成为孩子信赖的伙伴，这样，孩子就不必以反抗来证明自己的独立人格了。善于倾听是最有效的方式，当然也不是来不得争执和辩论，平等的辩论是具有建设性意义的。

另外，家长的知识可能跟不上社会的快速变化，孩子感兴趣的事物家长可能不熟悉，这时就需要抱着学习的态度。美国作家马克·吐温曾经幽默地说："我14岁时，我父亲什么也不懂，当我21岁时，我对老人家在过去7年学了那么多知识感到惊奇。"这句话反映了青少年的心理特点，同时也反映了老人家的智慧。

经过开导，小宇父母领悟到原来问题的根源不在孩子而在自己，便决定改变。他们的改变使得两代人之间的冲突渐渐平息，而小宇由于心情改善，学习成绩也开始恢复。

如果你的孩子开始顶嘴，祝贺你！看你的了！

作者简介

吴长占，男，1966年生，内蒙古人，心理咨询师。企业管理专业本科毕业，做过教师、私企业主、国企高管，现从事心理咨询工作。

赏识，不护短

李永清

　　教育不可一蹴而就，它总是由无数个不经意的细节融合而成。你若善于教育，成长的花蕾就能在你的生活里悄然绽放，幽香浮动。回忆孩子的成长历程，桩桩琐事如天际那倏忽出现的彩虹，时间短暂却又如此耀眼。

　　孩子几个月大，刚会"ma——ma——ma"地咿呀学语，虽然听得不太清，但身为母亲的我很开心，大加赞赏："儿子，你真棒！"儿子会迈第一步时，我也表扬他："儿子，你好棒哟！来来来，到妈咪这边来！"此时，儿子会笑着跌跌撞撞地向我扑过来。看到这里，你或许不以为然，认为每位家长都能做到这样。可是幼童无知，童言无忌，当孩子说出不利于成长的话时，父母的引导就显得尤为重要。

　　我婆婆从农村来县城为我带小孩，煤气不敢用，冲凉时也不知如何使用热水器。三岁的孩子不懂事，嘲笑奶奶说："奶奶真笨，连热水器都不会用。"

　　我马上制止，并引导说："你不能嫌弃奶奶，奶奶是因为住在农村，见识少才不会使用热水器。其实你奶奶不但不笨，还挺灵巧，你身上穿的这件背心，就是她在不用尺子量度的情况下，把布条布碎，剪成一个个三角形，然后一针一线拼接出来的呀，妈妈我就没有这本事。"

　　我的言传与身教慢慢感染着儿子，当他看到我父亲——他的外公把坏雨伞、坏锁头修好时，很是崇拜："公公真棒，啥都会修！"

　　现在的小孩子大多不喜欢干家务，但我会几分撒娇几分赞赏，在撒娇与赞赏中培养儿子的动手能力。

儿子刚读小学二年级时的一天傍晚，我下班回到家时，觉得有点头晕，躺在床上想休息一会儿，而他却走过来，嚷着说："妈咪，我饿了，您怎么还不做饭呢？"

"妈妈上班好累啊，现在还有点头晕，你能帮忙先淘米煮饭吗？"我试探着问。

"我不会。"

"你是男子汉呀，况且有妈妈在，我说你就照做，一定可以的，试试好不好？"

"好吧，那我就试试，您说，量多少米？"

"两杯。"

"洗几次？"

"两到三次，觉得水不太浑浊就可以了。"

"那要放多少水呀？"

……

我一边指点他一边做，就这样，他成功帮我做出了第一顿饭，我大加赞赏！

做饭，于大人简单，但对小孩来说却是一个全新的课题。为人父母，就应善于发现孩子的点滴进步，及时赞赏：会煮饭了要表扬，会煮菜了要表扬，孩子写字有进步应表扬，孩子取得好成绩应赞赏……

用欣赏的眼光去看待，为孩子的成功喝彩，小孩就会变得越来越自信。但也不应过分夸奖，以免孩子养成"沽名钓誉"的不良习气。当孩子犯错的时候要严肃批评。

儿子刚读一年级时，新同学多，家长都宠着爱着自己的孩子，上学时都会让孩子带些零食或玩具。有一回下课，我碰巧看到儿子在吃小馒头，上前询问："你怎么有这零食吃的？"

"同学给的。"话语间透出几分得意。

第二天，我无意中又发现他在吃棉花糖，当时我并没在意，也没追问。不一会儿，他的班主任找到我，问我平时有没有给小孩零钱或零食，我否认了并将儿子近来常有零食吃的情况反映给老师知道。

"那他为什么跟我说是你给他买的呢？我不主张学生带零食来，你是知道的。"班主任说。

老师的话让我警醒，经过两天的跟踪了解，我发现那两次的零食，第一次的确是同学给的，第二次的却是他趁同学不在私自拿同学的。不问自取那是偷。我意识到问题的严重性，回到家，把他叫到跟前，问是怎么一回事，他以为我不知道，还说是同学给的。他的撒谎行为激怒了我，我拿起衣架就狠狠地打他，我要让他知道说谎不对，偷窃可耻！

"你太小题大做了。这只是小孩子的一时贪念，只想吃也就没考虑那么多。"孩子他爸说我打得太狠了。

可你知道吗，打在儿身上，疼在娘心中。"三岁看大，七岁看老""冰冻三尺，非一日之寒"。一个人小时候养成的道德品性，将直接影响其一生的学习、工作和生活，培养孩子存善施善的良好品性很有必要！

所以，孩子的错误哪怕只是那么一丁点儿，我也决不忽视和袒护。通过那一次挨揍，他再没犯过同样的错误，他不再贪小便宜，不再撒谎，还很乐于助人。

儿子读初中时，一次中午放学，他比往常晚了足足20分钟才回到家。原来是因为下雨，路上积水多，穿布鞋的同学很多都过不去，他只好用自行车一趟又一趟地把同学接过积水区。

高考前夕，儿子一个住校的好友感冒了，怕好友休息不好而影响高考，儿子主动邀请他来我家小住。

……

现在，儿子读大学了。我相信，他会越来越好。

作者简介

李永清，广东佛冈教育工作者，擅随笔，喜散文。作品《土包老妈"名言"伴成长》《感恩学生：让我收获别样幸福》均获奖。

榜　样

胡晓菲

女儿五岁时，我为了考驾照，总是挤出仅有的一天休息时间，早出晚归，拼命练车。当时家里人都不支持我考驾照，说非常严格，而且是红外线监测，通过率极低。

女儿问我最近为什么这么忙碌，也不陪她玩。我说因为妈妈要考驾驶证，要加油，与你读书一样，必须加油，妈妈不会开车，只有努力才能拿到驾驶证。女儿再问，妈妈那你能考过吗？只要努力就可以考过，我肯定地回答。

一天，我开车带孩子去兜风，孩子乐坏了。女儿告诉弟弟，知道吗？只要努力就会成功，像妈妈学车一样。

这件事对我触动很大，以至于现在在工作中我还依然时刻保持着这种做事风格。不管梦想有多高，通过努力就能实现。

有一天幼儿园放学，女儿趴在桌子上迟迟不写作业。我上前询问原因，孩子愁眉苦脸地告诉我说，老师布置的作业太难，我完成不了，我不会写"8"。

看到难过的女儿，我安慰的同时给予她更多的鼓励。其实，妈妈一开始也不会写，因为经常练习所以就会写了。你一开始是不是也不会写"1"？为什么现在写得这么漂亮？没有谁生下来就什么都会，都是反复练习之后才会做得非常好，妈妈相信你，只要你努力一定能写成"8"，而且是非常漂亮的"8"，加油！

果然，在我的鼓励下，孩子经过一个小时的反复练习，虽然写得不好看，但是写成了，她自己也非常兴奋，激动得又蹦又跳，我会写"8"了！我会写"8"了！

　　好孩子是鼓励出来的，批评和指责只会让他们变得更糟。

　　一年后，我又开始准备放置了两年的会计证考试，在考试前的日子里，我日夜努力地看书、做题，也许是因为年龄大的关系，依然有很多题我总是记不住。我很担心自己考不过，开始苦恼起来，无意中跟女儿抱怨：妮妮，妈妈非常努力了，可是还是有很多题记不住，我怕考不过，怎么办呢？

　　孩子看着我的眼睛跟我说：妈妈不怕！加油！只要努力就会成功！

　　看到6岁女儿的坚定眼神，我惊喜的同时心中又充满无限力量。我暗下决心，一定要给孩子做一个好榜样！我紧握拳头，摆出"加油"的姿势跟孩子说：好，妈妈加油！努力！孩子用同样的姿势鼓励我要加油。

　　考试前一天，我一晚上几乎没有合眼，把两科的课本连夜复习了一遍，直到考试前十分钟，才终于全部复习完。考试时，当把所有的题都答完，点击提交的那一刻，我的内心放松的同时又紧张万分。考试结果显示：合格！

　　当我告诉孩子我之所以能考过，是因为她给予了我鼓励，让我在考试前充满信心时，她脸上洋溢着幸福的笑容。

　　我相信我的孩子未来遇到困难和挑战时，第一反应不会是抱怨和指责，而是勇敢接受生活给予的挑战，并且通过努力解决它，让自己更好地成长。

　　现在，我对待孩子的学习依然保持这种态度，考试分数不重要，重要的是你是否真正努力了。都说父母是孩子最好的老师，实际上，孩子又何尝不是父母的老师呢？

　　遇到困难永不退缩，充满自信战胜自我。我做了好榜样给孩子，孩子也做了好榜样给我。

作者简介

胡晓菲，女，《医院管理论坛报》特约通讯员，中国卫生摄影协会会员，现供职于河北省邯郸市大名县妇幼保健院。

咱的幸福

陈立凤

送孩子上学的路上。

孩子说："咱俩在车上进行告别仪式吧。"孩子口中的告别仪式就是一个小小的拥抱。我和孩子的告别仪式一直都是在学校门口进行，可今天孩子是怎么了？十来年的习惯突然被打破，我真有些不适应。

看着儿子渐行渐远的背影，失落感让我的心空落落的。我心想：孩子这是长大了。我曾经的"小尾巴""跟屁虫"被有着羞涩感的小男子汉取代了。感觉我和孩子的爱要缩水，失落感严重困扰着我。

学校门口，每天都能遇到很多送孩子上学的家长。一位同我相熟的家长看我神情呆滞，就问："是不是哪里不舒服？"我就把孩子说的话还有我的想法说了出来。

她也感叹说："我觉得不全是羞涩感的问题。孩子长大，随着知识量增大，受的教育面也广了。是不是与传统意识有关系呢？"

她这一说，还真提醒了我，就和她攀谈起来。人家国外，家人之间彼此拥抱贴脸、吻脸颊都是经常的事儿。中国人，长大后很少与父母有爱的表达。不是不想表达，而是碍于面子，拉不下这个脸。结果，形成了习惯，都忘记向父母长辈表达，以至于后来就几乎不会表达了。

我们这样说，吸引来很多家长。结果，校门口成了讨论广场。年轻的家长们都对此深有感触，都希望能改变这种现状，大家建言献策，提出各种改进措施。

我听了很多建议，决心试一试，希望能教会自己的孩子表达爱。

我在孩子放学归来时有个习惯。虽然他自己有钥匙，但我这个当妈的还是喜欢开门迎接他放学。见面之后先是一个大大的拥抱，然后再询问这一天的零零碎碎。

可今天，我听见了孩子放学回来上楼的脚步声，却没像往常一样奔向门口给他开门，而是坐在沙发上懒懒地抱着靠枕沉思。

孩子在门口停留了几秒钟，屋内屋外都那么的静。我的呼吸停滞，似乎连空气都开始凝固。掏钥匙的声音打破了这种宁静。

孩子进门第一句话是："老妈，在家怎么不给我开门啊？"

"我们的习惯不是从早晨就开始改变了吗？"孩子听了这话，半晌没有反应。

足足过去了有十多秒钟，他红着脸说："妈妈，什么都没改变。我很，很爱你！"孩子的脸越来越红。这话像有着无比的吸引力，把我从沙发上唤起，飞跑着把他抱在怀里。

那一刻，我意识到：孩子是我生命的延续，一定要让我们的"爱之树"健康地延续下去。一个大胆的想法在我的脑中迅速萌发出来。

晚饭后，我对孩子说："咱们先不做作业，妈妈想让你上网看段视频。"孩子对我这个提议似乎有些意外。好奇地问："你又有啥新点子？"我神秘地笑笑说："我要让我们的'爱之树'长青。"他挠挠头皮，一头雾水。

我的QQ空间有段视频，是南方一所中学开学的演讲片段。题目是《爱，就要大声说出来》。大意是：父母引领你们来到这个世界，要用感恩的心去对待父母、师长，心中有爱就要大声说出来，勇于表达，克服羞涩，用行动证明爱的存在。

视频很感人，孩子看得很投入，边看边用手搂着我的肩膀。手上的力度传递给我的信息是：他听懂了，明白了。

看完视频，孩子拉着我的双手郑重地说："妈妈，您辛苦了。我永远爱您，我会努力用行动去证明我对您的爱。"我满眼含泪。告诉他："爱，是光明的，温暖的，不要觉得不好意思。我希望我们的'爱之树'永远年轻。"

第二天，送孩子上学。在校门口，孩子主动给我一个拥抱。这次，孩子的表情很坦然。然后，昂首挺胸地向学校里走去。身后，留下一个满满幸福的我呆呆地品味孩子主动给予我的爱。

从那以后，孩子放学归来时的老习惯也恢复到了常态。不光是这，臭小子还给了我一个意外惊喜。临睡觉前，他竟然给我打来洗脚水，蹲地上给我洗脚。洗完脚还给我按摩脚掌，嘴上说："妈妈，我不光要让'爱之树'永远年轻，我还要您健康年轻！"

幸福是什么？幸福就是你想拥有的时候能够得到。我想拥有孩子直接的爱，而我的孩子学会了表达他的爱，于是，我就成了幸福的人！

作者简介

陈立凤，女，1973年生。经常利用业余时间写作，作品多见于报纸期刊。中国电力作家协会会员，辽宁省作家协会会员，朝阳市作家协会理事，朝阳儿童文学学会会长。

母子映照

杨 梅

最早，我因孩子不是"学霸"而自责。当孩子的成绩落于人后时，我这个做妈妈的总会产生隐隐的自卑感和伸手即触的失落感。后来，我发现我错了。

儿子四岁时，有一次婆婆到家里来看他。婆婆一进门就迫不及待地搂着儿子亲，然后笑容满面地问："贝贝，想奶奶了吗？"未料到的是，原本活泼乖巧的儿子却一反常态地推开奶奶，厌恶地说："我不想你，我不喜欢你，你财迷，你自私。"婆婆的笑容顿时僵住，一脸错愕。我和先生面面相觑，尴尬得不知所措。

天哪，这不是我最近在家经常向先生抱怨婆婆的话吗？我抱怨婆婆财迷，我和先生结婚时她不仅不拿钱给我们买新房，连家具电器都没添置。我抱怨婆婆自私，退休后没帮我带过一天孩子，做过一顿饭，反而住进山里的别墅，只图自己快活享受。每次跟先生因琐事拌嘴，我都要旧事重提，抱怨一番，没想到不经意间却在儿子幼小的心灵里种下了抱怨的种子。

虽说童言无忌，但也大煞聚会"风景"。婆婆走后，我和先生并没有争吵，而是心平气和地进行了一次长谈，分析问题所在。都说孩子是父母的一面镜子，在儿子这面晶莹剔透的镜子面前，那个狭隘、浅薄、庸俗的我无所遁形，我感到羞愧难当、不寒而栗。

我终于承认每一个"问题孩子"背后一定有一个"问题妈妈"，意识到

"躬自厚而薄责于人，则远怨矣"确实是真理。我决定改变镜子里的自己。

觉得自己找到了教育的方向，我开始与儿子一起学习国学经典。从儿子幼儿园到小学毕业，我们一起读完了《弟子规》《朱子家训》《孝经》《论语》《大学》《菜根谭》《道德经》。每当在生活中或学习上茫然无措时，我们总能在这些经典中找到答案和方向。难怪有人说读经典就是与高者为伍，与德者同行呢。

在学习经典的过程中我主动修复了与婆婆的关系，家庭也越来越和睦。而儿子的成长也带给我愈来愈多的惊喜。

儿子7岁时，我带他到土产店买东西，我因为买得多想跟店主讲价，他却义正词严地把我拉到一旁说："妈妈，与肩挑贸易，毋占便宜。"

儿子8岁时，参加市义工队的活动，把我交给他买水和零食的钱，全部借给了仅有一面之缘的一位小朋友，而他根本不知道他叫什么名字，来自哪个学校。面对不解，他说："兄道友，弟道恭；财物轻，怨何生？"

儿子10岁时，班里有个孩子说眼睛不好，坐后面看不见，要求老师将座位调至前排。话音刚落，儿子第一个举手站起来，主动要求与他调换。回家我逗他："你右眼视力也很差啊！"他说："左眼不是挺好吗？助人为快乐之本嘛！"

儿子12岁时，英语摸底考试。分数公布，儿子排名第十，老师表扬他进步很大。后来他发现自己的答卷中有一处错误，老师没看出来，多加了1分。课后，好几个同学找老师，都说判错了，少加了分，只有儿子要求老师给他减了1分。我笑他："完了，被挤出前十了。"他说："没事儿，下次再考好。诚实比分数重要。"

去年，儿子小升初。下学期时他状态不佳，老师三天两头找我，说他太浮躁、不自律，成绩忽上忽下，前景堪忧。老师的话让我心急如焚、气急败坏，恨不能马上把儿子叫来训斥一顿。可细想，在这个手机不离身，处处皆刷屏的时代，又有几个人不浮躁、能自律？错不在孩子，在环境。

回家后，我与先生商量决定除了接电话，其他时间我们谁都不准看手机。

我又与儿子约定："从现在起，我读书写作，你专心考学，咱娘俩来一场PK，我的目标是文字见报刊，你的目标是考上心仪的中学，看谁能赢。"儿子欣然应战。

此后，儿子每天在书房写作业、复习，我则在一旁看书、码字。没有了手机、网络的干扰，窗外叶落无声，屋内时光静好。我从开始学习写作到试着投稿，被退稿再投，再被退稿再投，期间无数次想要放弃，可一想到与儿子的约定，一看到儿子埋头苦战的身影，我又信心满满。两个月的屡败屡战后，我终于在同一天收到了《辽宁青年》和《知识窗》发来的用稿通知。后来，我又有40多篇文章陆续被各大报刊和微信公众号采用。

当我把印着自己名字的文章放在儿子面前时，儿子兴奋得连连夸我："哇，老妈，你真棒！看来，我压力大了，不过，我不会输的。"说着他朝爸爸做了个鬼脸，脸上难掩对我的崇敬之情。

去年夏天，儿子果然不负众望，以优异的成绩考上了心仪的中学。

很喜欢一句话："如果你是一个女人，你的孩子不优秀，那你必须成长，因为你要引领他的思想。如果你是一个女人，你的孩子很优秀，你也必须成长，因为你不能成为他的绊脚石。"

是的，你的视野和格局关乎孩子的未来，你站立的高度就是孩子的起点。你的自省和成长就是对孩子最好的教育。

如今儿子已成长为心智健全、豁达开朗的阳光少年，而我也在自省和成长中遇见了更好的自己。

作者简介

杨梅，天津市作家协会会员，就职于天津市公安交通管理局。文字散见于《知识窗》《做人与处世》《博爱》《莫愁·智慧女性》《格言》《辽宁青年》《当代青年》《新青年》等报刊。

孝出国门

李 戈

辗转间在加拿大落脚、结婚，离开家十一年了。如今在公司就职，能否回家就更是身不由己的事。每逢周末，给父母打个电话是留学时养成的习惯。

"妈妈，干什么呢？又在姥姥家了吧？"听着电话里热闹的笑声，就知道爸爸妈妈、姨和舅舅几家子都在呢。姥姥家并不宽敞，可老老小小十几口人聚在一起，是我们几辈儿人名副其实的欢乐谷、心中的大观园。年节时，大家就变着花样地带着姥姥到处走走，并常常凑在一起，吃个团圆饭，陪姥姥聊天。儿孙满堂的姥姥，早已成为全村人最羡慕的福老太太了。

通完电话，又不免有些伤感。老公看我挂了电话，眼泛泪光，关切地问："家里好吗？怎么了？""都好，就是，想家。"

想起出国前姥姥满是皱纹的脸上堆起的笑容，想起我们几个孩子嬉笑打闹着玩耍的情景，想起爸爸主持姥姥寿宴时一家人的喜悦，想起爷爷奶奶生病时妈妈从城里请来的大夫……

看着这"洋老公"关切的眼神，我也想起了自己的公婆。

我和老公生活工作在埃德蒙顿，公公婆婆却在十几年前独自搬去了五百公里以外，南方的一个小镇。镇上气候并不好，他们在那里既没有亲戚也没有朋友，俩老人的孤独是不言自明的，我心里一直不安。

在加拿大文化传统里，我们是"两家人"，不应"干预"彼此的家事，可我还是不忍，便说起让老公动员他们搬回埃德蒙顿的心意，好让他们身边

299

也可有人照顾。"我提过让他们搬回来，我妈说怕给咱们添麻烦，也怕处不好婆媳关系。"听老公讲，婆婆以前受过嫂子的气，心里一直过不去这个坎儿。这也难怪，和本国儿媳都处不好，何况是这国外来的儿媳妇呢？但我还是盼着有一天，把公婆接回来，像我父母对待家里的老人那样，让二老也享受天伦之乐，让公婆知道这中国的儿媳是不一样的。

其实结婚后，每到年节，我都会拉上老公去看望公公婆婆。我能感到他们的内心是很感激我的。每次见邻居，他们从不介绍我是他们的"儿媳妇"，而是直接亲切地称呼我为"女儿"。我这个从小在中国传统文化熏陶下长大的"女儿"总是让他们自豪地挂在嘴边。

慢慢地，一有机会，我便也亲昵地用"女儿"的身份撒娇，游说公婆搬回来。他们还是说："谢谢你，但是我们已经习惯了。算了吧，太麻烦。"老公工作越来越忙碌，过节也走不开，我就独自开车去接他们来埃德蒙顿与我们团聚。一天下来，往返十个小时，只为让他们和我们共度一个节日；让他们回到这个城市，看看城市的变化；参加热闹的节庆活动，让他们重温有子女陪伴的温馨。假期结束后，我再送他们回去。每次从婆婆家出来，他们都会送我到门外，不停地嘱咐我到了家给他们打电话，看着我上车，眼含热泪地向我久久地挥手。从后视镜，我总能看到婆婆抹着眼泪，凝望我远去的车尾，不舍得进屋。就这样，又过了一年，我看到了他们对这个中国儿媳越来越多的喜爱和信任，以及对天伦之乐的再度期盼。

这一天，电话响了，是婆婆，我接起电话听到的先是几声轻轻的抽噎，"我们决定搬回去……"我终于融化他们心里积淀多年的冰堡。我急忙说："好的，太好了，我立刻联系搬家公司，别担心，有我们在……"不知道婆婆有没有听到我激动地计划着的一连串的安排，在电话里她只是不停地抽噎。搬家那天，婆婆看到我的那一刻，一下子抱住我，眼泪再也收不住了。

如今公公婆婆已经住在与我们相隔仅20分钟车程的新家。我和老公去那里过周末已是常事。每次从婆婆家出来，回家路上，老公总是感谢我。虽说结婚前有人说"加拿大的老人都很独立，根本不用你操心，你这儿媳妇当得可省大心了"，但是透过种种的文化差异，我还是能深深地感受到两位老人对儿女关怀的期盼与欣慰。

"孝子之事亲也，居则致其敬，养则致其乐"，我亲身感悟到这孔圣人的孝义之道是不分国界的。从小到大，我看着自己的父母对他们双方老人是那样贴心孝敬，我又如何能让自己的公婆在那小镇上孤独、无助、勉强地度日呢?

如今他们可以方便地和亲戚朋友相聚、走动，最喜欢聊到的话题就是我这个中国儿媳如何贴心，让所有人都羡慕不已。"孝"是我们中国传统文化里最基本、最平凡的因素。虽身在他乡，我也定将这孝义之道原本地传承下去。

虽然我的孩子还未出生，虽然我身在异乡，但我深深明白，孝道没有早晚，不分先后，能够跨越国界。将这篇孝道小文送给我未来的宝宝，言传身教，以让他也懂得孝道之美德。

作者简介

李戈，女，天津人，定居加拿大。毕业于加拿大阿尔伯塔大学。自小在十分严苛的传统教育环境下长大，培养出很传统的伦理道德观念。酷爱《孝经》《史记》《孙子兵法》等古典名著。嫁为人妻后，一如既往地学习、传承中国的传统文化，并与身边的中西方朋友分享中国文化的经典、精湛与深邃。

以爱的名义

杨凤喜

儿子四岁那年，我揍过他一次，具体什么由头已经想不起来了。我在他的屁股上扇了几巴掌，他委屈地问我："爸爸，你今天怎么了，你为什么要打我？"儿子的声音颤抖着，泪汪汪地望着我。我的心里咯噔一声，慌忙垂下了头，担心他四岁的目光会把我看穿。

必须承认，我之所以动手打儿子，大抵和他淘气没有多大的关联，大抵是因为我自己心情烦躁吧！心情好的时候，父母会把孩子的顽皮视为可爱，淘气视为撒娇；心情不好时，孩子原本寻常的行为在父母眼里竟变得难以容忍，这还不就是一种迁怒吗？仿佛孩子是自己的出气筒，仿佛父母亲在孩子面前就可以为所欲为。

四岁时候的绝大部分记忆尚不会铭刻在头脑中。半年以后儿子还记着这码事，到六岁读小学时他就已经忘记了。有一天下午，儿子放学后问我："爸爸，如果我考不上100分你会打我吗？"我摇了摇头，他又问，"那95呢，如果我考不上95分你会打我吗？"我再次摇头，他抿着嘴笑了。"我们学习小组有两个同学考不上100分爸爸会打他们，另外一个考不上95分爸爸会打他。"他眨了下眼睛接着说，"我告诉他们，我考多少分爸爸都不会打我，我爸爸从来都没有打过我！"

望着儿子得意扬扬的样子，我的脸烫起来。儿子忘记了那次挨打的经历，我不知道该不该庆幸。连我自己都有点意外的是，眨眼间我便板起了脸。我这样说："如果你考95分，说不定爸爸也会打你的！"儿子收起笑容，沉着脸再没有说什么。

那个学期的期末考试，儿子的数学果真考了95分。回家后他坐在沙发上一言不发，我看过试卷后明白了，他做错两道题是因为粗心。我说："你确实没有考好，但爸爸不会打你。"我还没有说完，儿子突然间哭了。我说："你哭什么？爸爸不会打你，但你下次不能考这么多。"儿子说："我知道你不会打我，我知道……"儿子的哭声越来越高，我愣怔片刻后明白过来，儿子这是在自责了。儿子是因为爸爸的宽容在自责。问题在于，这也能算是宽容吗？就算孩子考分再少，做父母的又有什么权力举起自己的巴掌？

问题还在于，在我明白过来以前，肚子里也是憋着一股怨气的，尽管知道他能不能考上100分对以后的学业无关紧要。我庆幸没有把怨气释放出来。我把儿子揽在怀里，心想小家伙什么都懂，他真的是什么都懂啊！他懂得自责，懂得宽容，懂得什么是爱，是我们做父母的低估了孩子的心智，忽略了孩子的情感。忽然又想起来，还是在儿子四岁那年，有一次他和我聊到了死亡。当他明白总有一天他的爸爸妈妈会离他而去时，他抱着我哭了很长的时间。他不想让他的亲人离去，尽管那还是十分遥远的事情。

我的父亲在我12岁时就去世了，因为少年时父爱的缺失，我希望自己的儿子拥有更多的父爱。但仔细想想，我做得并不好。我们做父母的似乎并不懂得什么是父母之爱。我们缺少对孩子内心的尊重，并没有与孩子平等友善地相处。在爱的名义下，我们究竟做了多少自以为是，甚至荒诞不经的事情？我们逼着孩子去上各种兴趣班，事实多半是孩子并没有多大兴趣。我们期望自己的孩子多么优秀，更大程度上是为了弥补自己的不优秀。在孩子面前，我们难道没有体察到自己的虚荣甚至虚伪吗？

当我们在教育自己的孩子时，孩子也在用细腻的情感和单纯明净的思想教育着我们。我们是孩子的父母，孩子是我们的老师。我们只有认识到这一点，才会帮助孩子拥有一个健康愉悦的童年，我们的内心也才会在孩子的影响下变得平和且纯净。在爱的名义下，我们对孩子不光要有严厉的要求，更应该发自内心地说一声"感谢"!

作者简介

杨凤喜，供职于山西晋中市文学艺术界联合会，著有长篇小说《银谷恋》，短篇小说集《愤怒的新娘》，有中短篇小说散见于二十余家文学杂志，曾获"赵树理文学奖"等奖项。

一味地呵斥，只会将孩子推向远方

谢友义

作为父母，从女儿很小的时候开始，我们就很关心她，在陪伴她的时候，总是喜欢听她说话，说得对就由她发挥，不对就纠正。慢慢地，她发现我们有时也不对，但我们仨都会有一种默契：相互信任，彼此坦诚。

女儿从小学到中学，我们在学习上没有给她太多压力。从小到大，我们没有像同事家对待孩子那样以名校为目标严格要求她，而是一直让她自己选择感兴趣的事去做。

她小时候很调皮，喜欢读书和画画，家里全是她的书本，纸上、墙上，全是她的画作，看到这种乱糟糟的场景，我们没有责骂她，但也希望能改善这一状况。于是，经过商量，我们买了许多白纸回家，又亲自教她看书画画。在我们的陪伴下，孩子识字、画画进步飞快。在我们的开导下，女儿不像在学前班上课的其他孩子那样早早失去了玩耍的自由，而是把画画、读书当成了兴趣。看着她灵动的双眸、真心的笑容，我们不后悔自己最初的心愿：希望女儿开开心心地度过每一天。

很快，女儿上学了，爱玩的女儿心思总是不在学习上，一回家就看电视，有时即使在写作业也会被外面的电视声吸引。为了让孩子不受电视的影响，我们也不再看电视，并轮流陪伴孩子读书、写作业。连我们都不看电视了，女儿自然也不会再被电视吸引。慢慢地，女儿养成了自觉学习的好习惯。

父母要做的，是树立一个学习的榜样，做一个与孩子共同进退的伙伴。

孩子进入叛逆期时，我的脾气也急，言语之间难免多了几分严厉。一次，我工作结束后回家看见女儿不在房里写作业，反而躺在沙发上看电视。我压了压怒火。我问女儿："没有作业要做吗？"女儿还是一副专注于电视的样子，漫不经心地回答："老师奖励成绩达标的同学今天不用做作业。"

我想这一定是女儿贪玩的借口，便不由分说地呵斥了她，并叫她马上去把作业做了。女儿一听显得相当委屈，红着眼回了房间。

过了一会儿，女儿含着眼泪，站在我房门口，对着我哭着说："爸爸，你，你必须向我道歉，因为我没有骗你，这次我真的不用做这些作业的。"

看到女儿哭得如此伤心，我一愣，真的错怪她了吗？

冷静下来后，妻子告诉我说："老师今天确实是奖励孩子不用做作业，你不该对女儿发火的。"

我一听，顿时满怀愧意地望着女儿。这是萦绕在孩子心头难以愈合的小创伤，何以化解？我迅速、诚恳地承认错误。

自此，我警示自己：不迁怒。不要把工作的情绪带到生活中来，不要在没弄清事情的真相之前便呵斥孩子，即使真的是孩子做错了，也不该呵斥，应该心平气和地教导。无论何时，多一份信任，耐心地谈话才是打开孩子内心的钥匙，一味地呵斥只会将孩子推向远方。

作者简介

谢友义，中国作家协会会员，广州市作家协会副主席。

我们与生俱来的亲密关系

迟静辉

我对熊猫（我女儿的名字）的教育，缺乏计划和准备。太多的机缘巧合，凑成了我们这对母女的关系。

我把她带来的时候，自己才23岁，按当时单位大姐的话说，是"小孩儿生小孩儿"。既然是一种与生俱来的关系，就免不了亲密，外加磕磕绊绊。她一路向前，我一路后退，直到今天。我们在祖国版图上两个不远也不近的点上栖息，心里都揣着对方。

有时我在网上问她："干吗呢？"她隔很久回："在图书室。"

其实我问完只等待了一小会儿，就忙自己的去了。等她的回复响起时，我多半不会急于收听。我发现我只是偶尔想起她。多数时候，我们在这个地球上，各自做着不相干的事。我们的亲密关系，从多年以前就变得微妙，她很少叫我"妈妈"，一般是有事说事，报喜不报忧，也偶尔对大学的弊病和社会乱象吐个槽。我们通常就有一搭没一搭地聊着，不复当年的亲亲热热。

熊猫20岁了。有一次我问她："为什么不留长发？"她反问："我为什么要留长发？"又有一次，我看她一副呆呆的不开化的样子，便提醒她："要不要化个妆？"她无可奈何地回道："我为什么要化妆？"一转身，扬长而去。

于是，我败下阵来。想起她小的时候，我给她在眉心处点一个红点，把她浓密的头发编成二十多根小辫儿，再扎上五颜六色的头绳。那时的我们不平等，她不反抗，而我为所欲为。

但慢慢就不是这样了。岁月在我们之间制造了一场又一场的麻烦，她固执地长大，我感到越来越难以把控她。初二那年，一次期中考试后，我向她发了个很大的脾气，她给我写了一封长长的信，主要内容是控诉我并教育我应该怎样做妈妈……这封信使我对她青春期的觉醒印象深刻，我不敢丢掉，于是就将这封信连同纸上的泪渍一直压在了我的梳妆台上。

大学以后，她终于放飞自己了。隔着空间和时间的距离，我慢慢觉悟了自己的私心，对她有了些许愧疚。我对她的要求总是高出她的心智水平，动不动拿她和"别人家的孩子"相比也多少伤了她的心。有一个周末，天气晴好，我在卫生间洗衣服，洗着洗着就想起了过去，想着想着就流下了热泪。我发现生活其实很空虚，更空虚的是，当你明白了一些东西，却已无力挽回。

熊猫不自私，有集体荣誉感。她爱整洁，会把衣服洗得很干净。她是室友公认的"靠谱青年"，有事大家都喜欢拜托她，她的手机24小时开机。最靠谱的是，她永远带着自己寝室的钥匙，这个我眼中的小迷糊，有时还真不迷糊。

熊猫也没忘了我。为"挽救"我，她在我的平板电脑上下载了宫崎骏、新海诚的经典动画电影；还时常于深夜给我发来一个网易云音乐的链接，培养我对古典音乐的兴趣。大二那年，她谨慎地向我说起她在学钢琴，我想起她小时候学电子琴、长笛的失败经历，但并没有阻止她。想不到的是，不久以后她便给我发来一段录音，是她练习弹奏的《夜的钢琴曲5》。我反复地听，之后百感交集，想到一个小时候因不想练琴而屡遭责骂的人，如今居然爱上了钢琴——这是谁的教育？寒假回来，我大方地送给了她一架星海钢琴。

回头再看时间，时间变得很短。她由在我怀里暖暖的一团变成如今坐在千里之外的那个人，仿佛只在一夜之间。一夜之间，我们与生俱来的亲密关系，也变了样。看得清的是，她越来越强，而我越来越弱。我欣慰于她的健康、自立、敦厚和善良，同时又莫名地感到了一丝悲伤，为那一去不复返的时光。

我知道我又狭隘了，一颗愚蠢的心刮擦了灵魂。其实我该放下一切才对。

时至今日，我与自身乃至人世的一切妥协，都源于熊猫对我的教育。我相信终有一天，她会宽恕我作为母亲时所犯下的错，待我温柔，像对待她自己的孩子一样。

作者简介

迟静辉，女，延边作家协会会员，鲁迅文学院第二十届中青年作家高级研讨班学员，现居吉林延吉。

放 手

梅 驿

儿子四岁时，有一天早晨，我在卧室赭青的窗帘上发现了一个龇牙咧嘴的"红太阳"，用手一摸，油腻腻的，是用我的口红画的。我知道这肯定是儿子捣的乱，就盘问儿子，儿子得意扬扬，说，省得你拉开窗帘说，又是阴天，看不见太阳了。我没有责怪儿子，第二天又重买了一支口红。

儿子十岁那年，一家三口去山东旅游。大巴车上，我跟儿子坐在一起。从上车开始，我就埋着头听儿子低声讲话。终于，前面座位上一位老人忍不住扭过了头，我以为他要责怪我们打扰了他休息，没承想，老人笑眯眯地打量了几下儿子，问，这孩子，几岁了？我告诉老人。老人惊异地说，这孩子，长大了不得啊，现在就能把"秦始皇"研究得这么透！

实际上，儿子并没有如老人所说，把"秦始皇"研究得多么透。只是那段时间，他非常迷恋王立群教授在《百家讲坛》讲的《读〈史记〉之秦始皇》，光视频，从头到尾他看了最少三遍。秦始皇如何统一六国，大大小小共发生了多少场战役，哪场战役死了多少人，其中涌现出了哪些已载入史册的文臣武将，他都如数家珍。

迷恋——是的，迷恋。儿子从小到大，迷恋过很多东西：动画片《奥特曼》《名侦探柯南》等，绘画、音乐，还有科教频道的《走近科学》等。记得陪儿子看了几期《走近科学》，发现节目会渲染出一种神秘、玄幻甚至恐怖的气氛，我怕吓到年龄尚小的儿子，便专门打电话咨询了一下儿童心理学专家。专家说，不要低估孩子自身成长的力量。话是这么说，我依然有点担心，索性就一直陪着他看，在这过程中，我不时观察他小脸上的表情转换，儿子从疑惑、专注，到释然、兴奋。

释然是获得了答案，兴奋是一种情绪享受。这就是心智的成长。不管通过什么方式，不管孩子对什么事物产生了兴趣，只要是正当的，我们做父母的，需要做的就是为他敞开大门。

当然，这中间，也需要父母的引导。从儿子上四年级开始，我就要求自己每个周末都要陪儿子看一部电影，先从伊朗电影开始，《小鞋子》《何处是我朋友的家》，到后来，开始看奥斯卡获奖影片《教父》《雨人》《辛德勒的名单》，以及《肖申克的救赎》《拯救大兵瑞恩》《勇敢的心》等，都看了。在观影过程中，我会给他讲一些道理，关于自然、自由、爱、心灵的宁静，甚至关于磨难，关于孤独。每个周末坐在沙发上看电影的时段，成了我和儿子最美好的时光。一直到现在，只要儿子休假，我们母子还是会和以前一样，从网上下载一部好片子，两个人坐在一起看。前几天，我们刚刚看过2016年奥斯卡获奖影片《聚焦》。这是一部有关美国神职人员侵犯幼童的电影，儿子刚刚十七岁，可我并不认为他不能关注性。

三年前，我父亲生了病。为了照顾父亲，我住回了老家。那时候，儿子在石家庄二中读初二。有一天晚上，他打电话告诉我，老师让他给他们的一个"平行班"讲一堂课。我明白了，是让儿子介绍经验呢，就在之前的一次大考中，儿子拿了全年级第一。可是，一个十四岁的孩子能讲出什么来呢？虽然有隐隐的担忧，但父亲的病愈发厉害了，我并没有再过问此事。父亲去世之后，儿子才告诉我，他那堂课讲得很成功，他并没有准备讲稿，只在一张纸上写了几个关键词。因为反响不错，老师又安排他给别的班加讲了两堂课。升入二中高中部后，他还给二中的初中部讲过一堂课，仍然是一张纸，几个关键词。只是此关键词已非彼关键词，儿子的认识水平一直在提高。

上了高中后，儿子越来越表现出理科方面的优势，及至后来，他准备参加物理竞赛。准备竞赛，没有辅导人员，全靠自学。儿子喜欢这种可以自由发挥自己学习能力的方式。学物理，他说是因为热爱物理，热爱这种描述大自然之美的巅峰形式。时间长了，他又有了新的想法。有一回，我去学校看他，他跟我讲他对竞赛的认识，大致意思是，竞赛是用一种巧妙的思路解决特殊问题，实际上并没有多少实用价值，严密的逻辑思维能力还是最重要的，因为那才能解决普遍性的问题。我很开心。

这个时候，做父母的，能做的就是相信孩子，放手。

作者简介

梅驿，女，1976年出生，河北人。中国作家协会会员。有中短篇小说刊于《十月》《花城》《北京文学》等，出版有中短篇小说集《脸红是种病》。获第二届"十月青年作家奖"，小说《新牙》位列2015年度中国小说学会优秀作品排行榜。

你家孩子带"钥匙"了吗？

张建祺

　　我的女儿今年两岁半，早在她两岁前就已经能编故事讲给大家听，即使很抽象的词汇也能准确运用。身边朋友对她的语言天赋感到惊讶，继而将这归结于我和妻子的职业。因为我是作家、编剧，妻子是诗人、文学编辑，构成了典型的知识分子家庭，所以大家认为孩子是受了我们的影响。

　　朋友的推论促使我和妻子产生了进一步思考：我成长于二线城市的普通工人家庭，妻子出生在农村，高中时代才随父母搬到县城，双方家庭显然都不是书香门第。我们夫妇又是受谁的影响，成了今日朋友口中所称的"知识分子"了呢？

　　母亲只有初中文化，却酷爱读小说，我应是受了她影响。我很早就养成了阅读的习惯，随着阅读量的增加，自然萌生了写作冲动，并于十六岁在报纸上发表了第一篇小文章。我一生的创作之路就从这一步开始了。

　　妻子也有着相似的成长经历，她的父亲没上过大学，经过两次考试才当上民办教师，但是酷爱读书，所以她也很早就养成了阅读习惯，并在中学时期开始诗歌创作。不过，读书写作的爱好并没有影响她平常的学习和考试，她先是以优异的成绩考入全县最好的高中，然后考入省会城市的大学，最后又一路念到了文学专业研究生毕业。

　　就这样，分别出自工人和农民家庭的我们，成年后都进入了文化领域。显然，我们的共同点就是受到了有阅读习惯的家长影响，并且家长从未灌输过我们多读书的大道理，更没有强迫过我们读书，这种阅读习惯的自然养成，当属素质教育的范畴吧。

谈到素质教育，很容易联想到与之相对的应试教育，"素质"与"应试"两者兼顾是理论上的完美状态，但实际操作起来却难免厚此薄彼。

父母是孩子的第一任老师，多数家长总是想要介入应试教育的部分。"不能让孩子输在起跑线上"这句话显然就是针对应试教育提出的。考试就是一种比赛，没有比赛，何来起跑线？可惜的是，包括我们夫妻在内，多数家长恐怕连孩子的高二物理都无法辅导，除了以恫吓的方式胁迫孩子学习外，并无其他辅助作用。

莫言读中学的女儿经常问他一些语文上的问题，觉得这对当作家的父亲来说易如反掌，但莫言却从来没给过她一个肯定的回答，而是让她去问老师，并且一定要以老师的说法为准。显然，连诺贝尔文学奖得主都不敢轻易解决孩子的中学语文问题，至于我们，就更应该回归素质教育老师的角色，把应试教育留给学校了。

何为素质？网络上的解释是：后天形成的一种生活习惯。我对这个定义比较认同，正是生活习惯在潜移默化地影响着我们的言谈举止和思维方式，这些习惯包括阅读习惯、其他艺术门类的鉴赏习惯等。而生活习惯又来自于影响，父母的责任便凸显出来，想让孩子喜欢阅读，那么家长自身必须先建立起阅读习惯。

但是现状不容乐观。据说，美国每年人均阅读量是50本书，日本是40本，反观我国，年人均阅读量是4.35本。我有很多朋友与我一样是"80后"，而且受过正规高等教育，但是无论装修还是购买家具，大家几乎都已经完全省略书架这一项了，家里能找到的印刷品只有各种电器说明书。在这种环境下想要培养出一个有阅读习惯的孩子，难度不小。

也许有人会提出疑问，不是人人都想让孩子成为作家，如果不当作家，我们培养他阅读习惯干什么？如果我们想让孩子长大后成为科学家，我们该培养他什么习惯？这种思想过于功利，读书不是为了当作家，孩子未来的职业也不应该由父母决定，我们只需要以身作则，让孩子在我们的影响下成为一个有素质的人，让他们自己去选择。我相信一个有素质的孩子，一定会作出与自身素质不相悖的决定。

有一句电影台词：如果迈克尔·杰克逊的爸爸强逼他成为拳击手，拳王阿里的爸爸非要他去唱歌，想想后果会有多恐怖！

每个人只能活一次，我们如此，我们的孩子也是如此。请尊重他们这一次来到世界的机会，不要给他们答案，给他们一把能够找到答案的"钥匙"。

作者简介

张建祺，男，1980年生于哈尔滨，中国作家协会会员，哈尔滨市作家协会副主席，著有长篇小说《我们的红楼梦》、电视连续剧剧本《北上广依然相信爱情》，现居北京。

多识于鸟兽草木之名

刘汉斌

　　我和女儿们最为融洽的交流，不是在书桌前，而是在大自然中。山野是大自然赐予我们的一座天然宝库，带着女儿们亲近自然，体验自然，融入自然，泥土、草茎、花朵或者是一只粗心大意的蜂、蝶、田鼠，都是山野赐予她们成长最好的礼物。

　　在山野里行走，预想不到的精彩随处可见。一人高的一截子柳树桩上，长满了树舌。像是谁刻意在树桩上挂了一串串干饺子却又忘了取下来。树桩的中心木质腐朽了，雨水钻进去，木头就朽成了一层一层黄褐色的木片，看上去就像是一本蜷曲的册页，字迹模糊，纸质泛黄，只能看看，却不能碰触，一碰就碎了。抱着女儿踮脚探头一看，成群的蚂蚁趴在上面，或匆匆进洞去了暗处，或从暗处爬上来，一撅屁股就低头沿着树桩向下，黑油油的蚁群途经白生生的树舌到地面上去了。这壮观的一幕吸引了我，我不由得在树桩旁坐下来，看熙熙攘攘的蚁群。蚁群浩浩荡荡，在龟裂的树皮上穿行，对身形细小的蚂蚁而言，饺子一般大的树舌，一排排横在那里，就如崇山峻岭。有的蚂蚁翻过山去了远处，有的蚂蚁翻过山从远处归来回到洞里。

　　生活辗转，我总要留一面墙用来放书，将书籍和读书的乐趣一同存放在那里。日常中我必须要做的事情是，将凌乱的书架精心整理好。而最令我感到温馨和快乐的时光，却是我和我的女儿们将在山野里见到的某一种植物或者某种现象，在书籍里找到更为翔实的佐证，求证的过程中，我们将书籍翻得到处都是，各取所需后，再由我将它们整理好。

　　每次我从外面归来，小女儿会凑过来，一脸严肃地告诉我，她知道我这一天的工作不是在办公室里坐着，而是在地里干活儿。我问她为什么会猜得这么准，女儿就皱起小眉头，一本正经地告诉我："你一进门就把土地的味道全带回家里来了。"

　　我就故意逗她，土地的味道是一种怎么样的味道呢？女儿会极其认真地告诉我："就是爸爸身上的油汗味道，还有花草味道，还有土腥的味道……"

　　人们争先恐后地给了子女们一个庞大的混凝土的土地，一个混凝土上的童年时光以后，却又花费更大的心血和时间再告诉他们关于自然的、植物的、大地的本真。我庆幸自己拥有整个大地的童年，并可以用我的童年经验带领她们去山野里疯玩。

　　许多时间里，无论是清晨还是黄昏，无论是背着书包的孩子，还是握着手机的大人，每一个人都行色匆匆，走路从来目不斜视，似乎前面不远处有更为精彩的生活。

　　我真担心，有一天我们的孩子把初春的麦苗误以为是杂草，无法将餐桌上的面包与小麦对上号。自幼在混凝土丛林中双语兼修的孩子，没有机会在麦子的语境里体味汉语的美轮美奂，而只是如记住拉丁文名称、英文名称那样记住了这个叫"麦子"的名词。他们所记住的"麦子"早已无法精准地指引他们在土地上找到那种叫作"麦子"的植物。植物对我们的意义，非要简单到只是记住它们的名字吗？

　　不。

　　植物是我们的朋友，亦可以视作是最值得信赖的人。植物最为浅层的意义，就是让人感知到生命的勃发，每一种植物的盎然生机，都会给人以暗示和鼓励。

　　植物除了是一个专用名词之外，还是人类的朋友，它们关乎着我们的命运。当植物在我们的日常生活中被简化成一个名词时，我们必须警醒，无论我们身处何地，无论我们正在做一件多么重要的事情，都必须立即停下来，交出土地，让植物生根发芽。

与植物和平共处，不是将植物从别的地方搬来，让它们围绕着我们，而是给予植物足够扎根的土壤，然后，试着把我们自己安置于植物中。

为什么我们把自己放置于高高的楼宇之中，却要跑到大地上抱一盆中意的植物回家呢？这不只是闲情雅致，人对植物和大自然，总有一种本能的亲近感。只是有人不愿意承认而已。

我最大的愿望是教会我的孩子们在大地上享受遁入草叶、森林的时光，并用心感知每一枚伤叶表达根系的疼痛时的模样，把生命里遇到的每一种植物都当亲人一样。我深信，当她们长大成人后，一定会像爱植物那样去热爱生活。

作者简介

刘汉斌，男，中国作家协会会员，鲁迅文学院第二十届中青年作家高级研讨班学员。先后在《青年文学》《文艺报》《散文》《散文选刊》《散文·海外版》等报刊上发表植物系列散文500余篇，获第二十四届"东丽杯"孙犁散文奖东丽文学大奖等奖项，散文集《草木和恩典》入选"21世纪文学之星丛书2014年卷"。

爱，是最好的家教

颜小烟

可能是因为工作的关系，我常常会接触到一些比较特别的家庭。其中最为常见的一种就是把孩子的成绩当作"命根子"来抓，四处给孩子报补习班，生怕比别人少报一个班吃了亏的家庭。孩子考得好，他们就满面春风；孩子考得不好，他们就继续张罗着给孩子报补习班。殊不知这样一来，再聪明伶俐的孩子，也被磨灭了灵性、扼杀了天赋。

每次看着一个个天真可爱的小不点儿慢慢地被成绩折磨成目光呆滞的孩子，我的内心总有一种说不出的疼痛。太多太多的家长把孩子变成了学习的"机器"，这种孩子不会玩，不会与人相处，抗挫折能力低，更有甚者上了高中还要爷爷奶奶牵着他们的手过马路才行。

教育的本来目的应该是让孩子长成他自己，可在陪孩子长大的过程中，许多家长却把孩子变成了实现自己人生未竟梦想的工具。如此一想，怎能不让人不寒而栗呢？

所以，当儿子初次来到我们家的时候，我怜惜地抱着他，真的害怕这样一个可爱的小人儿会慢慢地被现实雕琢得不成样子。我不知道应该如何去守护他的纯真，只好说一些好听的话给他听，唱一些动听的童谣哄他入眠，偶尔给他读读诗，偶尔给他讲讲这个世界美好的样子。

我相信，如果你想让自己的孩子变得美好，你首先得给他一个美好的世界。

儿子一到两岁的时候，我给他打开的世界是大自然：早晨清脆的鸟鸣，天边飘过的云朵，雨后的草地，秋风吹落的黄叶……一根枯枝，一块小石子，一颗小水珠都可以成为儿子的玩具，他不亦乐乎地感受着这个世界，这个世界也静静地感受着他这个小小的生命。

等到儿子会说一些简单的话语时，我又给他打开了另一个全新的世界：绘本。那些美丽的线条、温暖的色彩、优美的文字，以及我温柔的读书声，构成了儿子的新世界。即使在我不朗读的时候，儿子也会一个人对着绘本咯咯咯地笑上大半天。有时陪他吹泡泡，他会冷不丁地来一句："妈妈，你看，美丽的泡泡在空中跳着透明的舞蹈！"有时我穿着长裙给他读绘本，他会情不自禁地说："妈妈，你的裙子就像是一把温暖的椅子。"有时他会呆呆地望着星空好一会儿，然后幸福地告诉我："妈妈，月亮开灯了。"我从不知道，孩子的世界竟然比我们想象中的还要美好。

渐渐地，儿子会奔跑了。于是，我家先生常常陪着他在楼下的空地上玩球。看着他跌倒，爬起，再跌倒，再爬起。我知道，一个小小的男子汉就要长大了，就要投向更宽更广的世界里去了。这个时候，我们给他打开的世界是：四处走走。我们带着他走遍海南的山山水水，然后坐着飞机去深圳、香港、厦门、桂林、上海、杭州……每次看到小小的他，背着小小的书包，推着小小的行李箱，拿着登机牌认真登机的样子，我的内心都会有一种莫名的感动。我们知道，每一个孩子的成长，都是无法被替代完成的。

当儿子的语言和思想强烈地碰撞在一起的时候，我给他打开了另一个天马行空的世界：涂鸦。从最初的线条，到毫无规则的圆圈，再到初具规模的物体，画面所表达的东西，永远得让孩子自己去阐述。那是每一个妈妈都会有过的神奇体会，明明是一些杂七杂八的线条，却被孩子绘声绘色地说成了一个个精彩绝伦的故事。我特别喜欢从儿子亮晶晶的眼睛中去捕捉那些独特的信息，他的眼中总是带着对艺术的渴求。他的每一张涂鸦我都好好地收着，那是他成长的最好纪念品。每当夜深人静的时候，我总是会翻出儿子制作的第一册绘本《风的尽头》来看，那简洁的文字，仿佛成了世界上最美好的语言。

如果说我们还有什么能够源源不断地给予孩子的话，那一定是为人父母的最深沉的爱。唯有爱，才能为孩子打开一个美好且又温暖的世界。

作者简介

颜小烟，海南省作家协会会员，文昌市作家协会副主席，鲁迅文学院第二十届中青年作家高级研讨班学员。作品散见于《天涯》《诗刊》《中国诗歌》《诗林》《诗潮》《海南日报》等。出版诗文集《云淡风轻》。

致儿书：父亲将我种成一棵树

四丫头

3岁前，我极爱哭，日里哭夜里也哭，晴天哭雨天也哭。我哭得撕心裂肺，大人听得手足无措。

在武汉念大学的父亲一回到家，见到这样一个奇怪的孩子，便一把拎起我，像拎一只瘦鸡，我哭，我挣扎，然而无济于事。我被他拎到村头的池塘边，母亲以为他会把我扔进水里，他却三两下捆好我的双脚，将我倒吊在池塘边的一棵歪脖子树上。头沾到水面，水，冰凉，我不哭了。他准备放我下来，我继续哭。于是他反复将我提上放下，我反复哭哭停停。那天，他没赢，我也没输。

我5岁时，大学毕业的父亲去了武汉工作，一年也回不了一次。"父亲"这个词在我记忆中十分淡漠，母亲忙于家务和农活，我成日坐在低矮的屋檐下，从太阳数到星星。那天黄昏他到家时，我正仰望天空，见一只鸟飞过，脱口而出"鸟儿天空翔，我把头儿仰"。突然，一只手钳住了我，我害怕极了，以为自己又会被倒吊在歪脖子树上，父亲却露出久违的笑容，用他的大手在我肩上拍了拍。自那以后，他经常逼我背诗。

我7岁那年，父亲挂职老家县城的副县长，离家近了，回家也多，每次回家他都把调皮的我痛打一顿。一天打三次，提起来打。偏偏我又死倔，咬着牙不哭，坚决不投降。母亲心软，同父亲吵，又趁他不在时把一碗热腾腾的饭递到我面前，我将母亲吼出去，她一转身，我的眼泪成河。

9岁开始，我拼命学习。我频频代表全校学生参加县城举办的三科联赛、四科联赛，最辉煌的一次，是独自一人代表全镇学生参加地区决赛。全校召开表彰大会那天，他没有来，只在我离开家去上学时拍了拍我的肩膀。每次去县城参赛，他都会给我十元钱，那于我是一笔巨款，我都用来买书。他还是会打我，但从来不打我的脸，我也开始学会了圆滑和察言观色，一见他咬牙欲怒，立即飞速逃离。

我13岁时，举家搬迁到武汉，我正式同他一起生活。时值青春期、农转非的我，心思开始复杂，成绩快速下滑，他对我恨铁不成钢，我处处同他对抗。他破解了我写满"天文符号"的《秘密日记》，撬开了我上锁的抽屉，并将里面的一摞笔友的信烧成了灰，我乞求过他，换来的是几记耳光。我怒视着他，他却无动于衷。那时我的天塌了，我选择离家出走，快饿晕时，被一个好心人送了回来。

18岁时，我参加了高考。考试那天，我坚决拒绝他来送考，独自乘出租车奔赴考场。上车前，他重重地拍了拍我的肩。我一下车便吐得一塌糊涂，自然考得一塌糊涂。所幸还是考上了一所大学，父亲提出送我报到，我本能地想要拒绝，可最终还是什么也没说。他将我送到学校，挤在人潮中报名，办理各种繁复的手续，还替我铺好床，打好饭。他离开后，我抱着满满一盒饭，将自己饿了一顿。他还赠我一幅遒劲有力的毛笔字"于细微处见精神"。我将这幅字贴在宿舍的书桌前，这七个大字像父亲的眼睛，时刻敦促我，我丝毫不敢懈怠。

22岁大学毕业的我，毅然去了南方的一座城市工作。我听不懂闽南语，时常以泪洗面。起初我会给家里写信，后来信越来越少。几年后回到家，我在一个抽屉里发现父亲将我的每一封信都规整得井然有序。

27岁时，我回到武汉工作，同父母住在一起，我的儿子也出生了。家里突然多了个孩子，生活一向清寂的父亲极不适应。他嫌弃孩子的哭闹和屎尿，从来不肯抱孩子。记忆中，他也从未抱过我。一天，我正忙于家务，五个月大的儿子翻到床边，快掉落的瞬间，小手抓住了床沿，父亲一见，慌忙将孩

323

子从床边解救下来。自那时起，父亲开始十分宠爱我的儿子，十指不沾阳春水的他，竟洗起了尿布。

32岁那年，我辞职了，随夫携儿漂泊异乡。我不愿做家庭主妇，便尝试着写小说。我将第一部小说发给父亲时，他不屑一顾，说："这样的东西有谁会看？"

父亲的话深深地伤害了我，我不信邪，开始拼命写作。一年后，我第一本书出版了。过年回家时，我将那本书悄悄放在他的书桌上。半夜起夜时，发现父亲正挑灯读我的书。后来听母亲说，他向每一个来我家的亲朋推荐我的书，并且骄傲地说："这是我姑娘写的。"这一次，我赢了。

去年，父亲肺病住院，我匆匆赶回老家，经过儿时的那棵歪脖子树时，我停了下来，那棵树老了，最粗壮的枝干低垂着，像父亲佝偻的身影。

明年，后年，再过许多年，我的儿子将会长成现在的我。祖父母在父亲八岁那年就离了婚，因此父亲不懂得如何去爱他的子女。但父亲给我的冰冷，将从我这里断然截流；父亲给我的坚毅，将从我这里继续接力。我是一辆开往春天的列车，将爱与温暖向远方传递。当你发现我孑然傲立，那是我从严寒走过的足迹。儿子，终有一天，你也会长成一棵参天大树。

作者简介

四丫头，中国作家协会会员，南宁市作家协会副主席。鲁迅文学院中青年作家高级研讨班学员。专栏作家，新华文轩出版传媒股份有限公司签约作家。出版有长篇小说《爱情不设房》《错过的情人》《年华轻度忧伤》《等风来　在世界彼端》及小说集《欢歌》。有多部作品散见于《人民文学》《十月》《广州文艺》《广西文学》《山东文学》等期刊。

生命的暖意

彭文瑾

星期天，我照例做好丰盛的早餐，一份煎饺，两碗粉丝汤，配着点点绿葱，满屋清香。然后我又梳洗妥当，以清新的面目出现在了家人面前。你盯着我看了半天，冒出一句："妈妈，你好漂亮哦，还有这么好吃的早餐，我真快乐哟！"

儿子说的快乐，原来是这么简单，不过是在周末，享受一份像样的早餐。

记得那天中午，不，是每天中午，我严厉地说："拿筷子，拿勺子！"

当我把饭菜往餐桌上拾掇的时候，你，这位13岁的少年，美食家似的，甩着两手在厨房和餐厅之间晃来晃去，看到山珍海味，就眉开眼笑，看到粗茶淡饭，就将眉毛皱作一团。

那天中午，你照旧在品评饭菜，你爸爸批评你："你能不能帮忙拿筷子？"

我正炒菜，听了就有些怒火，竟然还不知道拿筷子，随即怒怨："每天中午都得人说你，你是个傻子？你以为在下馆子、吃饭店？"

你气得把白菜倒在米饭上，端起碗，三下并作两下把饭刨进嘴里，连最爱吃的红烧鱼块也不吃一口，放下碗筷就去自己房间了，还关上了门。

我很生气，决定三天不理你。孩子的毛病都是这样宠出来的，天天笑脸相迎，好声好气同你说话，我忍你已经很久了！

你晚自习回家，我忘了白天的事情，柔声说："去喝酸奶吧，别忘了刷牙。"

见我不生气了，并且同你说话，你便高兴起来，以为我原谅了你。痛痛快快地去喝酸奶、刷牙，和我说话，告诉我你的新同桌在谈恋爱。

看你情绪高涨，我便问："今天看一作文题目，是'什么带给我快乐'，如果要你来写，你会写什么？"

你很快地说："玩。"

我说："你猜我会写什么？给你三次机会。"

你自信且率真地说："我。"

我登时如被电击，惊叫道："啊！你怎么知道的？我的答案正是你！"我的脸上全是笑。

"肯定是我。一切快乐都抵不上我带给你的快乐。"

"你就那么自信？你不过是个平常孩子，什么神通也没有。"

"但是我对于你，无可替代。"

"可我没表现出多么快乐呀！你还常常惹我生气，每天一想到你我就上火。"

"那都是短暂的。你的生气、上火是建立在快乐的基础上的。我给你的快乐，是一种更深层次的快乐。"

……

我一阵心酸，一阵喜悦，一阵感动。

很多时候，我回应你的话语，让你拿筷子、刷碗，并非将我的劳动强加于你，而是想帮你提高劳动能力，给你心灵上的慰藉，让你不孤单，不空虚，不胡作非为，更好地面对生活。

帮助孩子学会应对生活的本领，是每个母亲的必修课。只有这样，将来，你才既能够自己去争取幸福，又能够承受人生必然会有的磨难和痛苦，我这样，是在爱你，是在对你一生负责。

我们在学校旁租了房子。每天下班，从单位开车赶回家为你做饭。有时遇上暴风雨天气，一路上真是危险，日子过得可谓是非常辛苦。我们既要承受种种外部压力，又要面对自己内心的困惑。但在苦苦挣扎中，如果能够将你培养成才，我便会感到生命的暖意。

作者简介

　　彭文瑾，女，祖籍湖北武汉。湖北省作家协会会员，中国电力作家协会会员，湖北省诗词学会会员。鲁迅文学院第二十届中青年作家高级研讨班学员，全国第七届青年作家创作会代表。有逾百篇作品散见于《诗刊》《山花》《诗歌月刊》《散文诗》《诗选刊》《散文选刊》《国家电网报》等。多次荣获国家级、省级文学奖。先后出版诗集《阳光岁月》、散文集《爱是最温柔的守候》、诗集《春花秋月》。

致女儿二十：一个母亲的唠叨

刘绍英

我的乖女儿，二十年过去了，你是怎样出现在我的生命里，又是怎样长成青春二十的，我还没回过神来。

二十年弹指一挥间，我的青春在你成长的路上，在无数个快乐和焦灼中，就悄悄流逝了。而那些过往的岁月，总是有一些琐琐碎碎交相叠映……

刚从医院抱回你，你总舍不得我的怀抱，明明抱着睡得好好的，一放下，你就啼哭不止。于是，我通宵抱着你，彻夜不睡。由于没休息好，我的免疫力下降，在一个寒冷的夜里，抱着你的我感冒了。因为还要哺乳，我没敢吃感冒药，拖下来，慢性支气管炎从此就缠上了我。气候只要有变化，我就喘息不已，在很多个日子里，倚靠着枕头坐到天亮。

常与你对视，望着怀抱中的你，看着你纯净的双眼，我感受到了生命的神奇。那一天，你居然对着我笑了，没有牙的嘴咧开来，一点都不"淑女"。然后你拉了我一身的稀屎，惊吓中，把你抱到医院，打针吃药，也没能医好你不争气的肠胃。医生诊断：慢性腹泻。由于营养得不到吸收，你缺钙缺锌缺很多微量元素。于是，家里就差不多成了药店。

在你两岁零三个月时，把你送到了幼儿园。你比别的小朋友都乖，乖乖地去了。我不放心，等到下午，一个人偷偷地跑到你所在的幼儿园，趴在幼儿园的教室窗外看你坐在第一排，无措地望着其他的小朋友。我忍不住走进教室，你在看到我后，很夸张地哭了，惹得别的小朋友也一个个地哭着找妈妈。等到第二天你不愿意去幼儿园时，我给你讲很多其实你根本听不懂的大道理，你还是乖巧地去了。自小，你就用行动告诉我，你是个懂事的孩子。

上小学了。你一本正经，认真地听课，做作业，把老师说的每一句话都当成"圣旨"。忽然有一天，你回家告诉我，你当班长了。我很替你高兴。后来老师告诉我，这个班长还是你毛遂自荐的结果。我怕你当班长影响成绩，就常常吓唬你：如果成绩后退，那班长就当不成了。你为了保住班长这个职位，学习更加刻苦。

在你读小学四年级的时候，我给你转了学，希望你有个更好的学习环境。那次转学很难，因为你成绩优异，表现突出，原来的学校不想放你。当然，我很感激那个学校及学校的老师，是他们给了你启蒙教育。为你转学，我跟人好话说尽，很伤自尊。但为了你，我什么不能放下呢？你到了新学校，在一大群家庭富裕、教育优良的孩子中，显得很平凡。那时候，我不想给你太多的压力，只是鼓励你，希望你能在新的起点上，做到一切从头开始。你是争气的，一学期下来，你就成了班里优异的学生。

事实证明，你是个努力的孩子，在各个方面，你都会对自己有较高的要求。你的校服上不是写着"学会生存，学会负责"吗？人生的路很漫长，在这条路上，妈妈希望你永远是一个认真负责的人，常怀一颗感恩的心，对自己，对他人，对社会。

在你上大学前，还有一个日日陪伴你的人，她是你的外婆。我想你是不能忽视的。这个没有上过一天学的老人，给了你无穷的关爱，陪伴了你整整十五年。你学舞蹈，她在旁边陪着；你练琵琶，她在旁边看着；你学英语，她在教室外守着；上学放学的途中，是她背着你沉重的书包。十五年的风雨晨昏，是她照顾你的衣食起居。她唠唠叨叨的话语，也是对你无尽的担忧和牵挂。

如今，你凭着优异的成绩考上了理想的大学。我的宝贝女儿，你终于像一只快乐的青春小鸟般，飞出了我的视线。记得第一次去学校看你，那时，你已在大学读了半学期，你一见面就跟我讲：妈妈，你不知道我在学校过得多好。我听了好欣慰、好感动。你能独立过好自己的生活，我还有什么不放心的呢？毫无疑问，大学是你人生旅程里最重要的一程，你要单独面对很多问题，只有付出更多艰辛的努力，才会逐步实现自己的人生梦想。还有婚恋，我只能告诉你，你一切努力的目的，都是在于获得幸福。

这些我都帮不了你。

孩子，我不会一直陪伴你、扶持你，终会撒手。我们母女的情缘，也不得不在那时画上句号，这是一件没有办法的事情，但你要接受这个现实。到那时，你就不再是一只风筝，而是一只翱翔在广阔天空的雄鹰，搏击雷电风雨，那都是你自己的事。

我的孩子，生命早已轮回，你已换作了青春逼人的另一个我。

给你写这封信，愿你的人生能顺利地扬帆起航，驶向远方。

祝我的宝贝儿平安、健康、快乐、幸福！

你的母亲：刘绍英

2017年6月26日深夜

作者简介

刘绍英，中国作家协会会员，鲁迅文学院第二十届中青年作家高级研讨班学员，第十二届全国人大代表。作品散见于《小说月报》《小说界》《芙蓉》《天津文学》《湖南文学》《百花园》等报刊，并多次被年度选刊转载。出版长篇小说《水族》、小说集《苇叶青青》、散文集《触摸》。

在航线上飞行

王凤英

"妈妈，通知了，我明天就报到。"女儿的头从闪烁的手机屏上略调整几度仰角，算是给我漂泊了好长时间的心一个结结实实的拥抱。

"哟，以后是上班族了！"我的回应热切又骄傲，立马起身离开电视机，那里正播一档我喜欢的探险节目，但那又怎样，我要为她明天去单位报到准备些什么，什么也阻挡不了我这做妈妈的行动。这和以往她每次开学走可不一样，这是去工作岗位，去见单位领导，见同事。

"别瞎忙了，啥也不带，带啥都没必要。"女儿无情切割了作为妈妈的我的兴致，但她很快意识到口气略显生硬，顿一顿，突然轻轻一笑，眼神狡黠，"不然……给钱得了。"

她说这话的时候是那么轻松又俏皮。又这样，又这样！我心里一咯噔，心中的热乎劲儿一下子断崖式降温。我很不爽。

从她懂事儿开始，严格来说是从高中开始，过春节、过生日等时要聚的餐，都在不知不觉中悄悄变现。那时她正为高中三年的备战昼夜"血拼"，那条路上荆棘密布，时间被劈作一大一小两个板块，大的巨大，小的巨小：学习，睡觉。她每天被学校吐出来，吞回去，吞进去，吐出来，各门作业像站队列一样一字排开，她通常学到凌晨，然后和衣眯三四个小时之后，又投身教室。

那时，她脸上的痘痘长得此起彼伏、生生不息，除了心疼和无奈，就是无奈和心疼。不知道怎么帮她，没人敢把节日的世俗欢乐入侵她高考的人生伟大征程，只好把欢乐变现，交给她一部分钱，用来丰富她的午餐和零食。

也许是从那时起，她学会了花钱吧。上大学后，放假、开学，或者遇到大事小情，我都会往她卡里打钱，这也没有什么，在家千日好，出门一时难嘛，何况是女孩子，不能短缺的。

第二年暑假返校。我照例准备一大堆吃的用的，能想到的都备上了，她站在大包小包前拧紧眉头，说："别呀，带着多累人啊，不然……给钱得了，方便。"

想想也是，虽然心里有些泄气。这之后也就成了惯例，似乎省了不少事儿，但凡吃的用的，网上铺天盖地，只有想不到，没有买不到，货币化后，一切都OK。

按理说这些习惯也没有什么不好，又不是自今天才开始，但听她又这样说，我的心里还是忍不住五味杂陈。

"你不是马上就要有工资了吗？第一个月的工资你打算怎么处理？"我问得直截了当，口气里的些许不满意她肯定听出来了，因为她睁大那双漂亮的眼睛诧异万分："当然得花呀。"

"有什么工资分配计划吗？"我不死心，她这样说的并不是我想听的，我想听的就是我自己曾做到的，我的父辈们、我父辈的父辈们都身体力行了的。当年大学毕业在这个城市工作，第一个月工资发下来，除了一些生活必要开销，其他的，我都迫不及待地悉数寄回了家。这不是父母的要求，也不全是因了家里还有几个正在上学的弟妹们需要养活。我的父亲就是这样做的，奶奶每个月都能从邮递员那里按时收到汇款单，雷打不动，直至父亲结婚，母亲接管了去。我也是直至结婚成家，才从"月供"，变成了重大节日和父母生日时的"特供"。那时，我最"得意"的事，就是想象父母收到我的汇款时的开心模样，当然，如果家里正急需用钱的话，这种"得意"会翻若干倍，因为这让我觉得我能为家里作贡献，父母没白培养我，而父母之所以开心，想必也是因了孩子孝顺顾家、不自私。我想，父亲当年也肯定是这样想的，虽然我没问过他。这压根不用问，天经地义啊！

"工资分配？"女儿快速整理着她的莫名其妙，很快就运算出了结果，"你看，妈妈！我的日常开支需要用去一部分，朋友同事往来还要一部分，你们的各种节日、生日等，这就不剩下啥了。"

不愧是理科女，她冷静地掰着一根一根小手指，青春狂妄地占据着她的每一寸肌肤并恣意发光。我有一瞬间的恍惚，就要拜倒在她极富理性的逻辑里，甚至还想到她能以非货币的方式孝敬她的父母，并不像她这个年代的许多孩子那样自我，以及她毕竟没有我们那一代人的养家糊口的紧迫感，而这种货币的提供对我们来说仿佛也没有多少必要。但我心中隐隐有一种担忧没法释然，总觉得这样不妥。

"你还得学会管理自己的工资。"我不死心。

"当然当然，大学里就会了，我不是小女生了，放心吧。"女儿用一副充满智慧的哲人模样，在努力熨平她妈妈最后的不放心。我到底放不下心，她还没有真正长大，换句话说，没有像我们那一代人那样的责任感。但我还是说："好吧，你先试试。"

事实很快给出了证明。一年后，女儿有了假期，她和她的闺密及同学约定南下赶潮、逐浪、潜水、看鸥鸟。规划好了完美路线，临行前她问我们赞助多少，她的几个朋友家里都负担了一部分甚至全部费用。她没打算为自己这次旅行独立买单，我马上意识到问题的严重性，立马问她这一年的工资哪里去了，她还是振振有词："你看妈妈，我的日常开支需要用去一部分，朋友同事来往还要一部分，你们的各种节日、生日等，这就不剩下啥了。再说你们不需要我养活啊，你们收入——"

我知道她的收入并不算太高，但我没想到她说手里现有的钱仅够负担来回机票和行程的一半。凭直觉，我认为她有保留，她自己的是她自己的，我的赞助算是公款。我还是问了她："日常有哪些开支？"

她突然吞吞吐吐："平时我工作忙，网购了——"其实她根本不用回答，因为一般隔不了几天，各种大小包裹就会被她带回来，再被她不管不顾地扔得分崩离析。她是典型的"网购狂"。

"我们不需要你养活，可你有义务孝敬——你在长大，我们在变老。"我带着明显的嗔怪，当然更多的是为了让她看到我脸上一望而知的失望。

没等我发作，其实我准备好了发作，因为我觉得我涌向头顶的血前赴后继充满斗志，我也准备好了从姥爷说起，从我说起，从家风的传承说起，当然，我没打算就此对她作出"上交工资"的硬性规定，她的问题不全在这儿，她应该认识到作为一个成年人，怎样才算是真正意义上的长大。对父母、对家庭的义务，和父母对物质的需求无关，但一定和"孝悌"有关。虽然她生活的年代与我、与我父辈、与我父辈的父辈当时的年代相隔久远，但一个人内心的成熟标志首先是不能太自我，这包括对事业的定位，对家庭的责任，应该还包括带给亲人的幸福。在过去的很长一段时间里，我把一切都准备好了，就是没让她过多参与准备，她甚至还差点就置身事外了。一个人会在弯道看到自己，并看见自己的飞行航线，这条航线就是责任。以前她不用看，现在必须得看了。

女儿眼圈变红，泪水已经提升为"一级战备"。我知道她的心开始因为我的失望而疼痛了，她最怕让我们失望，毕竟，她姥爷、她妈妈，都让他们自己的父母感到了开心，而她，还没有……

女儿最终走过来，抱住我，就在那一刻，我们的眼泪土崩瓦解。我相信，女儿终会让我们开心的。

作者简介

王凤英，笔名又央，中国作家协会会员，孙子兵法学会会员，曾学习于鲁迅文学院第二十届中青年作家高级研讨班、第五届中国文联中青年文艺评论家高级研修班和解放军艺术学院军事题材作家班。发表诗歌、小说、散文、报告文学、文学评论等三百多万字，出版长篇小说《雄虓图》、长篇报告文学《玛尼石的脉动》及小说集《朝日葵花》《白菊花》等，获得十多个文学奖项，有小说、散文、诗歌、文学评论入选国内多个选刊及文学选本。

致十六岁的儿子

章　泥

亲爱的儿子：

昨夜是多么不寻常，你打开心灵的山门，邀我步入。

因为你的坦诚，我得以看到一个少年暗含于怀的星空、幽谷、江河……这些没有经过修饰和雕琢的景象直愣愣地显现着它们本来的面目，我的心微微震颤着。我不知道该怎样纪念这个夜晚，这个让我走向你心灵深处的夜晚。

十六年了，我第一次发现你的内心已经山岳耸峙、渊水深流。它们什么时候形成的，或许你自己也浑然不觉。亲爱的孩子，可以完全肯定的是，十六岁的你，已经有了自己心灵的风光。

迷茫、不安、疑虑……也许正使这片风光显得有些幽微。但是儿子，我想告诉你的是：在感知宇宙、触摸人世、追问生命、反观自我的旅程中，迷茫、不安、疑虑……恰恰是泼洒在你心灵山水间的盎然绿意。

请不要因为这片葱茏而不知所措。

在苍翠的植被下，你内心的岩层和土壤必然会经历花开花落、月盈月亏，经历得失、荣辱、聚散。从这个意义上来说，你少年时期的这些迷茫、不安和疑虑，终有一天会真正成就你心灵的青山绿水。而一个心中有青山绿水的人，无论他走到哪里，大自然的生机和力量都会永远伴随着他。

孩子，今夜你打开你自己，其实这就是如草木抽枝吐蕊般的一种生命状态。一位哲人说："当你全然敞开的时候，最先进来的是光，因为光最快。"

当光芒遍及你的内心，你会感到一种无形的抚慰，它召唤你尊崇真、善、美的法则，做一个一天比一天更成熟、更自信、更能独立于天地之间的你自己。

孩子，拿出潜伏在你身上的魅力吧，不要让小儿郎的慵懒、轻狂和患得患失遮蔽了它。要相信，蜕去懵懂的外皮，你还有一颗坚定的内核。当你怡然自得地去收获每一天点点滴滴的进步，做好每一天的自己时，你会发现你的内心更为敞亮，更多的新鲜气息正从四面八方涌向你。

于浮世不离笃定，于流年不弃你的独特风华。孩子，这时的你，不仅可以从内到外观望到事物更宏大的气象，也可以由外及内轻抚自身那些绵密细微的所思所悟。就在你能够从容审视自己、接纳自己时，儿子，你心中的山峦已更加峻拔，峻拔的它们会令你的眉宇和身子骨透出一种气度；你心中的江河也已更加浩然，浩然的它们可任你随时掬在手中，清心洗尘。

孩子，还记得不久前妈妈给你讲到的三个小故事吗？它们也许与你的生活并不相关，你听后会有些不以为然，但今天我还是要在这封信里把它们记录下来，相信随着日月变迁，终有一天你会发现它们带给你内心的东西，已经很是丰沛。

第一个故事的主人翁是一位老者，大概80岁了，退休前是个小领导。之所以说起他，是因为他是一个业余"新闻采访团"的召集人。妈妈记不清参加过多少次他组织的采访活动，但很清晰地记得他说过的一句话。他说："我就是喜欢爬格子。"很平常的"喜欢"两个字，光耀了他人生的几十个年华。几十年啊，来做他喜欢的一件事。因为喜欢，采访报道，这又苦又累的活计也成了天下最幸福的事。前一阵，他又组织了一次采访，当他来到妈妈办公室交采访稿时，布满皱纹的脸上激荡着青春的朝气和虎虎的生机。他咧开嘴的一刹那间，我突然觉得这位老爷子的笑容很年轻。

第二个故事的主人翁是一对兄妹，哥哥12岁，妹妹7岁。那是十几年前的事情了，当得知兄妹俩的母亲不辞而别，父亲出去打工也一去不归时，我到了他们家采访，希望能带去一些帮助。他们家其实不算家，只是当地村组的一间库房。屋里很黑很乱，墙角放着几袋村里人送来的大米，中间横着两条堆满杂物的长条板凳，这个家连一张桌子都没有。兄妹俩很爱笑，看不出太大的悲伤。要出门时，我回头发现，他们家的窗台上竟然有一朵小花。花养在玻璃瓶里，摆放在阳光能照到的地方。那时，正是油菜花盛放的时节，和我招手再见后，兄妹俩欢叫着在田埂上飞跑。知道妈妈为什么一直记得这个场景吗？因为，哥哥说："没什么，我会照顾妹妹，我们过得下去。"

第三个故事的主人翁是一位年轻军人，前不久才获得国际军事大赛中国队最佳新人奖。他是我们家乡的孩子，从小爱慕军装，觉得那很帅。参军后，他是老虎团的"小老虎"，是团里的"投弹达人"，从"旱鸭子"练成了"过江龙"，从"眯眼瞎"练成了"一枪准"。我采访他时，他憨憨地笑着说："嘿嘿，我还在圆梦的路上。"

故事记述到此，你一定比之前更多地感受到了妈妈想说的是什么。是啊，我想说的是：有梦想，能坚持，不畏难，用笑容面对一切，用勇气突破自我，用毅力坚实脚印，这些就能照亮你正在经历的青春。

孩子，继续行进吧！在未来的路上，不管你是偶尔驻足，踽踽独行，还是步履匆匆，足下生风，你终究会发现，你所寻找的东西也在寻找你。

作者简介

章泥，中国作家协会会员，巴金文学院签约作家，鲁迅文学院中青年作家高级研讨班学员。在《十月》《钟山》《山花》《文艺报》等报刊上发表多部中短篇小说，作品入选《2012年中国短篇小说精选》《四川省青年作家中短篇小说选》等。著有中短篇小说集《尘归尘，土归土》，其小说《尘埃》获第八届"四川文学奖"。

生命不可漠视

包 苞

明天就是儿童节了，本来应该给孩子一个礼品、一份惊喜，我却用笤帚打了他。我要用一种痛来告诫他：生命不可漠视！

下午乡下打来电话，说婆婆身体不好，正在输液。为此，我跟单位领导告假，匆匆去了乡下。婆婆的病并不打紧，好像是中暑，医生用了药之后，情况就好了许多。我去时，她正在檐下一边输液一边纳凉。几位邻居陪在一旁说着话。坐在乡下的院子里，敞开衣襟，迎接从田野吹来的风，那种惬意真是千金难买。一想起城里着火似的街道，我真觉着婆婆执意回乡下是对的。坐在这种被庄稼滤过的凉风中，和左邻右舍拉拉家常，讲讲古今，真是一种福分。可是，当我发现窗台上一片枯干的桑叶上饿死的蚕时，我的心情坏透了。我甚至有些难过，有些愤怒。

蚕是儿子前天来乡下时从一个小朋友家要来的。当时我就提醒他，别再害命，养蚕一定要操心。他当时答应我他会养好这些蚕的，可我对他并不放心。他去年养蚕就把好多蚕掉在地上被人踩死了，为此我就训斥过他，今年可不能再犯去年的错。他一再向我表示会善待的，可是……

我并不是个佛教信徒，但我对一切生命都是尊重的。我认为上天造物就给了他一份天空和大地，给了他生的权利。任何对生命的戕害都是无理的，都是一种罪过。何况，我们从小就听父母讲，蚕是"白姑娘"，有佛性，伤之有罪！

明天就是儿童节了，我本不想揍他，可我觉着不行，非得让他明白这个道理不可。我小的时候，我喂的猫误食了鼠药惨死，让我至今不敢养猫养狗。我看见这些小动物，就会想起那只猫绝望的眼神，我的耳畔就会传来那只猫临死前的哀号。我至今认为，那只猫是我害死的。

当我把儿子叫到身边，告诉他那些蚕死了时，他的眼中掠过了一丝愧疚，但他很快又恢复了无所谓的神情。为此我拿起笤帚，在他的屁股上狠狠抽了两下。

其实，我并不想打他。当我抡起笤帚时，我的心都在流泪。可是想到孩子的将来，我不能让我的溺爱害了他，我不希望我的孩子变成一个不尊重生命，没有同情心，没有责任感的人。

我打了他，只两下。他的脸上马上现出了痛苦的神情。但他并没有哭出声来，只是眼泪，流了下来。

我打完他，就给他出了一个题目:《儿童节，我挨打了》，让他去写作文。

坐在客厅里，我听见儿子在房间抽泣的声音，我的心中不由地浮现出了前些日子在网上闹得沸沸扬扬的"虐猫事件"。那是多么惨绝人寰！我不希望将来我孩子的内心存有丝毫的残忍。

我忍着内心的痛不去安慰，只是静静坐着，感受那种从内心渗出的痛苦，并不停默念泰戈尔的诗句"我爱你，故我惩罚你"。

过了好久，儿子拿出了他的作文，在作文里，他说自己错了。带着一种复杂的心情，我在他的作文后面写下了这样的话:"在你的节日来临之前惩罚你，实在是出于无奈，你对生命的漠视让我愤怒。其实，今天的事不仅仅是因为几只蚕的死去，而且是因为这关乎你的一生。一个没有同情心的人是可怕的。当我看到那些因你而丧生的蚕时，我伤心极了，希望你能用你的行动记住这个节日。尊重生命，做一个有同情心、善良且正直的人。这是一生的大事，也是你学习的目的所在。"

我并不知道他是否真的能读懂这些话，但是我希望他真的能读懂。我也相信，总有一天，他一定会懂的。在这个评语的后面，我郑重地写下了我的名字。

明天就是儿童节了，我并不想让儿子痛苦，但我要让他记住，生命不可漠视。

作者简介

包苞，本名马包强。1971年生，甘肃礼县人。中国作家协会会员，鲁迅文学院第二十届中青年作家高级研讨班学员。2007年参加北京斋堂·诗刊社第23届青春诗会。出版诗集《有一只鸟的名字叫火》《汗水在金子上歌唱》《田野上的枝形烛台》《低处的光阴》《我喜欢的路上没有人》等。

我的祖父陶行知

陶　铮

　　"人生天地间，各自有禀赋。为一大事来，做一大事去。"这是祖父陶行知的理想人格。祖父从中国的国情出发，呕心沥血地发展人民教育，为民族求解放。尽心竭力、矢志不渝，探索并创立了我国近现代原创力最强、具有中国特色的陶行知生活教育理论体系。

　　祖父的一生都在民族多难、家国危亡、生灵涂炭的环境中度过，但他仍然一直坚守"富贵不能淫，贫贱不能移，威武不能屈，美人不能动"的做人原则。私德廉洁，公德分明，严于律己，身体力行，在思想上筑起了一座坚不可摧的人格长城。他的人格精神是在他艰难曲折的人生道路上，在他多年的革命实践中锻造出来，进而支撑和推动他从事改造中国社会和文化教育的伟大实践的思想。

　　祖父不仅在政治认识上、哲学思想上、教育思想上求真，在作风上也求真，他民主，待人宽容，不苛求人，爱满天下。

　　"教人求真，学做真人"是祖父生活教育理论体系的核心，更是祖父为人教人的宗旨之一。

　　在祖父看来，"真人"应该是说真话、办真事、求真知、为真理而奋斗的人，与"假人""伪人"相对立，教育者要"以教人者教己，在劳力上劳心"。"教人求真"，首先教育者得是拥有真善美的真人，是品格高尚不为私利而动容的人，是诚实守信不说假话的人，是能明辨是非、认清假恶丑的人。

祖父一生从没停下过求真的脚步。

"教人求真"凝聚着祖父许多人生感叹和不懈探索，更体现着他"爱满天下"的一生。他爱人类，所以他爱中华民族中最多数最不幸之农人。他愿为苦难的农民"烧心香"，因而他创办了晓庄师范、工学团、育才学校、社会大学等，开展工农教育，愿意终身为劳苦大众服务，做人民的"老妈子"。他始终倡导"民之所好好之，民之所恶恶之，教人民进步者，拜人民为老师"！

祖父"为了苦孩，甘为骆驼；于人有益，牛马也做"。他的上衣有两个口袋，一个装公款，一个装私款。他说："公家一文钱，百姓一身汗，将汗来比钱，花钱容易流汗难。"

祖父认为："教育者应当知道教育是无名无利且没有尊荣的事。教育者所得的机会，纯系服务的机会，贡献的机会，而无丝毫名利尊荣之可言。"

1928年，祖父的第一本教育专著《中国教育改造》出版了。他在《自序》中写道："我曾下了一个决心，凡是为外国教育制度拉东洋车的文字一概删除不留，所留的都是我所体验出来的。所以我所写的便是我所信的，也就是我所行的。"

从中可以看到祖父严谨治学的态度。他为人处世最重视一个"真"字，他一生说实话，办实事，重视名实相符，言行一致，重视真才实学，不求虚名，从不弄虚作假。

祖父日夜在外为中国教育奔忙，很少有时间与他的孩子们在一起。于是，书信就成了他与孩子们联系的主要方式。我父亲说："祖父给我的信是我的珍宝，宝中之宝，其中有三封信更是特别难忘。"

第一封信是1937年2月6日，祖父从纽约写给儿子们的信。祖父在信中说："我愿意当你们写信给我的时候，是你们的灵魂对我谈心……"我想这是祖父教导我的父辈们要与他进行心对心的交流，这体现了他对人真诚的态度。

第二封信是1937年12月14日，祖父写给我父亲和小叔陶城的信。祖父说："民族解放的大道理要彻底的明白。遇患难要帮助别人。勇敢的活才是美的活，勇敢的死才是美的死。晓光应当根据自己的才干，参加在民族解放的大斗争中。你在无线电已有了相当基础，希望你在这上面精益求精，到最需要的地方，最有组织的地方，最信仰民为贵的地方去作最有效的贡献。"

信中祖父喊的"晓光"是我父亲的名字，祖父指的"民为贵"的地方就是当时的解放区。可惜，当时由于种种原因，我父亲未能成行。

第三封信是1941年1月25日，祖父写给我父亲的信。那是一个流传甚广的"追求真理做真人"的故事。当时我父亲到四川成都一家无线电修造厂工作，进厂后遇到了没有资格证明书的问题。当时父亲还没有什么正规学历，出于无奈，他写信给时任重庆育才学校副校长的马侣贤先生，请他开一张晓庄学校的毕业证明书来应急。这事很快被我祖父知道了，还没等我父亲将证明书交到厂里，父亲就接到了祖父的电报，要求他将证明书退回。紧接着父亲又收到了祖父的快信，信中说："我们必须坚持'宁为真白丁，不作假秀才'之主张进行。"

祖父还说："总之，'追求真理做真人'，不可丝毫妥协……你记得这七个字，终身受用无穷，望你必需努力朝这方面修养，方是真学问。"信中还附了一张祖父亲自写的如实反映我父亲学历资格的证明书。

自此，"追求真理做真人"这句至理名言，成了我父亲一生的座右铭，同时也成了我们陶家的家规。

1949年中华人民共和国成立，我父亲进入清华大学学习。不久，抗美援朝战争爆发，当时我母亲大学毕业，已被分配到北京工作，一家人本可团聚，但是父亲响应保家卫国的号召，毅然放弃清华大学的学业，弃学从军，参加中国人民志愿军，从此成了一名革命军人。

十年前祖父为文凭之事教导父亲"追求真理做真人"，十年之后就要到手的清华大学的文凭却被父亲放弃了，我想这就是父亲的成长，"真人"首先是爱国之人、保家卫国之人。我母亲一人带着我和弟弟，十几年后，直到我初中毕业，父亲才调回北京空军司令部雷达兵部，一直为国效力直至退休。

后来，"陶研"（陶行知研究）的春天来临。那时父亲已从部队退了下来，他以极大的热情、昂扬的斗志，全力以赴投入到"陶研"工作，与相关人员一起成立了"中国陶行知研究会"和"中国陶行知基金会"，并且带头将1985年湖南教育出版社出版的《陶行知全集》的四万多元稿费代表陶家全体亲属捐赠给了中国陶行知基金会。

中国陶行知研究会第一任会长刘季平，请我父亲担任中国陶行知研究会秘书长，父亲婉言谢绝了，他认为根据自身条件，还是做一些文字工作比较合适。为了向纪念祖父100周年诞辰献礼，相关人员在湖南教育出版社出版的《陶行知全集》的基础上，集全国"陶研"之力，由中国陶行知研究会的研究人员亲自参与编写工作，父亲担任副主编，打算再出版一套更为全面的《陶行知全集》。那时陶门弟子们都健在，大家分头主管，按部就班，进行了一场高质量的全国"大会战"，终于在1991年，祖父100周年诞辰前夕，由四川教育出版社出版了《陶行知全集》。同年还在北京人民大会堂隆重召开了纪念陶行知100周年诞辰的大会。

四川教育出版社《陶行知全集》的出版凝聚了我父亲的全部心血，他贡献了家里珍藏的全部资料，由于劳累过度，祖父的百年诞辰过后不久，1993年，父亲就因病去世了，享年75岁。父亲是祖父陶行知最钟爱的好儿子，也是陶行知教育思想最忠实的践行者！

我父母都是高级知识分子，在父母的身上都充分体现着中国知识分子那种对工作精益求精、默默奉献的精神。我母亲是中国铁道科学研究院的元老，曾荣获"国家科学技术进步二等奖""茅以升科学技术奖"，中国高铁的发展有我母亲的一份心血。

父母一直在用他们的模范行动影响着我，父亲对我要求很严格，从不容许我利用祖父的名望谋私利。我一直在中学做一线教师，一干就是三十多年，直至退休。退休后，我尽自己所能参加了一些"陶研"活动，接受过不少媒体的采访。由于祖父抗战期间先后到过28个国家团结海外华侨抗战，我应民盟中央邀请参加过2015年的天安门阅兵观礼活动，并得到了中共中央、国务院、中央军委颁发的纪念章。2016年我还到祖父的母校美国哥伦比亚大学参加了陶行知铜像的落成典礼。多年来的"陶研"活动，使我受到了教育，我不断激励自己，要为"陶研"争光，为祖父增光！

我先生从教40余年，始终坚守在教学一线。1990年他被教育部派往美国纽约州教育部做了一年的访问学者。访问结束，他谢绝了校方的好意挽留，按时回国，重新回到了他熟悉的三尺讲台。当时我父亲也非常欣慰，鼓励他扎根这平凡而重要的岗位。我先生立足基层，潜心学习、努力践行陶行知教育教学思想，并取得了丰硕的成果。他是北京市英语特级教师，全国优秀教师，北京市第九、十届政协委员。北京市教育委员会还专门组织班子来研究总结他的教学思想，并于2014年由教育科学出版社发行专著，书名为《"教学做合一"的践行者——周国彪教育思想研究》。2016年，他70岁才正式退休。

党的十九大报告中指出：今天，我们比历史上任何时期都更接近、更有信心和能力实现中华民族伟大复兴的目标。

我为我们伟大的祖国而骄傲！正如祖父一百多年前发自肺腑的呐喊："我是中国人，我爱中华国，中国现在不得了，将来一定了不得！"

在这个美好的新时代怀念我的祖父，为了警示自己做一个对家庭、对社会、对祖国有益的人，也为了让我的孩子和更多的孩子"追求真理做真人"。

作者简介

陶铮，女，1948年生于上海，陶行知次子陶晓光之女。中学高级教师。曾在北京市陶行知中学（现北京交通大学附属中学）任化学教师30余年，现任中国陶行知研究会常务理事、陶行知教育基金会理事。

一日为父，终身为师：写给两个孩子的信

张建云

大伦、伊伊：

你们好！

在教师节的当天，我没有在朋友圈里祝天下教师快乐，虽然这样的话能说出一箩筐。我只是觉得能把你们兄妹引导好，教育好，少让老师操心，少让老师着急，就是对老师最实用的祝福了。

越发觉得，我是你们的父亲，更是你们的老师。若你们二人有些偏差，我这做父亲的就不是合格的老师，我这做老师的也不是合格的父亲。

人们都会随口说出"一日为师，终身为父"的话，但太多人忽视了"一日为父，终身为师"。

一个父亲不教育孩子，却把教育的责任全部推给学校和社会，就如同一个警察把维护正义的权力转让给跳广场舞的大妈。那么，要警察何用，要父亲何用？

自古以来，中国的父亲如师。

孔鲤的父亲是孔子。

一天孔子站在庭院里，儿子孔鲤"趋而过庭"。什么叫"趋"，"趋"就是小步快走，是表示恭敬的动作，在上级面前，在长辈面前，低着头，很快很快地小步走过去，这叫"趋"。你们还记得《弟子规》里说"进必趋，退必迟"吧。

孔鲤看见父亲孔子站在庭院里面，便低着头快步走过去。孔子说，站住，学诗了吗？

孔鲤回答，没有。

这章《论语》的下一句你们就知道了：不学诗，无以言。

是，孔鲤于是退而学《诗经》。

继续说"父亲如师"的事。

又一天，孔子站在庭院里，孔鲤又"趋而过庭"。

孔子说，站住，学礼了吗？

还没有。

下句是什么？

你们都知道：不学礼，无以立。

于是，孔鲤退而学礼。

一个人要懂礼，这是你与社会连接的纽带。

譬如，吃饭不吧唧嘴，不拿筷子的手也要放在桌子上，等一家人坐齐了再吃饭，这些我们都说过，对了，还有，不能一边看电视一边吃饭，不能一边玩手机一边吃饭。

与外人一起用餐时更要注意，要记得用公筷给身边的人夹菜，看人家正准备夹菜的时候不要转桌子，尤其注意在听别人讲话时要微笑着注视人家的眼睛，切忌旁若无人地低头看手机。

饭桌上的礼是可以看出人的教养的。我们吃火锅时见过那种吃一口发现没熟放回锅里继续煮的，拿自己用过的筷子在锅里搅来搅去的，还有自己不放菜，光吃别人放的菜的……

这种人你们喜欢吗？

孔子说："非礼勿视，非礼勿听，非礼勿言，非礼勿动。"

看董卿在《开学第一课》中，采访当时已96岁的著名翻译家许渊冲先生时，为了更得体，更方便，更恭敬，更虔诚，单膝跪在先生侧面，眼睛与先生平视。

这是什么？

讲礼。于是，这个俯下身来的女人更高大，更美丽，更迷人。

郑板桥也是个"好老师"。

传说，郑板桥临终前，把儿子叫到床前，不是给儿子许多金银财宝，而是叫儿子蒸馒头给他吃。手下人出面求情："少爷不会做馒头，还是让厨师代劳吧。"而郑板桥固执地坚持要儿子自己动手。儿子只得向厨师请教，终于蒸出一锅馒头。当他把馒头送到父亲床前时，老人已经与世长辞了，床前只留下一张遗嘱："不靠天不靠地，不靠祖宗靠自己。"

你们觉得这样的遗言，是不是远胜万千遗产呢？

很多年来，作为一名父亲，我也一直在承担着教师的职责。按时休息，按时起床，按时创作，按时锻炼，按时节食，按时读书。

身教，才可以言传；身教，胜于言传。我默默地，快乐地做着。也不单为了你们，也为了你们的妈妈，为了你们的爷爷奶奶、姥姥姥爷，还有社会和祖国，当然，也为了我自己。

因为我的严格要求，你们兄妹俩，还有你们的妈妈，或多或少地对我有些意见。对手机的要求，对读书的要求，对作息的要求，对锻炼的要求，对自律的要求，对毅力的要求，对思维习惯的要求，对说话方式和语气的要求。

在你们的"集体声讨和无声对抗"中，我艰难地，无怨无悔地，多少年如一日地走了过来。作为父亲，一名家庭的教育工作者，让我没有要求，难如登天。

还好，你们为了给我面子，还是百无聊赖、委曲求全、深一脚浅一脚地陪我走了过来。于是，你们很干净，没有流俗，充满正气，三观尚好。

我心中，没有内疚，甚是坦荡。

如今，看你们把《论语》背得熟练，你们的妈妈也读得娴熟，伊伊又开始了英文版《论语》的研习，昨晚我笑醒了，眼睛里满是泪。

我是父亲，也是老师。生养你们是我的义务，教养你们是我的责任。从家庭小舞台走向人生大天地要具备足够的智慧、仁义和勇气。

"知者不惑，仁者不忧，勇者不惧"，是《论语》中的句子。做到这三点可以提高心性、开悟智慧，进而可以去坦然面对人生的喜乐哀愁。

做你们父亲真好，做你们老师真好。当然，你们的优点我也学习，你们也是我的老师。只是，父亲这个"职位"你们就别跟我争了。

爸爸

2017年9月10日晚

作者简介

张建云，作家，国学学者，中央党校国学签约主讲人，中国作家协会会员，《中国家风》主编，多家电视台国学评论人。出版著作10余部。

图书在版编目（CIP）数据

中国家风：教子篇 / 张建云主编 . —济南：山东友谊出版社，2018.1
ISBN 978-7-5516-1282-1

Ⅰ.①中… Ⅱ.①张… Ⅲ.①家庭道德—中国 Ⅳ.①B823.1

中国版本图书馆 CIP 数据核字（2018）第028990号

中国家风（教子篇）
ZHONGGUO JIAFENG（JIAOZI PIAN）
主　　编：张建云

联合策划：天津广播电视台科教频道
责任编辑：赵　锐
装帧设计：刘洪强

主管单位：山东出版传媒股份有限公司
出版发行：山东友谊出版社
地　　址：济南市英雄山路189号　邮政编码：250002
电　　话：出版管理部（0531）82098756
　　　　　市场营销部（0531）82098035（传真）
印　　刷：山东省东营市新华印刷厂
版　　次：2018年5月第1版
印　　次：2018年5月第1次印刷
开　　本：710mm×1000mm　1/16
印　　张：23
字　　数：325千字
定　　价：49.00元